国家出版基金资助项目

湖北省学术著作出版专项资金资助项目

数字制造科学与技术前沿研究丛书

数字制造信息学

陈德军　著

U0363234

武汉理工大学出版社
·武　汉·

内 容 提 要

　　数字制造信息学是数字制造科学的基础理论学科之一,它对数字制造信息的内涵、度量、采集、存储、传输、集成和应用方法等内容进行了定义、刻画和描述,按信息对数字制造的驱动过程和对数字制造的贡献,从语义、语法和效能等不同层面对数字制造信息的作用进行了全面、系统的阐述,为数字制造系统的设计、管理和应用提供了基础支撑理论。本书可作为从事数字制造研究的科学技术人员的参考书,也可以作为高校相关专业的参考教材。

图书在版编目(CIP)数据

数字制造信息学/陈德军著. —武汉:武汉理工大学出版社,2018.1
(数字制造科学与技术前沿研究丛书)
ISBN 978-7-5629-5549-8

Ⅰ.①数…　Ⅱ.①陈…　Ⅲ.①数字技术-应用-机械制造工艺　Ⅳ.①TH16-39

中国版本图书馆 CIP 数据核字(2018)第 002998 号

项目负责人:田　高　王兆国　　　　　　　　**责 任 编 辑:**张明华
责 任 校 对:夏冬琴　　　　　　　　　　　　**封 面 设 计:**兴和设计
出版发行:武汉理工大学出版社(武汉市洪山区珞狮路 122 号　邮编:430070)
　　　　　　http://www.wutp.com.cn
经 销 者:各地新华书店
印 刷 者:武汉中远印务有限公司
开　　本:787mm×1092mm　1/16
印　　张:12
字　　数:307 千字
版　　次:2018 年 1 月第 1 版
印　　次:2018 年 1 月第 1 次印刷
印　　数:1—1500 册
定　　价:72.00 元

数字制造科学与技术前沿研究丛书
编审委员会

总　　序

当前,中国制造 2025 和德国工业 4.0 以信息技术与制造技术深度融合为核心,以数字化、网络化、智能化为主线,将互联网＋与先进制造业结合,兴起了全球新一轮的数字化制造的浪潮。发达国家(特别是美、德、英、日等制造技术领先的国家)面对近年来制造业竞争力的下降,大力倡导"再工业化、再制造化"的战略,明确提出智能机器人、人工智能、3D 打印、数字孪生是实现数字化制造的关键技术,并希望通过这几大数字化制造技术的突破,打造数字化设计与制造的高地,巩固和提升制造业的主导权。近年来,随着我国制造业信息化的推广和深入,数字车间、数字企业和数字化服务等数字技术已成为企业技术进步的重要标志,同时也是提高企业核心竞争力的重要手段。由此可见,在知识经济时代的今天,随着第三次工业革命的深入开展,数字化制造作为新的制造技术和制造模式,同时作为第三次工业革命的一个重要标志性内容,已成为推动 21 世纪制造业向前发展的强大动力,数字化制造的相关技术已逐步融入制造产品的全生命周期,成为制造业产品全生命周期中不可缺少的驱动因素。

数字制造科学与技术是以数字制造系统的基本理论和关键技术为主要研究内容,以信息科学和系统工程科学的方法论为主要研究方法,以制造系统的优化运行为主要研究目标的一门科学。它是一门新兴的交叉学科,是在数字科学与技术、网络信息技术及其他(如自动化技术、新材料科学、管理科学和系统科学等)跟制造科学与技术不断融合、发展和广泛交叉应用的基础上诞生的,也是制造企业、制造系统和制造过程不断实现数字化的必然结果。其研究内容涉及产品需求、产品设计与仿真、产品生产过程优化、产品生产装备的运行控制、产品质量管理、产品销售与维护、产品全生命周期的信息化与服务化等各个环节的数字化分析、设计与规划、运行与管理,以及产品全生命周期所依托的运行环境数字化实现。数字化制造的研究已经从一种技术性研究演变成为包含基础理论和系统技术的系统科学研究。

作为一门新兴学科,其科学问题与关键技术包括:制造产品的数字化描述与创新设计,加工对象的物体形位空间和旋量空间的数字表示,几何计算和几何推理、加工过程多物理场的交互作用规律及其数字表示,几何约束、物理约束和产品性能约束的相容性及混合约束问题求解,制造系统中的模糊信息、不确定信息、不完整信息以及经验与技能的形式化和数字化表示,异构制造环境下的信息融合、信息集成和信息共享,制造装备与过程的数字化智能控制、制造能力与制造全生命周期的服务优化等。本系列丛书试图从数字制造的基本理论和关键技术、数字制造计算几何学、数字制造信息学、数字制造机械动力学、数字制造可靠性基础、数字制造智能控制理论、数字制造误差理论与数据处理、数字制造资源智能管控等多个视角构成数字制造科学的完整学科体系。在此基础上,根据数字化制造技术的特点,从不同的角度介绍数字化制造的广泛应用和学术成果,包括产品数字化协同设计、机械系统数字化建模与分析、机械装置数字监测与诊断、动力学建模与应用、基于数字样机的维修技术与方法、磁悬浮转子机电耦合动力学、汽车信息物理融合系统、动力学与振动的数值模拟、压电换能器设计原理、复杂多环耦合机构构型综合及应用、大数据时代的产品智能配置理论与方法等。

围绕上述内容,以丁汉院士为代表的一批制造领域的教授、专家为此系列丛书的初步形成提供了宝贵的经验和知识,付出了辛勤的劳动,在此谨表示最衷心的感谢!对于该丛书,经与闻邦椿、徐滨士、熊有伦、赵淳生、高金吉、郭东明和雷源忠等制造领域资深专家及编委会成员讨论,拟将其分为基础篇、技术篇和应用篇三个部分。上述专家和编委会成员对该系列丛书提出了许多宝贵意见,在此一并表示由衷的感谢!

数字制造科学与技术是一个内涵十分丰富、内容非常广泛的领域,而且还在不断地深化和发展之中,因此本丛书对数字制造科学的阐述只是一个初步的探索。可以预见,随着数字制造理论和方法的不断充实和发展,尤其是随着数字制造科学与技术在制造企业的广泛推广和应用,本系列丛书的内容将会得到不断的充实和完善。

《数字制造科学与技术前沿研究丛书》编审委员会

前　言

经济全球化和信息化使制造业的竞争环境、发展模式和活动空间都发生了深刻的变化,这些变化对制造业提出了严峻的挑战,同时也为制造业的发展提供了有利条件和新的机遇。信息化的基础是数字化,数字化已成为推动各门学科飞速发展的最重要的因素之一,作为人类生存最重要的产业之一——制造业,其方方面面毫无例外地将继续深受数字化的影响,并面临一系列重大的转变。在上述背景下,迄今为止制造业的经营观念和对制造系统的要求发生了深刻的改变,人们从各种不同的角度提出了许多不同的制造系统的新模式和新理论,如计算机集成制造,精益制造,并行工程,敏捷制造,业务过程重组,计算机产品工程,协同控制和智能制造,以及数字化制造、数码工厂和数字化服务等,这些新模式和新理论的核心是将产品知识、信息技术、自动化技术、现代管理技术相结合,从而带动产品设计方法和工具的创新、产品制造工艺技术与设备的创新以及管理模式的创新;通过实现产品设计、制造和管理的手段与过程的数字化和智能化,缩短产品的开发周期,提高企业的产品创新能力,使企业在持续的动态多变、不可预期的全球性市场竞争环境中生存与发展,并不断地扩大其竞争优势。

随着 21 世纪全面信息化的到来,新一代信息技术与制造业深度融合,正在引发具有深远影响的产业变革,形成新的生产方式、产业形态、商业模式和经济增长点。各国都在加大科技创新力度,推动三维(3D)打印、移动互联网、云计算、大数据、生物工程、新能源、新材料等领域取得新突破。基于信息物理系统的智能装备、智能工厂等智能制造正在引领制造方式的变革;网络众包、协同设计、大规模个性化定制、精准供应链管理、全生命周期管理、电子商务等正在重塑产业价值链体系;可穿戴智能产品、智能家电、智能汽车等智能终端产品不断拓展制造业新领域。这使我国和世界制造业转型升级、创新发展迎来重大机遇,也将给世界各国带来新一轮的制造业的发展规划和产业升级。作为上述制造业发展战略的典型代表,德国提出了"工业4.0(Industry 4.0)",中国提出了"中国制造 2025"规划,上述发展战略体现了制造业数字化、信息化、智能化的发展方向,已成为当前和未来的主要发展模式。

数字制造信息学是数字制造科学的基础理论之一,它涵盖数字制造信息的内涵、度量、采集、存储、传输、集成和应用方法等内容,是科学地构造数字制造系统的基础,因此必须对其进行系统化的定义和描述。

从 20 世纪 90 年代以来,我国一批著名学者就已经开展了对信息科学与技术在制造系统中作用的研究,并逐步促成了制造信息学的研究方向,为制造科学的发展指明了方向。21 世纪是信息化时代,随着信息科学和技术的快速发展,各行各业的信息化技术得到迅猛的发展。作为我国经济发展的重要支撑行业,数字制造及其智能化已成为当前的发展热点。如何对数字制造信息进行系统的研究,并为上述研究方向提供理论和技术支持,已成为数字制造科学研究的重要任务。由于数字制造的内容丰富,其系统构造复杂,如何用数字制造信息来贯穿整个系统,为数字制造系统提供完整的理论体系支持是本书的重点。

本书根据数字制造系统的创建、管理和运行特点,从数字制造过程全生命周期的信息驱动作用出发,将数字制造信息分为语义、语法和效能,并从这三个不同层面对其进行定义和描述。在此基础上,结合数字制造过程不同阶段的需求,分别用不同层面的信息对数字制造行为和过程进行定义和描述,从而让数字制造信息学能从概念和科学问题方面得到广大制造领域的学者认可,并使之能得到广泛和系统的应用,进而在数字制造系统的设计、管理和应用的科学实践中能充分、显现化、系统地体现出数字制造信息的基础支撑作用。根据上述思想,本书展开了对数字制造信息的内涵、度量、采集、存储、传输、集成和应用方法等内容的描述,试图给读者一个完整、清晰的理论逻辑体系,为该学科后续的发展和研究打下基础。

全书共分7章,主要对数字制造信息的基础理论体系进行了阐述,第1章,阐述了数字制造信息学的基本理论体系,第2章和第3章给出了数字制造信息的定义、度量、评价和表征方法,第4章至第6章则对数字制造信息的采集、存储、管理、传输、集成方法进行了归纳和总结,第7章则对数字制造信息的集成共享管理方法进行了阐述。对数字制造信息学扩展性应用成果,如云制造、基于物联网的制造等,没有再做进一步的分析,这些内容将在后续的专门论著中进行论述。周祖德教授审阅了全书,提出了细致、中肯的建议,在此表示衷心的感谢。

作　者

2016 年 9 月

目　　录

① 数字制造信息学概论

1.1 数字制造的本质与特征

制造业是国民经济的重要支柱和基础。随着信息技术和计算机网络技术的快速发展,世界正经历一场由"互联网+"引起的深刻的"网络化革命"。这场革命极大地改变着人类的生存环境和生活方式,并深刻影响着人们过去常规的思维定式和工作模式,进而使为人类提供生存条件的各行各业从概念、组织模式、运行方式到结构、管理模式、功能特性等都发生了前所未有的深刻变化。这场革命使主导世界经济的制造业面临五大突出问题的挑战,即网络化、数字化、全球化、知识化和服务化,而数字化是其核心。

数字化已成为制造业中产品全生命周期不可缺少的因素。由于制造业市场需求的快速变化、全球性的经济竞争以及高新技术的迅猛发展,促使制造业发生了革命性的变化,极大地拓展了制造活动的深度和广度,推动制造业朝着信息化、自动化、智能化、集成化、网络化和全球化的方向发展,从而导致了制造信息的表征、存储、处理、传递和加工的深刻变化,使制造业由传统的能量驱动型逐步转向为数字信息驱动型。这主要表现在:制造已不再仅仅是传统意义上的制造行为,还包括社会、经济、人文等多种综合因素。因此,制造和制造系统必须置于社会、经济和人文环境中,成为一个复杂的社会化大系统中的一个重要因素。

制造的全球化,使制造业的组织形态、经营模式和管理机制需要重新定位和创新,这就要求新一代企业必须实现网络化、数字化、信息化,构建新一代制造系统的模式,从而提出了实施数字制造工厂的要求。随着制造系统复杂程度的增加,制造过程中所必须接收和处理的各种信息正在爆炸性地增长,限量制造信息成为制约制造系统效能的关键因素。解决这一问题的关键是在分布式数字化、网络化结构的基础上,通过限量数据的几何与拓扑建模,使制造系统中的制造单元或装备具有一定的自主性和智能化水平。

制造市场需求的快速变化以及消费需求日趋个性化与多样化,要求新一代制造系统必须体现柔性化、敏捷化、客户化与全球化等特征。柔性化与敏捷化是快速响应客户化需求的前提,这意味着新一代制造系统必须具备动态易变性,能通过快速重组,以快速响应市场需求的变化。而柔性化、敏捷化、客户化与全球化实现的基础是网络化、数字化、信息化,在此基础上提出了制造过程数字化和数字化产品的要求。

制造活动的全球化,对制造活动的服务环节也提出了新的要求。由于制造产品复杂程度的不断增加,服务地域的不断扩大,用户对服务时间的要求越来越短,因此,迫切需要新的服务手段和服务技术的支持。这就很自然地提出了数字培训、数字维护与数字诊断的概念与技术。

由此可见,互联网的发展带来了互联网经济,并由此引起的生产活动和商务活动导致制造企业从形式到内容结构性的深刻变化,同时,制造企业的竞争态势、市场结构、企业结构、公司形式、业务流程、管理模式、制造过程等也将随之改变。从 20 世纪 90 年代开始,随着互联网的快速发展,许多学者对制造业发展的机遇和可能出现的发展形态从整体和局部进行了大量的研究,取得了大量的理论和实际应用成果[1-20]。上述成果已有效地推动了我国制造业的发展,并为我国政府出台相关时期的制造业中长期规划奠定了坚实的基础。

纵观各类新型制造的形式和理念,数字制造应是新时期制造业发展的基础。为应对时代发展带来的挑战,制造企业和制造过程必须走数字化的道路,数字制造已成为一种以适应日益复杂的产品结构,日趋个性化、多样化的消费需求和日益形成的庞大制造网络而提出的全新制造模式,并成为未来制造发展的重要特征。这里,数字制造是指用数字化定量、表述、存储、处理和控制的方法,支持产品全生命周期和企业的全局优化运作,以制造过程的知识融合为基础,以数字化建模仿真与优化为特征;数字制造是在虚拟现实、计算机网络、快速原型、数据库等技术支撑下,根据用户的需求,对产品信息、工艺信息和资源信息进行分析、规划和重组,实现对产品设计和功能的仿真以及原型制造,进而快速生产出达到用户要求性能的产品的整个制造过程。按照产品的制造过程,可以将对制造工艺工程知识的获取及进行制造工艺自主设计和优化控制等数字化作为微观生产过程数字化,而对生产系统的布局设计与实际优化运作等数字化作为宏观生产过程数字化[6]。

可见,数字制造的本质是产品全生命周期的数字化与信息化。通过数字化将计算机和网络技术引入制造过程,通过信息化实现基于模型和知识的制造。因此,数字化是数字制造的基础,是制造数据的生成技术;信息化是数字制造的灵魂和核心,是制造过程的逻辑表征。

数字制造的特征表现在:用于形式化描述与表示时,产品数字表达的无二义性、可重用性;用于可制造性分析与产品性能预估时,产品开发和产品性能的可预测性;网络环境下制造活动对于距离、时间和位置的独立性。

作为新的制造形式,数字制造已成为推动 21 世纪制造业向前发展的主流,数字制造使产品设计制造从传统的部分定量、部分经验、定性化逐步转向产品全生命周期全面数字定量化,从而革新了制造信息的表征形式,催生出了数字制造信息的表征方法体系。

1.2　数字制造信息的定义与内涵

信息是事物本体的,也是通过主体认知对象的状态、过程与控制的表述。信息是物质的基本属性,具有客观和主观的二重性。信息不仅含义广泛,而且具有多层次、多侧面,既涉及事物本体又涉及认知主体等的特点[1]。正因为信息和主体认知有关,因此,信息的定义与领域有关。有鉴于此,本节将从制造的角度探讨数字制造领域中信息的定义。

定义 1:数字制造信息是产品全生命周期各个环节中有关事物的状态、过程和控制的直接或间接的表述;也是通过主体认知的事物本体、认知主体或信息的状态、过程与控制的直接或间接的表述;还是制造信息本身的状态、过程与控制的直接或间接的表述。

这里,事物既包括事物的本体,也包括认知主体和数字制造信息。数字制造信息不等同于事物,它是事物的属性,是数字制造的特征表征方法。例如,材料的性状、刀具的类型等是有关这些事物本体的数字制造状态信息,材料的变形、刀具的磨损等是有关这些事物本体的数字制造过程信息,如何约束材料变形、刀具磨损到什么程度就要更换刀具等是有关这些事物本体的数字制造控制信息。

人的技能和企业领导层决策水平等的表述是这些认知主体的数字制造状态信息,技能的口头传授和决策过程的表述是有关这些认知主体的数字制造过程信息,实施技能和董事会对企业决策层的监控等是有关这些认知主体的数字制造控制信息。

可采用有穷集合 $\Pi = I(\cdot)$ 来表述数字制造信息,该表述的前提是:

(1)将相互间有排序关系的数字制造信息视为一个数字制造信息单元。

(2)多个相同的数字制造信息元等同于一个数字制造信息单元。

(3)集合内允许数字制造信息单元的不同排序。

这样就可以利用集合和群的运算规律来对数字制造信息作形式化运算,数字制造信息的语义则通过信息改变信念来处理。

数字制造信息的定义已明确了其内涵,也可通过如下数字制造信息的本质特性来进一步理解其内涵。

1)数字制造信息是物质的基本属性

数字制造信息同信息一样不是物质也不是能量,但是它的存在却又离不开物质和能量。物质及其运动是数字制造信息的载体,数字制造信息运动需要能量。总之,数字制造信息是物质的基本属性。

数字制造信息不等同于意识。认知主体中存在意识,尽管什么是意识还有待研究,但数字制造信息和信息都不是意识,数字制造信息是意识与环境通信或实现控制时交换的内容。

数字制造信息难以有统一的量化标准。工程信息论中不考虑信息的语义,而是按对应的先后验概率场的熵量之差计算信息量。考虑语义的数字制造信息会因主体而异而具有主观性,所以难以建立统一的制造信息量化标准。没有统一量化标准的数字制造信息只能作局域的、相对的量化。

2)数字制造信息的支配性作用

数字制造信息与物质和能量不同,物质和能量都遵守守恒定律,数字制造信息由于具有主观性而没有(或者说迄今还没有发现)普遍可遵循的守恒定律。数字制造信息的支配性作用主要表现为:

(1)减少事物的不确定性,是序的增加。

(2)建立或改变主体信念,信念则用于知情或决策。

(3)信息与约束相结合实现控制。

3)实现数字制造信息支配性作用的中间环节

信息的支配性作用取决于信息本身的可供支配的资源,而与其物质载体和耗能多少无关。信息的这个特点来源于信息是一种支配性力量,而不是直接作用力量。这就是为什么同样的信息对有的企业效果可能较大,而对另一些企业由于缺乏可供支配的资源,其效果却可能较小的主要原因。

制造资源包括劳务、资金、物料、装备、信息、能量、技术、时间、组织和制造等,只有在有效的数字制造信息支配下,这些资源才能发挥效用。例如,宏观决策需要并产生数字制造信息,供给决策的数字制造信息支持了决策,而作为决策结果的数字制造信息则支配着企业制造资源的有效利用。

时间作为不可再生的关键数字制造资源常常被忽视,而这里需要特别强调可供支配的时间资源对制造活动的极端重要性。众所周知，没有事物能独立于时间以外而存在，且没有任何手段可以改变时间的流逝。制造企业都是以有效的生产时间为代价来获取利润，时间对于每个人和每个企业都是平等的，企业运作优势在很大程度上取决于时间的有效利用程度，从这个意义上讲时间就是一切。制造企业中的每一个员工特别是领导阶层都要珍惜生产时间，管理生产时间，充分利用生产时间。

数字制造信息对制造资源的支配作用需要通过"信息/能力转换"环节来实现。"信息/能力转换"环节可以由事物本体、认知主体或二者共同组成。不难看出，"信息/能力转换"环节要能以一定精确度按输入信息产生输出支配能力，做不到这一点，制造信息就不能产生有效的支配作用。

当数字制造信息是单纯的位移运动脉冲指令时，"信息/能力转换"环节可以是开环、半闭环或闭环位移伺服系统。但是当数字制造信息是企业组成单元间的指令时，由于这时的数字制造信息包括语义信息，对相关的"信息/能力转换"环节的要求就要复杂得多。为了能较准确地按输入信息产生输出能力，"信息/能力转换"环节要具有能够提供足够的可重构的事物本体和认知主体型的输出能力组成单元，后者经过重构能形成所要求的输出能力。当"信息/能力转换"环节的能力不足以按指令信息产生相应的输出能力时，要能够通过动态联盟借用其他环节的组成单元来构造输出能力，即建立虚拟"信息/能力转换"环节。

4）数字制造信息内容的不变性与可变性

从事物本体即客观角度看，信息是客观现象，对不变的事物本体信息内容具有不变性。但从认知主体的主观角度看，信息则是主体感知到的有关事物的属性，信息的内容会随主体认知不同而不同，信息内容又有可变性。

信息的这种既不变又可变的二重性，是由它既取决于事物本体又取决于认知主体的原因造成的。众所周知，时间、空间和运动都具有相对性，信息则不仅具有相对性，还具有客观的不变性和主观的可变性。

5）数字制造信息的产出

数字制造信息作为对象的特定表述，需要通过"对象/信息转换"环节来产出。如对某工程或社会对象，人的感官可以直接承担"对象/信息转换"。在另一种情况下，如信息是精确的直线位移的表述时，由于车间状态的多元性、多维性和"对象/信息转换"环节中常包括认知主体，对相关的"对象/信息转换"环节的要求就要复杂得多。为了获得对象较准确的表述，方法之一是采用并行多通道融合表述。考虑到对象含有众多信息，为了能如实、较准确地表述所要求的对象侧面，"对象/信息转换"要有选择性，即有所表述和有所不表述。对于电子信号，这就是滤波或是带宽限制。

通过认知主体表述的信息，其如实、准确性在很大程度上会受到主体意识的影响。保证认知主体表述信息的准确、可靠，是企业制造信息管理和制造信息质量管理的首要任务。

6）数字制造信息的流通性和不流通性

信息的支配性作用决定了信息的流通或不流通，其主要目的都是为了增加己方相对于竞争对手的信息优势。现代技术手段为信息的流通（传播）或不流通（垄断）提供了多种可能。一方面，在竞争对手之间，限制信息的流通是为了削弱对手的竞争力。例如垄断消息，即人为地制造己方和对手间的信息差，有可能间接增加己方的竞争力。另一方面，有意地传播不实消息，也有可能增加己方相对于竞争对手的信息优势。在企业内部，宏观利益一致的组元间信息流通,是由组元组成的企业有效运作的必要条件。例如,信息通过流通统一了员工思想,会使企业竞争力增加。在另一种情况下,防止消极的信息在企业内流通,也可能防止企业竞争力的下降。

7) 数字制造信息的可处理、可干扰性和传递递减

数字制造信息可以被处理或干扰。信息经过处理或被干扰后,其内容和量都会发生变化。处理信息的目的是产生预期的变化,干扰则会产生非预期的变化。处理可分为真实化处理和非真实化处理。

(1) 真实化处理包括压缩、转换、发现等,目的是有效地传递信息内容,而不是改变信息的内容,如图像信息的压缩、数控刀具位信息的后置处理、实验数据的整理等。

(2) 非真实化处理是有意改变信息内容,如增删信息内容。从正面讲这样做是改善信息质量,从负面讲是为了提供不实信息。

流通着的信息不可避免地会受到干扰,如电子通信中的电磁干扰、车间流通文档的污损、车间口头信息的误传等,所以有效的数字制造信息是传递递减的。增加信息的冗余或编码是最常用的提高数字制造信息抗干扰能力的方法。为了减少传递信息递减的影响,信宿应尽可能直接从信源获取信息,尽量减少数字制造信息中间传递环节。

不流通的数字制造信息也会受到干扰(不是信息时效),如固化在机床中的几何精度信息会因使用磨损而降低,人记忆中的信息会遗忘,存储的纸质文档会发黄损毁等。及时更新、及时补充或正面提高抗干扰能力可以改进这方面的抗干扰能力。

由于准确地传递制造信息(如精度信息传递)是机械制造中的关键,因此,抗干扰在制造技术领域具有重要的实用意义。制造信息的可干扰性必然引起制造信息的可信性问题,即所收到的信息是否和所表述对象的真实状态、过程和控制的真实信息在允许范围内一致。解决这个问题最常用的方法就是对同一事物通过多个通道或是通过单一通道,多次获取对象信息 $I_1, I_2, I_3, \cdots$,经过融合(如对比分析)提高信息的可信性。

8) 数字制造信息的累积和重复

数字制造信息可以用各种方式(图纸、书面、计算机内存、人的记忆等)和方法(字符、图形、语言等)加以累积。累积是数字制造信息处理的一种特殊形式,累积的目的是为了重复利用。

由于被累积的信息中常包含有重复信息,因此,累积后得到的有效信息常少于被累积的信息。例如,被累积的信息为 $I_1, I_3, I_4, I_7, I_7, I_7, I_{12}$,而累积后得到的有效信息仅为 $I = \{I_1, I_3, I_4, I_7, I_{12}\}$。这个问题看起来简单,但实现起来却不容易。需要指出,这里所谓的信息重复和信息的可压缩并不等同。信息重复是指信息含义上的重复,信息的可压缩则是指结构上的可压缩。众所周知,自然语言即使含义无重复,结构上一般也是可以压缩的。

在制造活动中,制造信息重复的主要方式有:

(1) 在同一介质中以同一方式发生重复。这种重复不难发现,如图纸上的尺寸重复、书面报告中的重复阐述。

(2) 在不同介质中重复。例如,图纸制造信息和书面制造信息重复,需要在海量的制造信息中仔细查找才能发现重复。

(3) 重复的制造信息包上粘贴了其他信息,需要细心辨识才能发现重复部分。

(4) 以不同的方式表述的相同的制造信息。为了发现重复需要专家对它们进行辨识。

原则上,重复的信息都是无效信息,需要删除。但是重复的制造信息也并不都是没有价值的。例如,为了提高抗干扰性,可以重复信息的某些部分;为了防止丢失,同一信息要有重复的备份。又如,在观察的信息中重复出现某些信息,可能表示出现了什么问题等。

9) 数字制造信息的时效性

制造事物和所有社会、经济、政治、文化、教育、科学、技术事物一样都在不断地发展,表述制造事物状态、过程和控制的数字制造信息也需要作相应的变化。所以,除了极少数最基本的规律性制造信息外,绝大多数制造信息都具有时效性。表现为随着科学技术进步和生产力发展,原来先进的制造信息逐渐变得不那么先进了,原来有用的现在被淘汰了,原来有价值的现在没有价值了,原来正确的现在不那么正确了,等等。总之,随着时间的推移,原有数字制造信息的有效性会逐渐下降,对于那些特定的具有时间性的数字制造信息(如某些实时测量结果等)则更是如此,也就是说有效的数字制造信息将随时间递减。

数字制造信息时效性产生的影响是:累积起来的制造信息需要不断更新,需要把数字制造信息 I 视为时间的函数 $I(t)$,即数字制造信息其有效性随着时间会不断下降。

10) 信息、结构和组织

在阐述结构和组织前,先要说明约束和控制的概念。

约束使被约束对象的自由度减少,受约束的运动是可知的。螺钉连接、连杆连接都是约束,月亮和地球的引力也是约束。具有不确定性的约束(即有信息的约束)就是控制。数控机床中位移指令和工作台运动之间存在控制,企业上级对有关下级也存在控制。

结构的组成单元间存在约束。结构是含有固化信息的序,结构由简单到复杂是增序。存在信息流动的结构就是组织。组织也含有固化信息的序,组织由简单到复杂是增序,建立或改进组织需要信息。组织作为有信息流动的结构区别于一般结构的根本特点是组织的组元间不仅存在约束,还必然流通着符合企业制度的信息或控制。信息与控制的流动停止,组织也就停止了运作。有效的组织对应符合企业制度的信息与控制流通方式。

约束、信息和控制都可以单独存在。在企业组织中,控制与信息联系是不同构的。

综上可见,结构的组成单元间存在约束。组织的组成单元间不仅存在约束,还流通着信息与控制。

1.3　数字制造信息的属性与分类

1.3.1　数字制造信息的属性

数字制造信息与信息的属性具有共同的方面,但又具有制造领域的特点[8]。

1) 数字制造信息的时空属性

数字制造信息存在于空间和时间中,每一部分又包括事物本体和主体认知两部分内容,上述内容可分为驻定和流动数字制造信息。

数字制造活动的中心是产品。在空间中,驻定制造信息用于表述产品数字制造全生命周期中各对象和制造组织的序。流动数字制造信息用于表述在数字制造过程任一时刻产品与围绕产品的环境的交换信息,以及为了同一目标的数字制造系统的有关组元间的交换信息。企业活动要以客户为中心并采取面向客户的策略,需要及时和客户交换信息并据之作出正确决策,这也是在空间中流动的数字制造信息。在时间中,驻定和流动的数字制造信息都在随时间而变化。

2)数字制造信息的制造驱动性

针对制造需求,在计算机和网络技术支持下,采用先进的制造手段、资源和足够的制造信息,就有可能把产品制造出来。即数字制造正在逐渐演进成为主流制造技术,所有制造活动都已离不开数字制造信息,数字制造信息能驱动制造资源。因此,数字制造信息对制造活动具有驱动性。

3)数字制造信息的复制与传递性

在数字化制造时代,制造信息和有限的土地、厂房、设备、原材料、能源、资金、劳务等资源不同,它可以反复使用,并可被复制传递,尽管制造信息具有时效性,却是一种取之不尽的资源。

4)数字制造信息的再生性与创造性

数字制造信息具备再生性。由于事物本体的信息是无穷尽的,更重要的是由于信息和主体认知有关,而实践与认知的反复循环又能使认知主体信息实现不断的创新,同时,数字制造信息是一种使能资源,通过多种信息的综合分析,可得出新的信息,因此,其具备再生性。而再生的数字制造信息能直接或间接创造新的价值。实践证明,高新技术能有效提高企业运作和产品的信息质量,其增值效果特别明显,数字制造信息已成为企业创造价值的源泉。

5)数字制造信息的虚拟重构性

数字化制造逐渐成为主流制造技术,不仅缩短了制造周期,提高了企业营销管理水平,加快了企业响应市场的速度,还使得对象映射和人机交互能以多媒体的形式实现,使制造活动的虚拟化成为可能。只要源于实际的对象数字化模型足够准确,业者就有可能不再通过昂贵、费时的试制、实验,而只需要进行虚拟仿真即可检验决策或设计的效果,并在本企业专用和网上公用制造信息库的支持下,积累成功的经验,及时、自主地改善制造活动。上述功能表现出数字制造信息的虚拟重构性,该项属性为制造活动增添了新的设计和分析手段,能极大地促进企业的进化和发展。

6)数字制造信息的逻辑关联性

数字制造信息源于数字制造活动,因此,在产品全生命周期中的数字制造信息从逻辑上具有相互关联性,主要表现为:

(1)层次性。表征产品制造全生命周期中不同环节制造活动的数字制造信息从逻辑上看属于某个局部的整体信息,它们直接相互关联,共同描述同一活动。如产品设计、产品制造、产品销售等环节包含的相关数字制造信息。

(2)多维性。描述同一对象不同侧面的数字制造信息,它们从逻辑上看是相互独立的,是多维的。例如零件设计就至少包括尺寸设计、外形设计、强度设计、磨损设计等多维信息。

(3)统一性。在全面的数字制造活动中,从层次和维度对整个数字制造信息进行组织、存储、维护、使用,其数字制造信息能表征出某个产品制造活动的完整性和统一性。

7)数字制造信息的可产品化性

数字制造的主要目的是制造产品,产品有实体和非实体形式。实体产品如外设、芯片、机床或工具等;非实体产品如应用软件、培训服务、咨询等。为了制造产品,需要将数字制造信息物化到实体产品上去;为了制造非实体产品,需要将数字制造信息转化到非实体产品上去。物化是指被制造实体对象按数字制造信息产生实体变化,如尺寸变化、形状变化、硬度变化等,其结果是数字制造信息将以允差(即一定的不确定性)固化在被制造实体上。物化一般是实时的、不可逆的,关键是质量和生产率。转化是指在被制造的非实体对象上,数字制造信息仍以软件的形式存在,如光盘、培训教材、文档等。转化一般不是实时的,关键是产品的应用效果。

8)数字制造信息的可动态预置性

制造需要信息,但是任何制造活动都不需要重新制备所需的全部制造信息,也就是说,制造活动不会每次均从零信息开始。以加工中心完成机械加工为例,大量的制造信息,包括几何运动框架、机床精度、机床刚度、数控位移分辨率、全部数控功能信息、典型应用软件等,都已预置在加工中心上。因此,数字制造活动需要数字制造信息是可动态预置的。具体的预置形式包括:

(1)物化预置。数字制造信息通过物化,以硬件形式预置。如机床各轴运动框架、机床定位和运动精度、位移运动分辨率、刀具几何形状、刀具材料等信息,都事先物化在机床或刀具上。

(2)转化预置。指制造信息通过转化,以软件形式预置。如数控装置中典型的应用软件、加工用量数据、用户使用信息等,都事先转化在数控装置、数据库或手册中。制造企业中工程师的经验和技师的技能也是制造信息的转化预置,而且是一种可以不断创新的十分宝贵的预置。

由于存在预置的制造信息,应用加工中心进行加工前只需完成加工程序编制、工件整备、刀具调整、夹具组件、机床调整、试刀及改进等实置制造信息的制备,即可进行加工。例如,加工中心的可编程性作为一种可重构能力,就是组织预置的制造信息来完成加工任务。

从以上示例可以看出,针对某项具体加工任务,预置的制造信息越多,所需实置的制造信息就越少,但是与此相关的则是这些预置的制造信息是否可以重构以适应不同的生产要求,例如用于大量生产的刚性生产线,可以认为是制造信息预置得较多的一种制造方式,但由于大量物化预置的信息难以重组,所以一旦产品改型,原有预置的大量物化信息往往都难以再重复利用。

所以,确定制造信息预置多少,必须同时考虑其可重构性。硬、软件可重构的前提是:

(1)物化预置硬件实体和转化预置软件的合理模块。

(2)模块化的单元硬、软件间设置通用接口。

对预置硬件来说,实现上述前提有待解决的问题尚多,目前还没有取得实质性进展。预置软件的可重构范围受到下列因素的约束:

(1)制造信息预置需要劳务、资金、物料、信息、能源、技术和时间等资源的投入,预置制造信息的成本大致和预置信息项数大于1的乘方成正比。

(2)预置的各项制造信息,其重构性各不相同。取所面对的全部制造任务为1,任一项(第 i 项)预置的制造信息的可重构性 $R_i(i=1,2,\cdots,m)$,将用可能用上它的制造任务在全部制造任务中所占的百分数表示($0<R_i<1$),只有部分预置的制造信息具有较高的可重构性 R_i,它们在完成多数制造任务时都能用上(这时 R_i 值较高),如专业工程师,熟练技师和某些通用机床、工具、刀具、量具等。另一些预置的制造信息可重构性 $R_j(j=m+1,m+2,\cdots,m+n)$ 则较低(这时 R_j 值较低),如某些应用软件、五轴加工中心等。全部预置信息的平均可重构性 R,可用各项预置制造信息的可重构性 $R_1,R_2,\cdots,R_n$ 的加权平均值来表示:

$$R = \frac{K_1 R_1 + K_2 R_2 + \cdots + K_n R_n}{n}$$

式中,n 是预置制造信息的总项数;K_i 是加权系数,$0 \leqslant K_i \leqslant 1$,$i = 1 \sim n$。

确定预置制造信息的原则之一是尽量提高其平均重构性 R,即:

$$R \geqslant \max(R)$$

(3) 部分预置的制造信息技术寿命有限,它们会技术老化或因机械磨损等需要及时更新。

综上所述,可以得出以下结论:

(1) 为了保证制造活动的有效性,需要预置信息。

(2) 尽量提高预置制造信息的 R 值,即尽量选择 R_i 值较高的预置制造信息项。

在上述前提下,n 值的选取要考虑:

(1) 预置制造信息构成的平均预置单件成本 C_1 大致与 n 的大于 1 的乘方成正比。

(2) 预置制造信息构成的平均后置单件成本 C_2 随 n 增加而下降。

总平均单件成本 C 为:

$$C = C_1 + C_2$$

显然 C 有极小值域,所以预置制造信息的项数应有一个优化值,过多和过少的预置都是不合理的。

1.3.2　数字制造信息的分类

数字制造的基本内涵是产品数字化加工过程,与数字制造有关的信息存在形式与信息所在系统的物理结构、功能及组织形式紧密相关。合理刻画数字制造系统中的信息类别是描述数字制造信息的一个重要方面,有利于建立数字制造过程数据库,也是进行信息处理、信息应用和信息建模的基础。数字制造信息的分类存在多种方法,如可以按数字制造产品的全生命周期的不同阶段进行分类,也可以按其具备的不同的表征形式进行分类。从信息的一般性理解出发,此处采用按特征形式的不同进行分类划分。图 1.1 是按数字制造信息具备的不同特征进行的一种分类[9]。

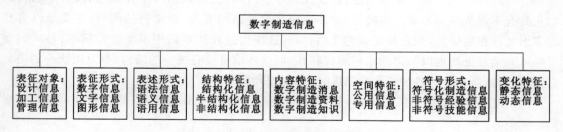

图 1.1　按特征划分的数字制造信息的分类

按特征划分数字制造信息的基本原则应具备:① 科学性,指信息分类的客观依据应是事物或概念最稳定的本质属性或特征;② 相同性,以合理的顺序排列,并映射出各个分类对象之间的相关性所形成的分类体系;③ 延伸性,分类体系应留有足够的延伸余地,以安置所出现的新类别信息,而不打乱或推翻已建立的分类体系。

(1) 按照信息的表征对象特征划分,数字制造信息分为设计信息(DE)、加工信息(MC)、管理信息(MG)。

设计信息又包括产品设计信息和工艺设计信息,前者如零件分类、材料规格、标准件、与产品几何形状和尺寸相关的精度和要求、产品名称、明细表、汇总表、产品使用说明书等信息,后者如零件分类、工艺规程方案、各种加工方法、切削参数和加工设备、工装刀具等资源能力约束信息;加工信息包括产品加工过程中产生的各类信息,如产品结构、加工表面的标识、尺寸公差、表面粗糙度和热处理等信息,刀具、夹具变更通知单和 NC 程序等有关内容,以及加工中得到的检测数据;管理信息包括产品市场、市场分析、产品开发能力、生产资源、生产计划、生产调度、生产能力平衡、制造资源、制造成本、库存等信息。

(2) 按照信息的表征形式特征划分,数字制造信息分为数字信息(DG)、文字信息(WD)、图形信息(FG)。

数字信息包括各种 CAx/DFx 工具产生的文档、文件与报表、设计手册与工程规范、设计与制造资源、已有零部件分类管理库,以及与管理相关的过程和系统监控等信息;文字信息包括技术资料、文献、手册、技术文件、与企业外部来往的信息,还有市场信息及订单、报表、信函、电传等非电子化的格式;图形信息包括图像的点阵数据、图形的矢量数据等。

(3) 按照信息的表述形式特征划分,从信息主体的角度看,依照主体认识的逻辑和理解信息内容的深浅可将数字制造信息分为语法信息、语义信息和语用信息。

语法信息只反映事物运动的状态和存在方式,而不涉及信息的内涵,任何符号化的数字制造信息原则上都可以化为语法信息,并作比特量化。语义信息是指能被主体认知含义的信息,信源发出的信息。如果只是从量的方面来看,信息可能相等,但信息量相等的信息其意义可以不相同,语义认知涉及主体的认知能力、语言结构、字词含义和上下文联系等。语用信息是信息的最高层次,指信源所发出的信息被信宿收到后所产生的效用。由于效用涉及认知主体的目的、制造环境与条件等,因此从效用角度比较制造信息是一个有待深入研究的问题。

(4) 按照信息的结构特征划分,数字制造信息分为结构化信息、半结构化信息和非结构化信息。

结构化信息结构简单,可用关系模型来表示其数据结构,它包括一般的管理信息和质量信息,如产品形状模型、生产调度信息、数控代码等,可以在关系数据库中存放与管理;半结构化信息具有不规范性和易变性等特点;而非结构化信息结构复杂,通常包括两类:一类是以自然语言形式存在的信息,如企业大量的文档材料,这些信息往往难以用模型进行描述;另一类是有些单元信息虽然也以一定的结构形式存在,但这些信息没有统一的结构,难以用统一的模型描述,如制造企业中的各种工程数据库、生产管理数据库等。

(5) 按照信息的内容特征划分,数字制造信息可分为数字制造消息、数字制造资料和数字制造知识。

数字制造消息表述不断变化的对象,具有很强的时间性,如用户需求信息、加工状态信息等;数字制造资料主要用于非实时的参考、决策支持,包括技术资料、文献、手册、图纸、图片、工程数据库、网络主页、原始记录等;数字制造知识包括符号知识、非符号经验知识和非符号技能知识,如制造专利、专著、经验、手艺等。

(6) 按照信息的空间特征划分,数字制造信息可分为公用信息和专用信息。

公用信息包括公开发行的书刊、产品样本、网络主页等自由流通信息;专用信息包括专有技术、技术诀窍、个人经验等信息。

(7) 按照信息的符号形式特征划分,数字制造信息可分为符号化制造信息、非符号经验信息和非符号技能信息。

符号化制造信息包括测量数据、质量符号、图纸、文档等可用数字、字符、图形和语言表达的信息;非符号经验信息包括综合评估能力、直觉判断能力等难以用符号表达的经验;非符号技能信息主要是指人掌握的手艺。

(8) 按照信息的变化特征分类,数字制造信息可分为静态信息和动态信息。

静态信息指产品制造开始前就设定好的,关于所制造的产品的各项描述性的属性信息,如制造产品的制造结构信息、装配物料信息、制造物料信息、制造工时定额以及各种制造工具需求信息等;动态信息指生产部门在业务活动过程中产生的数据,如质量检验数据、制造进程信息等,它随着制造过程的进行不断添加、更新和删除。

1.4 数字制造信息学的理论体系

数字制造信息学是研究与数字制造活动有关的信息、信息驱动、人类运用制造信息的机制以及数字制造信息体系结构的基础科学。制造经验、技能和知识的信息化,数字制造活动中人的经验、技能、诀窍及知识的表达、获取、传递、变换和保真机制是数字制造信息学的重要研究内容。另外,随着数字制造过程中所接收和处理的各种信息爆炸性地增长,海量制造信息的规范、存储、传输、集成、共享与协同等也成为数字制造信息学研究的关键问题。

数字制造信息学的理论体系如图 1.2 所示。

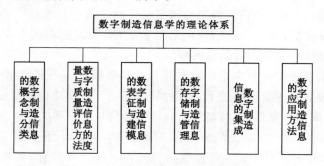

图 1.2 数字制造信息学的理论体系

(1) 数字制造信息的概念与分类。通过界定数字制造信息的内涵与外延,对其按特征和状态进行分类,能明确其属性和状态,为数字制造信息的合理使用提供依据。

(2) 数字制造信息的度量与质量评价方法。对数字制造信息进行计量,为数字制造信息的量化作用的分析提供理论支持,为制造效果的改进提供量化依据。

(3) 数字制造信息的表征与建模。为数字制造信息的表示提供方法。数字制造信息包括产品数据和过程信息,过程信息的建模与制造过程的建模紧密相关,而产品模型是对产品的形状、功能、技术、制造和管理数据的描述。STEP 标准提供了产品建模的手段,它用一种不依赖于具体系统的中性机制来描述产品模型,可满足产品数据集成、交换与共享的要求。

在网络化制造环境下,不仅要求产品数据内部信息之间的交互与共享,还要求与产品数据以外的信息实现交互与共享,如 SGML 产品文档信息以及大量分布的 Web 信息等,但不同的应用系统在互联网上无法直接通过 STEP 文件来获取数据。可扩展标记语言(XML)是一种网上通用的标准语言,具有良好的网络交互可靠性和互操作性,为基于网络的数据表示提供了有效途径，可实现 STEP 产品数据的网络描述与识别、供应链网络上的信息交换及电子商务活动（如填订单、签合同、付款和转账、交易处理、顾客服务等）的信息表达与交换。在网络环境中，STEP 和 XML 这两种标准的异构信息同时存在并相互关联，集成 XML 和 STEP，以 XML 表示 EXPRESS 驱动的数据，可形成基于 Web 的产品数据和技术文档信息相互统一表达的信息集成。

（4）数字制造信息的存储与管理。对数字制造信息科学的存储方法进行归纳和总结，为数字制造信息提供存储和管理规范。工业化进程在制造领域积累了大量的数据和信息，而制造系统的分布式网络化结构和柔性敏捷化要求，使制造过程中所接收和处理的信息急剧增长，海量信息已成为制约制造系统效能的关键因素。创建制造数据库和制造数据仓库，对其进行存储和管理势在必行，通过建立制造数据模型和制造单元信息图谱，研究制造信息的获取和分析，为制造创新提供平台。同时结合机器学习的方法来分析、挖掘所存储数据背后隐含的规律性的内容，实现数据库中的知识发现，为制造决策服务。

随着 Web 技术的不断发展，信息管理系统的结构已经从 C/S 结构转变为 B/S 结构，以 XML 为基础的新一代万维网环境直接面对 Web 数据，不仅兼容原有的 Web 应用，而且可实现 Web 中的信息共享与交换。XML 的文档描述与关系型数据库中的属性一一对应，可实施精确的查询和模型抽取。基于 CORBA 和 STEP 技术的 STEP 数据库系统可提供跨网络的集中数据库管理功能，严格保证共享的全局数据的完整性和一致性。

（5）数字制造信息的集成。数字制造信息的共享与集成，将为数字制造信息的交互应用提供方法。Internet/Intranet 的广泛应用构成了数字制造信息共享和交换的基础，Intranet 可实现企业内部的信息集成，由桌面产品访问后台数据库，在制造中共享实时数据；Internet 则可实现企业与供应链伙伴或客户的信息共享。

由于数字制造信息常常分散在企业的不同节点和数据库的不同层面中，数据库也建立在不同的计算机系统或数据库管理系统上。这种异构环境下的制造信息集成应体现网络计算的要求，保证制造系统间的互操作，支持基于 Internet 的信息表示和共享。采用 CORBA 作为不同软件工具的通信机制，它所定义的分布式对象结构与规则，可让不同厂商生产的 ORB（Object Request Broker）对象元素在任何网络和操作系统上互操作，客户机和服务器可完成各种请求与响应，而不受平台、操作系统和数据格式差异的影响，为解决异构平台上的分布式计算提供了很好的支持。

基于 STEP 的产品数据模型能支持所有的信息集成方式，是制造信息集成的有力手段。而 XML 与 STEP 的结合可形成 Internet 环境下的新一代信息集成的方法，是建立制造标记语言（Manufacturing Markup Language，MML）的基础。用 XML 建立机械制造领域内的标记，创建 MML 用于制造领域的信息集成和交流，将具有重要意义。

作为 STEP 标准向 CNC 领域的扩展 STEP-NC 标准 ISO 14694 定义了一个新的 STEP 应用协议 AP-238 作为 CAM 与 CNC 之间的数据交换规范。AP-238 格式的数据包括 CAD 模型（由 STEP 的 AP-203 定义）和工艺信息。因此，由 CAD 系统生成的 AP-203 数据，经 CAM 系统添加必要的工艺信息后便形成了 AP-238 数据，可直接送到 CNC 系统进行加工。由于 AP-203 和 AP-238 数据中的几何信息在内容和形式上都是一致的，因此，可实现信息的动态双向传送。STEP-NC 可应用于先进的 CNC 设备和 CAD、CAM 系统。

（6）数字制造信息的应用方法。针对广义的制造过程，数字制造系统的组成对象包括制造环境、制造行为,数字制造系统的目标,就是要在数字化的环境中完成产品的设计、仿真和加工。即接到订单后,首先进行概念设计和总体设计,然后是计算机模拟或快速原型过程,直至工艺规划过程、CAM 和 CAQ 过程,最终形成产品。为完成每一个过程,必须有资源和时间的分配,以及控制量的输入和反馈信息的输出。而资源和时间的分配,又依赖于其他过程以及总体规划的资源和时间的制约,且反馈信息将为前后过程所用,尤其是在基于网络的制造环境下,资源、时间和控制信息的统筹管理和规划显得更加复杂。可见,必须构建数字制造信息的系统性应用方法,为提升和扩展数字制造的能力提供方法论的理论体系,为数字制造的智能性、创新性和创造性提供强有力的基础支持。

随着数字制造理论和技术的发展,数字制造信息的系统性应用方法日益丰富,如排队论、马尔可夫链模型、数学规划、Petri 网理论、扰动分析法等常见的建模方法,IDEF、CIM-OSA 等技术建模方法,将上述理论和技术应用方法统一进行管理的数字制造信息系统。由于数字制造信息系统是数字制造信息应用的总成,因此,可将其作为数字制造信息的总体应用方法的代表形式。它既可提供整体应用的设计理论,也可衍生和发展出具有不同时代特点的各类数字制造系统,如物联网数字制造系统、制造云平台等。

数字制造信息系统是对制造系统中的信息进行存储和管理的信息系统,以辅助管理层进行制造决策和计划。它通常是由分布式数据库系统、计算机网络通信系统和应用系统组成,能与制造系统保持同步,使管理者能对产品交货和质量进行可视的、实时的控制和了解,因此,必须对其特征进行分析,为不同的应用背景定制和构建合适的系统架构和功能。

2 数字制造信息的度量与质量评价方法

2.1 信息的熵量度量

诞生于 20 世纪 40 年代后期的 Shannon 和 Wiener 的信息论著作,提出了用熵量的变化度量信息,而熵量则根据相关的概率场来计算。在这里概率被认为是客观的,意图给信息以客观的度量。以上述理论作为基础,信息论以及信息的度量方式得到了不断的探索和发展[21-24]。信息论认为信息与不确定性相联系。完全确定的事件,对于信源等于没有发出信息,对于信宿等于没有收到信息。众所周知,无记忆的信源可以用马尔可夫过程表示,问题是如何度量所产生的信息。

2.1.1 信息度量的数学表达式

基于上述考虑,设任一事件在一次选择中,所有可能出现的结果的有穷集合为 A,且 $A=\{A_1,A_2,\cdots,A_n\}$,对应 A 的有穷概率场 $p=\{p_1,p_2,\cdots,p_n\}$,且由全概率概念有:

$$\sum p_i = 1 \quad (i = 1 \sim n)$$

显然,事件的不确定性要通过对应的有穷概率场 p 来度量,取这一度量为 $H(p_1,p_2,\cdots,p_n)$,事件发生前、后 H 之差即为相关的信息量。这就是信息的熵量度量。

H 应满足以下条件:

条件一:度量 H 应是 $p_1,p_2,\cdots,p_n$ 等各个自变量的连续函数。

条件二:甚大或甚小的 p_i 都意味着该可能结果(出现或不出现)的不确定性甚小。当任一 p_i 为 1 时,H 应为 0。当所有 p_i 均为 $1/n$ 时,事件概率场的不确定性最大,相应的 H 亦为最大。

条件三:当所有 p_i 均为 $1/n$ 时,H 应为 n 的单调递增函数。

条件四:一步出现的事件分成两步时,未分之前的 H 应是分成两步后 H 的加权和。例如

$$H\left(\frac{1}{3},\frac{1}{3},\frac{1}{3}\right) = H\left(\frac{1}{3},\frac{2}{3}\right) + \left(\frac{2}{3}\right)H\left(\frac{1}{2},\frac{1}{2}\right) \tag{2.1}$$

式中,2/3 即为权重系数。

满足上述四个条件的信息度量 H,可见定理 1[21-24]。

定理 1 唯一满足上述四个条件的 H 形式为:

$$H = H(p_1,p_2,\cdots,p_n) = -\sum_{i=1}^{n} p_i \lg p_i \tag{2.2}$$

以下将证明,式(2.2)满足上述四项要求。

(1) 由式(2.2)可知,H 是各个自变量的连续函数,条件一得到满足。

(2) 关于条件二,首先证明条件二的前一个结论。众所周知,当有穷概率场 p 中任一 p_i 为 1 时,其余 $p_j(j\neq i)$ 将为 0,这意味着事件的可能结果 A_i 必然出现,事件的不确定性应为 0。由式(2.2)可得:

$$H = 0 \tag{2.3}$$

得证。其次证明条件二的后一个结论。已知 $y=x\lg x$ 为凹函数,下列不等式对任意凹函数 $y=f(x)$ 均成立:

$$f\left[(1/n)\sum\xi_i\right] \leqslant (1/n)\sum f(\xi_i) \quad (i = 1 \sim n) \tag{2.4}$$

式(2.4)中 ξ_i 为任意正数。命 $f(x)=x\lg x$,且取 $\xi_i=p_i$。由式(2.4)左侧,有:

$$f\left[(1/n)\sum\xi_i\right] = \left[(1/n)(\sum p_i)\right]\lg\left[(1/n)(\sum p_i)\right] = (1/n)\lg(1/n)$$

由式(2.4)右侧,有:

$$(1/n)\sum f(\xi_i) = (1/n)\sum p_i\lg p_i = -(1/n)H(p_1,p_2,\cdots,p_n)$$

故有

$$(1/n)\lg(1/n) \leqslant -(1/n)H(p_1,p_2,\cdots,p_n)$$

即

$$-\lg n \leqslant -H(p_1,p_2,\cdots,p_n) \tag{2.5}$$

由式(2.2)可知 $H(1/n,1/n,\cdots,1/n)=\lg n$,将之代入式(2.5),得到:

$$H(1/n,1/n,\cdots,1/n) \geqslant H(p_1,p_2,\cdots,p_n)$$

得证。

(3) 由于 $H(1/n,1/n,\cdots,1/n)=\lg n$,所以这时 H 是 n 的单调递增函数,条件三得到满足。

(4) 条件四证明。首先讨论等概率情况。共有 s^m 个等概率可能发生情况的一步出现事件,等同于共有 s 个等概率可能发生情况的 m 步顺序出现的事件。由于都是等概率,取

$$H(1/n,1/n,\cdots,1/n) = A(n) \tag{2.6}$$

按条件四下列关系成立:

$$\left.\begin{array}{l} A(s^m) = mA(s) \\ A(t^n) = nA(t) \end{array}\right\} \tag{2.7}$$

可以取 n 为适当值,并选 m 能满足下式:

$$s^m \leqslant t^n < s^{m+1} \tag{2.8}$$

将式(2.8)取对数,再除以 $n\lg s$,得到:

$$m/n \leqslant \lg t/\lg s < (m+1)/n \tag{2.9}$$

又由式(2.7),式(2.8)及条件三,有:

$$mA(s) \leqslant nA(t) < (m+1)A(s) \tag{2.10}$$

上式除以 $nA(s)$,有:

$$m/n \leqslant A(t)/A(s) < (m+1)/n \tag{2.11}$$

由式(2.10)和式(2.11)可以看出,当 m、s、t 足够大时,总可取足够大的 n,使下式成立:

$$\left| \left[A(t)/A(s)\right] - (\lg t/\lg s) \right| < \varepsilon \tag{2.12}$$

上式中 ε 为任意小正数。可见对于足够大的 n,总有:

$$A(t) = K\lg t \tag{2.13}$$

由条件三,有 $K>0$。取 $K=1$,在等概率条件下由条件四可导出式(2.2),故条件四得证。再看不等概率的情况。设某事件一次出现的概率场 $p=\{p_1,p_2,\cdots,p_n\}$,命

$$p_i = \frac{n_i}{\sum n_i} \quad (i=1\sim n) \tag{2.14}$$

这里 p_i 均为有理数($i=1\sim n$),否则可用有理数近似表示,而 n_i 为整数。本来一步出现的事件,由式(2.14)可视为等同于共有 $\sum n_i(i=1\sim n)$ 个等概率出现的情况,但分两步出现。第一步中 n 种情况出现的概率为 $p_1,p_2,\cdots,p_n$,而在第二步中各 n_i 个情况将以等概率 $1/n_i$ 出现。根据式(2.13)、式(2.2)及条件四,上述阐述可表示为:

$$K\lg\sum n_i = H(p_1,p_2,\cdots,p_n) + \sum p_i(K\lg n_i) \quad (i=1\sim n) \tag{2.15}$$

即

$$H(p_1,p_2,\cdots,p_n) = K(\sum p_i \lg\sum n_i - \sum p_i \lg n_i)$$
$$= -K\sum p_i \lg \frac{n_i}{\sum n_i}$$
$$= -K\sum p_i \lg p_i \quad (i=1\sim n) \tag{2.16}$$

式(2.16)说明,在不等概率情况下由条件四亦可得到式(2.2),条件四再次得证。

综上所述,式(2.2)是满足四项条件的唯一信息度量式。

称 $H = -\sum p_i \lg p_i(i=1\sim n)$ 为有穷概率场 $p=\{p_1,p_2,\cdots,p_n\}$ 的熵。若将事件视为随机变量 x 或 y,则相应的熵即可写为 $H(x)$ 或 $H(y)$。

2.1.2 用于信息度量的熵的基本性质

熵具有的两个性质已在条件二给出,即:

(1)有穷概率场中除去一个概率为 1 外,其余概率均为 0,这意味着事件的结果是肯定的,这时有 $H=0$,其他情况下均有 $H>0$。

(2)对应 n 个可能出现结果的有穷概率场,当 n 个概率均等于 $1/n$ 时,H 有极大值为 $H_{\max}=\lg n$,它对应于可能出现结果最不确定的情况。

熵的另外几个基本性质如下:

(3)联合熵性质。设对应两个相互独立的事件,所有可能出现情况的两个有穷概率场为 P 和 Q:

$$P=\{p_1,p_2,\cdots,p_n\}$$
$$Q=\{q_1,q_2,\cdots,q_n\}$$

由于 P 和 Q 两概率场相互独立,则 P 概率场中 i 事件($i=1\sim a$)和 Q 概率场中 j 事件($j=1\sim b$)都出现的概率应为 $p_i q_i$,相关的有穷概率场为 $PQ=\{p_i q_i\}$。取 $H(P),H(Q),H(PQ)$ 为分别对应于 P,Q 和 PQ 的熵,则下列等式成立:

$$H(PQ) = H(P) + H(Q) \tag{2.17}$$

上式可证明如下:

由式(2.2)熵的定义,有:

$$H(PQ) = -\sum_i \sum_j (p_i q_j \lg p_i q_j) = -\sum_i \sum_j [\, p_i q_j (\lg p_i + \lg q_j)\,]$$

$$= -\sum_i (p_i \lg p_i) \sum_j q_j + \sum_j (q_j \lg q_j) \sum_i p_i$$

$$= H(P) + H(Q) \tag{2.18}$$

得证。

（4）条件熵性质。设对应两个互不独立的事件，P 和 Q 为事件单独出现的概率场，则两事件都出现的概率应为 $p_i q_{ji}$，这里 q_{ji} 是条件概率，即 P 出现 i 情况的前提下，Q 出现 j 情况的概率。这时下式成立：

$$H(PQ) = H(P) + H_P(Q) \tag{2.19}$$

上式可证明如下：

由式（2.2）熵的定义，有：

$$H(PQ) = -\sum_i \sum_j (p_i q_{ji} \lg p_i q_{ji})$$

$$= -\sum_i \sum_j [\, p_i q_{ji} (\lg p_i + \lg q_{ji})\,]$$

$$= -\sum_i (p_i \lg p_i) \sum_j q_{ji} + \sum_j (q_{ji} \lg q_{ji}) \sum_i p_i$$

由于 $\sum_j q_{ji} = 1 (i = 1 \sim a)$，代入上式后有：

$$H(PQ) = -\sum_i p_i \lg p_i - \sum_i p_i \sum_j q_{ji} \lg q_{ji}$$

上式等号右侧第一项 $-\sum_i p_i \lg p_i = H(P)$，等号右侧第二项 $-\sum_i p_i \sum_j q_{ji} \lg q_{ji}$ 是条件熵的数学期望，记为 $H_P(Q)$，式（2.19）得证。

众所周知，工程实践中两事件都出现的顺序不同，两事件都出现的概率一般也会不同。只有设两事件都出现的概率与出现顺序无关时，依上述才可证明下式成立：

$$H(PQ) = H(Q) + H_Q(P) \tag{2.20}$$

（5）熵与条件熵。同（4），对两个互不独立的事件 P 和 Q，下式成立：

$$H_P(Q) \leqslant H(Q) \tag{2.21}$$

上式可证明如下：

与式（2.4）类似，下列不等式对任意凹函数 $y = f(x)$ 均成立。

$$\sum_{i=1}^a p_i f(x_i) \geqslant f\left(\sum_{i=1}^a p_i x_i\right) \tag{2.22}$$

命 $f(x) = x \lg x$，且取 $x_i = q_{ji}$，并对 $j = 1 \sim b$ 取和，式（2.22）将成为：

$$\sum_{i=1}^a p_i \sum_{j=1}^b q_{ji} \lg q_{ji} = \sum_{j=1}^b \left[\sum_{i=1}^a p_i f(q_{ji})\right] \geqslant \sum_{j=1}^b f\left(\sum_{i=1}^a p_i q_{ji}\right)$$

$$= \sum_{j=1}^b f(q_j) = \sum_{j=1}^b q_j \lg q_j$$

即

$$H_P(Q) = -\sum_{i=1}^a p_i \sum_{j=1}^b q_{ji} \lg q_{ji} \leqslant -\sum_{j=1}^b q_j \lg q_j = H(Q)$$

得证。

式(2.21)指出,概率场为 P 的事件的出现,只会使概率场为 Q 的事件的平均不确定性减少或不变,即先发事件的出现只会使后发事件的不确定性降低或不变。这个结论也可解读为获取更多高质量的有关信息总是有助而无碍于决策。

(6) 条件熵的推广。设对应三个相互独立事件的有穷概率场为 P,Q,R,则下式成立:

$$H_{QP}(R) \leqslant H_Q(R) \tag{2.23}$$

其中,$H_{QP}(R)$ 表示先出现 P,后出现 Q。显然,式(2.23)是式(2.21)的推广,如果命和 Q 相关的事件为确定,即有穷概率场 Q 只含一项为 1,则式(2.23)即蜕变为式(2.21)。

式(2.23)可证明如下:

取三个有穷概率场为:

$$P = \{p_i\} \quad (i = 1 \sim a)$$
$$Q = \{q_j\} \quad (j = 1 \sim b)$$
$$R = \{r_k\} \quad (k = 1 \sim c)$$

由条件概率 p_{ij}、r_{kj} 组成的有穷全概率分别为 $P' = \{p_{ij}\}(i=1\sim a)$;$R' = \{r_{kj}\}(k=1\sim c)$。

由式(2.21),应有:

$$H_{P'}(R') \leqslant H(R') \tag{2.24}$$

已知

$$H_{P'}(R') = -\sum_i p_{ij} \sum_k r_{kji} \lg r_{kji} \tag{2.25}$$

$$H(R') = -\sum_k r_{kj} \lg r_{kj} \tag{2.26}$$

将式(2.25)、式(2.26)代入式(2.24),得到:

$$-\sum_i p_{ij} \sum_k r_{kji} \lg r_{kji} \leqslant -\sum_k r_{kj} \lg r_{kj}$$

上式两侧对 Q 的数学期望为:

$$-\sum_j q_j \sum_i p_{ij} \sum_k r_{kji} \lg r_{kji} \leqslant -\sum_j q_j \sum_k r_{kj} \lg r_{kj}$$

即

$$H_{QP}(R) \leqslant H_Q(R)$$

得证。式(2.23)再次说明,获取更多高质量的有关信息总是有助而无碍于决策。

(7) 联合熵与独立熵。由式(2.20)有 $H(PQ) = H(Q) + H_Q(P)$,又由式(2.21)有 $H_Q(P) \leqslant H(P)$,合并此两式,得到:

$$H(PQ) \leqslant H(P) + H(Q) \tag{2.27}$$

即联合熵只会小于或等于而不会超过独立熵之和。

2.2 数字制造信息的特征

有关信息的基础研究在 20 世纪 20 年代后期,最先始于通信领域[25]。把信息研究提高到理论的高度是 20 世纪 40 年代后期诞生的信息论和控制论。

信息论在不考虑信息的语义前提下,定量地把信息视为信宿,对信源所发出内容的不确定性减少。信息论还定义了信道容量,探讨了噪声的影响[21]。

控制论则定性地把信息视为认知主体与外部环境间相互联系、相互作用过程中相互交换的内容。控制论把信息定义为"信息就是信息,不是物质也不是能量"[22],这是一种自我式的和否定型的定义。它把认知主体和外部环境交换的内容视为信息,把整个过程视为通信。控制论注意到了信息的性质,开创了深入研究信息本质的先河。

以下从几个侧面阐述涉足数字制造信息的本质。

数据是客观事物的属性、数量、位置及其相互关系的抽象表示,围绕着数据建立活动,其核心价值在于分析、合成,并把这些数据转化成信息和知识;从反映信息与数据之间的关系的角度出发,信息可定义为通过各种表现形式反映出来的事物本质特性,这些形式包括数据、声音、图像等。可见,信息是数据表达的实质含义,围绕信息建立活动,其核心价值在于管理内容的方法。知识是以各种方式把一个或者多个信息关联在一起的信息结构。信息经过加工处理、应用于生产,才能转变成知识。如何利用信息获得知识,在很大程度上是一种创造性艺术。

数字制造信息是指为实现某一制造过程,并获得满足预定要求的产品所需知识的测度,包括实施制造过程中的经验法则和客观规律等技术措施以及协调生产环节相互关系的逻辑决策知识等工艺信息和管理信息。

图 2.1 给出了数据、信息、知识以及智能之间的关系。数据、信息及知识是处于一个平面上的三元关系,分别从语法、语义以及效用三个层面反映了人们认知的深化过程。数据、信息、知识形成一个价值链,智能则是把知识应用于活动并产生新的知识的一个动态过程,即创造能力[26]。

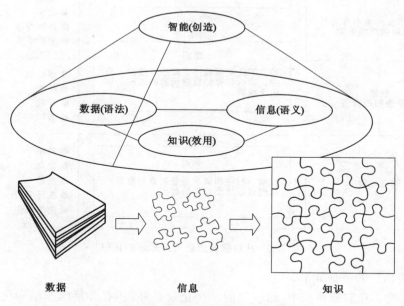

图 2.1　数据、信息、知识以及智能之间的关系

工业经济时代的效率标准是劳动生产率,即每个人在单位时间生产的产品数量,强调量的增加。知识经济时代的关键是知识生产率,即生产知识并把知识转化为技术、转化为产品的效率,即知识有用的程度。知识的生产率取决于知识的开发与传播,包括研究开发、教育、培训等,知识生产率将成为衡量效率的新标准之一。

图 2.1 说明了从数据到信息再到知识三个层次的认知。观测过程通过对所观察变量进行测度和量化来采集一些关于物理过程的数据。通常对观察的事物进行格式化处理,以形成

诸如有观测时间、地点、搜集源和度量的报告以及一些描绘度量可信级的统计数据。组织过程把数据转换成信息,在信息数据库里建立索引并将其组织在相关的环境里,以便于后来的检索和分析。理解过程通过了解信息中的各种关系,对所观测数据进行检测、建立模型,甚至用所获得的数据预测所观测过程的未来行为,将信息变为知识。在最高级,智能是有效地利用知识实现计划的能力或者达到理想目标的行为。图2.2进一步说明了上述关系的具体实现内容和过程。

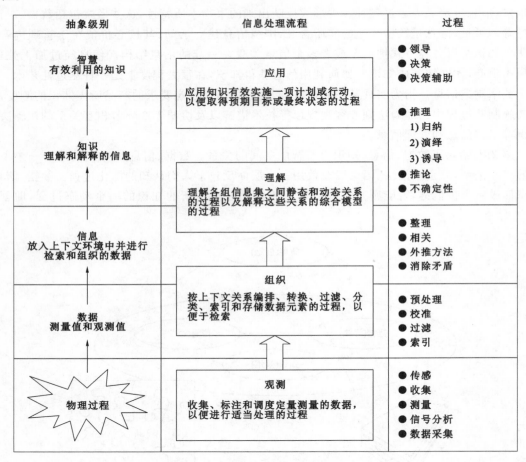

图2.2   从数据到信息再到知识的认识

数字制造信息的特征如下:

(1)多态性。在制造系统中,除一般的结构化信息外,还有大量的非结构化信息,如图形信息、实体模型、数控程序、超长文本、专家知识、设计经验等数据类型,加上很多信息的变化与交换频繁,因此使制造信息呈明显的多态性。在数据库的设计过程中,必须考虑各种信息的分类和各自的特点,为这些种类和变化繁多的数据类型安排合理的存储和管理机制。

(2)结构复杂性。制造系统中的许多信息结构十分复杂,如图形、实体模型、数控程序、工艺文件等信息,对其存储和处理提出了更高的要求。

(3)分布性。制造信息分布在制造系统的各个应用单元中,并且由于数据库建立的时间差异、系统环境的差异、应用目的的差异,使数据库的结构、应用环境呈现明显的异构性。这种分布和异构的情况,给保证数据的一致性、安全性和可靠性以及信息转换和通信带来了较大的难度。如何对制造信息进行合理的组织和分布,如何实现异构信息的通信与交换是数据库设计的重要任务。

(4) 实时性。如底层制造系统要考虑实时加工和监控信息的收集、分析和管理,这就要求采用实时数据库技术。

(5) 集成性。在生产过程中,各个信息分系统之间频繁地进行着数据交换,为了实现信息的共享,减少信息的冗余,在设计数据库时必须考虑信息的集成要求。根据信息是共享数据还是局部数据来设计数据的存储位置和分布方式,根据共享数据的特点规划各个信息系统之间的数据交换内容和数据集成方式。

2.3　数字制造信息的几种度量方法

2.3.1　信息密度决策矩阵方法

数字制造信息的科学计量是信息化制造的最基本任务,它可使我们精确计算数字制造系统、过程及产品的知识含量,为数字制造信息的创新打下坚实的基础。数字制造信息度量问题的各个层次在理论研究方面的发展很不平衡。信息理论的研究工作一直是围绕语法信息(特别是概率信息)这个中心来展开的,后来随着计算机技术的发展和应用,才开始注意语义信息和语用信息的研究。从目前发展的水平来看,信息的度量方面比较成熟的理论还是在语法信息方面。

工程信息论方法在制造工程领域应用的主要特点是不考虑信息的语义、价值、效用,即不考虑信息如何改变信宿主体的信念、信息如何物化等,而用概率场描述机械变量的信息量化的研究,其结果是任何复杂事物的运动都被暗箱化,信息均用相关概率场的熵来度量,将信息量定义为熵量的减少。据此,制造过程中的不确定性问题(如信息的不完备性、随机性和模糊性等),可以采用信息熵来描述。反映制造活动中各种转化的制造效率,亦可用制造信息的转化率,即当量熵的概念来描述。

本节采用信息密度的方法对信息进行计量,主要介绍数字制造信息密度对决策的影响方法,即信息密度决策矩阵法。该方法将依托产品的信息含量、价值链的信息密度来决定制造活动中的信息密度,由此,在数字制造系统中应该采用何种侧重策略改进各项活动的成效和效率,是关键的问题。

针对信息密度的表示方法,可借鉴物质与能量的密度定义。众所周知,信息与物质和能量在物理层次上密不可分。质量 $M = \rho(s)\mathrm{d}s$,其中 $\rho(s)$ 是物质密度函数(单位:kg/m³); s 是空间坐标;能量 $E = \int \varepsilon(t)\mathrm{d}t$,其中 $\varepsilon(t)$ 是能量密度函数(单位:J/s), t 是时间坐标。因此,可将制造信息类似地表示成 $MI = \int \eta(r)\mathrm{d}r$,其中 $\eta(r)$ 是信息密度函数[26]。

定义 2.1　信息密度等于产品(或服务)的信息部分与其有形部分之比。

大多数产品都包含有部分信息,如全自动洗衣机的控制顺序,数控机床用于加工零件的NC 代码等。从更广泛的角度来看,信息不光包含在产品之中,而且还作为产品的副产品伴随着它,如产品说明书。同样,价值链中的活动也包含了有形部分和信息部分,价值链的信息密度也是其信息部分与有形部分的比值。这两方面关系综合在表 2.1 所示的"信息密度对数字制造生产活动的决策矩阵"中,其纵轴表示内部的、基于过程的视图,横轴表示外部的、基于产品的视图。

表 2.1 数字制造生产活动的信息密度决策矩阵

价值链的信息密度	产品的信息含量		
	低	中	高
高	炼油	…	银行
中	…	…	…
低	水泥生产	…	印刷

在表 2.2 中的例子里,在价值链中的各项活动,以及产品中所包含的信息,构成了计算机、其他机器和人所处理的所有信息。另外,一个行业在矩阵中所处的位置也可能随时间而变化。在激烈的竞争环境里,企业为了使它们的产品与众不同,往往增加产品的信息成分,这也可能同时提高了生产过程的信息密度。

表 2.2 制造活动中的信息密度(一)

价值链的信息密度	产品的信息含量		
	低	中	高
低			高
中		中	
高	低		

满足下列条件则表示一个产品的信息含量高:① 产品主要提供的是信息(如说明书、软件);② 产品操作涉及大量的信息处理(如摄像机);③ 产品使用需要用户处理较多信息(如汽车、家用电器);④ 产品使用需要培训(如数控机床);⑤ 产品有多种用途(如柔性制造系统)。

满足下列条件表示一个生产过程信息密度高:① 企业面对大量供货商和客户(如汽车工业);② 产品销售需要大量信息(如咨询公司);③ 公司提供一系列产品,包含许多不同的特性(如汽车工业);④ 产品由许多部件组成(如飞机工业);⑤ 生产过程包含许多步骤(如化学工业);⑥ 从订货到交货的周期长(如飞机工业)。

企业在信息密度决策矩阵中的位置可以揭示出那些与成功的经营有关的信息系统,从而确定开发重点。表 2.2 中的矩阵被分成段,表示制造活动的信息密度,信息密度越高,信息系统对企业越重要。由此可以推断信息系统规划的细节和努力目标,以及在企业的机构中信息系统应当处于哪个层次。

开发工作的重点可以从表 2.3 中得到,如果价值链的信息密度很高,则信息系统(IS)策略应主要针对价值链中的活动(面向活动的 IS 策略),其目标是通过机构调整或使用信息技术来改进各项活动的成效和效率;如果产品的信息密度很高,那么信息系统策略应主要针对改进产品生产和用户使用过程中的信息处理(面向产品的 IS 策略),介于这两种情况之间可采用混合 IS 策略。

表 2.3 制造活动中的信息密度(二)

价值链的信息密度	产品的信息含量		
	低	中	高
低	面向活动的 IS 策略		
中		混合 IS 策略	
高			面向产品的 IS 策略

2.3.2 贝叶斯方法及在信息化制造中的应用

传统的数理统计方法通过试验获得大量数据,再进行统计处理可得到置信水平很高的估计。但这需要花费大量的人力、物力,实际中往往很难做到,如在有些设备的可靠性分析中,能做的试验很少,可得到的产品数据非常缺乏,但又存在材料的试验数据、类似或相近产品的可靠性数据、专家经验等先验信息。运用贝叶斯方法,能充分利用各种定量或定性的先验信息,尤其是在试验数据较少的情况下,把以往的经验和试验数据相结合,利用经验的知识减少试验的量,收到扩充子样容量的效果,弥补现场试验数据的不足,从而解决了经典方法所不能解决的问题,提高了决策质量。

1) 贝叶斯方法概述

贝叶斯方法的基本观点是把未知参数视为随机变量,记为 θ。当 θ 已知时,样本 $x_1,\cdots,x_n$ 的联合密度 $p(x_1,\cdots,x_n;\theta)$ 就看成是 $x_1,\cdots,x_n$ 对 θ 的条件密度,记为 $p(x_1,\cdots,x_n|\theta)$;设法确定先验分布 $\pi(\theta)$,如果没有任何以往的知识可以帮助确定先验分布 $\pi(\theta)$,贝叶斯提出可以采用均匀分布作为 $\pi(\theta)$;利用条件分布密度 $p(x_1,\cdots,x_n|\theta)$ 和先验分布 $\pi(\theta)$,可求出 $x_1,\cdots,x_n$ 与 θ 的联合分布样本 $x_1,\cdots,x_n$ 的分布,进而求得后验分布密度 $h(\theta|x_1,\cdots,x_n)$;利用后验分布密度 $h(\theta|x_1,\cdots,x_n)$ 可以对未知参数 θ 进行统计推断,如点估计和区间估计等。

贝叶斯方法的基本思想是:使用一个反映以往经验的先验分布去表达关于模型参数值的主观信息。将先验分布与观察数据按贝叶斯原理组合成一个新的分布,这个成为模型参数的分布称为后验分布,其均值即为参数的点估计,使用它还能得到参数的区间估计[27-28]。

贝叶斯定理:设 $p(x_1,\cdots,x_n|\theta)$ 为样本 $x_1,\cdots,x_n$ 对参数 θ 的条件密度,$h(\theta|x_1,\cdots,x_n)$ 为 θ 对样本 $x_1,\cdots,x_n$ 的条件密度,也称为后验分布。贝叶斯公式即:

$$h(\theta|x_1,\cdots,x_n) = \frac{\pi(\theta)p(x_1,\cdots,x_n|\theta)}{\int_{-\infty}^{\infty}\pi(\theta)p(x_1,\cdots,x_n|\theta)\mathrm{d}\theta} \quad (2.28)$$

在经典方法中,当 θ 已知时,样本 $x_1,\cdots,x_n$ 的联合密度就是贝叶斯方法中 $x_1,\cdots,x_n$ 对 θ 的条件密度 $p(x_1,\cdots,x_n|\theta)$。一旦样本取得后,$x_1,\cdots,x_n$ 就是确定的样本值,此时 $p(x_1,\cdots,x_n|\theta)$ 中 $x_1,\cdots,x_n$ 是常数,只有 θ 在变化,把它看作是参数 θ 的函数,称为似然函数,用 $l(\theta|x_1,\cdots,x_n)$ 表示。于是式(2.28)中,等式右端分母是一个与 θ 无关的常数,分子中 $p(x_1,\cdots,x_n|\theta)$ 就是 $l(\theta|x_1,\cdots,x_n)$,所以式(2.28)可以改写为:

$$h(\theta|x_1,\cdots,x_n) \propto \pi(\theta)l(\theta|x_1,\cdots,x_n) \quad (2.29)$$

借助于先验信息所确定的主观概率分布,称为先验分布。贝叶斯方法估计的关键是确定先验分布,在试验数据很少的情况下,其估计精度取决于先验信息的准确度。确定先验分布的方法有两大类：利用已有信息和无信息两种情况。

　　确定参数 θ 的先验分布时，如果有以往知识可供借鉴，即使不能完全确定，即确定一些先验分布的类型、特征以及它们的某些参数值——分为点的值、期望、方差等，也都是有意义的，对这些知识的利用，也可分为两种情况：主观的与客观的。

　　（1）主观方法。也称为专家咨询法。它可将很多专家的经验综合起来，确定一个先验分布，以作出一个比较合理的推断。如商品的销路如何，各种不同的人由于自己的经历、爱好、知识等的原因，对某一种新产品的销路就会作出不同的估计，利用这些经验来确定先验分布的某些性质，从而导出合适的分布，这种主观估计是人们客观经验的一种反映的方式，在解决一些实际问题时，这类经验往往会提供很有用的信息。

　　（2）客观方法。有时可以客观、合理地决定先验分布。如工厂大批量生产一定规格质量稳定的标准件，不合格品率为 p_0，每一箱内不合格的数目记为 θ，它是一个未知参数，但是它有一个客观的、合理的先验分布，即二项分布：

$$p(\theta = t)\binom{n}{t}p_0^t(1-p_0)^{(n-t)} \quad (0 \leqslant t \leqslant n)$$

　　但在实际工作中，有时对参数 θ 没有任何过去的知识或其他经验可以借鉴，而是希望通过试验结果来获得，这时的先验分布称为无信息先验分布。无信息先验分布就是一种客观的、容易为大家认可的先验分布，如何去获得无信息先验分布在贝叶斯方法中占有特殊地位。

　　贝叶斯方法的优点之一是利用先验信息，把先验信息和样本信息综合在一起，就可以得到后验分布。所以后验分布可视为人们在获得样本信息后，调整人们先验认识的一个合理推断。实际上，在制造活动中很多时候都有先验信息可以利用，所以贝叶斯方法可以发挥重要的作用。

　　雷法和施莱弗提出先验分布应取共轭分布才合适[29]。

　　定义 2.2　设样本 $x_1,\cdots,x_n$ 对参数 θ 的条件分布为 $p(x_1,\cdots,x_n|\theta)$，先验分布 $\pi(\theta)$ 称为 $p(x_1,\cdots,x_n|\theta)$ 的共轭分布，如果 $\pi(\theta)$ 决定的后验分布密度 $h(\theta|x_1,\cdots,x_n)$ 与 $\pi(\theta)$ 是同一类型。

　　如前所述，n 次独立试验中，事件 A 发生的次数 t 的分布是二项分布：

$$\binom{n}{t}\theta^t(1-\theta)^{n-t}$$

　　其中，θ 是每次试验中事件 A 发生的概率。若选 Beta 分布 $B(\gamma,\eta)$ 作为先验分布 $\pi(\theta)$，可得后验分布：

$$h(\theta \mid t) \propto \pi(\theta)l(\theta \mid t) = \frac{\theta^{\gamma-1}(1-\theta)^{\eta-1}}{B(\gamma,\eta)}\binom{n}{t}\theta^t(1-\theta)^{n-t}$$
$$\propto \theta^{\gamma+t-1}(1-\theta)^{n+\eta-t-1}$$

　　可见 $h(\theta|t)$ 还是 Beta 分布，因此 Beta 分布是二项分布的共轭分布。

　　从上面的例子可以看出，给出了样本 $x_1,\cdots,x_n$ 对参数 θ 的条件分布后，去寻找合适的共轭分布是可能的。

　　从贝叶斯公式可以看出，后验分布既与先验分布有关，又与样本参数的条件分布有关，它是两者的结合。后验分布既反映了过去提供的经验——参数 θ 的先验分布，又反映了样本 $x_1,\cdots,x_n$ 提供的信息。共轭分布要求先验分布与后验分布属同一类型。这就是要求经验的知识和现在样本的信息应该具有某种同一性,它们能转化为同一类的经验知识。

以二项分布中参数 θ 的估计问题为例来说明共轭分布的意义。设每次试验中,事件 A 发生的概率是 θ,进行了 n 次独立试验,事件 A 发生了 t 次,用共轭分布的方法求 θ 的贝叶斯估计。在 n 次独立试验中,事件 A 发生的次数遵从二项分布,即 x 对参数 θ 的条件概率密度是:

$$p(x \mid \theta) = \binom{n}{t} \theta^x (1-\theta)^{n-x}$$

相应的共轭分布是 Beta 分布 $B(\gamma, \eta)$,后验密度是:

$$h(\theta \mid x) = \frac{1}{B(\gamma+x, n+\eta-x)} \theta^{\gamma+x-1} (1-\theta)^{n-x+\eta-1} \quad (0 < \theta < 1)$$

此时用条件期望 $E\{\theta|x\}$ 作为 θ 的估计值,就得:

$$
\begin{aligned}
\hat{\theta} &= E\{\theta \mid x\} \\
&= \frac{1}{B(\gamma+x, n+\eta-x)} \int_0^1 \theta \cdot \theta^{\gamma+x-1} (1-\theta)^{n-x+\eta-1} \, \mathrm{d}\theta \\
&= \frac{B(\gamma+x+1, n+\eta-x)}{B(\gamma+x, n+\eta-x)} \\
&= \frac{\Gamma(\gamma+x+1)\Gamma(n+\eta-x)}{\Gamma(n+\gamma+\eta+1)} \cdot \frac{\Gamma(n+\gamma+\eta+1)}{\Gamma(\gamma+x)\Gamma(n+\eta-x)} \\
&= \frac{\gamma+x}{n+\gamma+\eta}
\end{aligned}
$$

这一结果的统计意义十分明显,选用 $B(\gamma, \eta)$ 作先验分布,如同做了 $\gamma+\eta$ 次独立试验,事件 A 发生 γ 次,一共做了 $n+\gamma+\eta$ 次试验,而事件 A 一共发生了 $\gamma+x$ 次,因此用 $\hat{\theta} = (\gamma+x)/(n+\gamma+\eta)$ 去估计 θ。当 $\gamma = \eta = 1$ 时,$B(\gamma, \eta)$ 就是 $(0,1)$ 上的均匀分布,此时相应的估计是:

$$\hat{\theta} = \frac{x+1}{n+2}$$

相当于过去做了两次试验,A 发生了一次,而 $B(1,1)$ 正好是贝叶斯假设。采用共轭分布这种方法可以方便地将历史上做过的各次试验进行合理的综合,也可为今后的试验结果分析提供一个合理的参考。

2)最大熵原理

最大熵原理可以提供一个先验概率分布的选择准则。设有一个可观测的概率过程,其中的随机变量 X 取离散值 $x_1, \cdots, x_n$,如果从观测的结果知道了这个随机变量的均值与方差等值,如何确定它取各离散值的概率 $p_1, p_2, \cdots, p_n$?一般地,满足可观测值的概率分配,可以有无限多组,那么究竟应当选哪一组?即在什么意义下,所选出的一组概率才是最可能接近实际的?Jaynes 提出一个选择准则:在满足已知信息的约束条件下,通过最大化熵得到的分布是含有最少主观偏见的概率分布,是最合理的分布。Jaynes 建立的这一统计推理准则,被称为最大熵原理。

在数学上,可以把最大熵原理表示为如下的优化问题:

$$
(E_0)
\begin{cases}
\max\limits_{p} S = -k \sum\limits_{i=1}^{n} p_i \ln p_i & \text{(2.30)} \\[2mm]
\text{s. t. } \sum\limits_{i=1}^{n} p_i g_j(x_i) = E[g_j(x)] \quad (j=1,2,\cdots,m) & \text{(2.31)} \\[2mm]
\sum\limits_{i=1}^{n} p_i = 1 & \text{(2.32)} \\[2mm]
p_i \geqslant 0 \quad (i=1,2,\cdots,n) & \text{(2.33)}
\end{cases}
$$

其中，$g_j(x)$ 代表可观测的函数值，$E[g_j(x)]$ 代表相应的均值。

正态分布、伽马分布及指数分布等都是最大熵原理的特殊情况，在知道均值与方差的情况下，求解问题 E_0 得到正态分布，这就是说，正态分布包含了与观测量一致的最大的不确定性，即还有最大的熵。如果对一个随机过程，任何可观测量也得不到时，则约束式(2.31)不再存在，由问题 E_0 得到的解是一个均匀分布，这与人们的直观认识相符合。

对于不确定性问题，都可以采用最大熵的方法来解决。解决问题的思路是先将所研究的问题转化为一个概率模型，这样，问题的随机性就表现为概率分布，其中每种概率分布对应一个熵值，熵值的大小就表示了不确定性的大小，问题的解决就归结为求一种最佳的概率分布，然后采用最大熵原理求出最佳分布。

定义 2.3　设随机变量 x 是离散的，它取 $a_1,\cdots,a_k,\cdots$，至多可列 n 个值，且 $P(x=a_i)=p_i$，$i=1,2,\cdots,n$，则 $-\sum\limits_{i} p_i \ln p_i$ 称为 x 的熵，记作 $H(x)$。为了允许 $p_i=0$，规定 $0 \cdot \ln p_i = 0$；对于连续型随机变量 x，若 $x \sim p(x)$，且积分 $-\int p(x) \ln p(x) \mathrm{d}x$ 有意义，则称它是 x 的熵，也记为 $H(x)$。

从定义看，两个随机变量具有相同的分布时，它们的熵就相等，可见熵只与分布有关，设随机变量 x 只取有限个值 $a_1,\cdots,a_n$，相应的概率记为 $p_1,\cdots,p_n$，则 $H(x)$ 最大的充要条件是 $p_1=p_2=\cdots=p_n=1/n$。

证明：考虑 $G(p_1,\cdots,p_n)=-k\sum\limits_{i=1}^{n}p_i\ln p_i+\lambda\left(\sum\limits_{i=1}^{n}p_i-1\right)$

将 G 对 p_i 求偏导，并令其为 0，得到方程组：

$$
\frac{\partial G}{\partial p_i} = \ln p_i - 1 + \lambda = 0 \quad (i=1,2,\cdots,n)
$$

得到 $p_1=p_2=\cdots=p_n$，又因为 $\sum\limits_{i=1}^{n}p_i=1$，所以 $p_1=p_2=\cdots=p_n=1/n$。此时相应的熵是 $-\sum\limits_{i=1}^{n}\dfrac{1}{n}\ln\dfrac{1}{n}=\ln n$。这样，对于离散值的随机变量，均匀分布相应的熵最大。同样，对于连续的随机变量，也有和离散型类似的结果。

由以上可知，贝叶斯假设提出的均匀分布是有一定根据的。"无信息"如果意味着不确定性最大，那么无信息先验分布应是最大熵相应的分布，上述结果证明了在有限范围内取值的随机变量，它的分布是均匀分布时，熵才达到最大值。

当专家对某一问题给出的是先验概率的数值或范围时，有时需要将这些先验信息转换成某一分布，Savchuk 和 Martz 的最大熵法可将这样的先验信息组合成 Beta 分布[30]。

设随机变量密度函数为：

$$f(x,\gamma,\eta,a,b) = \begin{cases} \dfrac{1}{(b-a)B(\gamma,\eta)}\left(\dfrac{x-a}{b-a}\right)^{\gamma-1}\left(1-\dfrac{x-a}{b-a}\right)^{\eta-1} & (a \leqslant x \leqslant b) \\ 0,\text{其他} \end{cases} \quad (2.34)$$

其中

$$B(\gamma,\eta) = \int_0^1 Z^{\gamma-1}(1-Z)^{\eta-1}\mathrm{d}Z \quad \gamma > 0, \eta > 0$$

$$Z = \frac{x-a}{b-a}$$

则称 x 服从 Beta 分布，简记为 $x \sim B(\gamma,\eta)$。

当 Beta 分布的上限 $a=0$、下限 $b=1$ 时，即成为标准 Beta 分布，有：

$$f(x,\gamma,\eta) = \frac{1}{B(\gamma,\eta)}x^{\gamma-1}(1-x)^{\eta-1} \quad (\gamma > 0, \eta > 0, 0 \leqslant x \leqslant 1) \quad (2.35)$$

Beta 分布密度函数的形状由形状参数 γ，η 来控制，其形状从均匀分布到近似正态分布，从对称到不对称，而且分布在一个有限的范围内。

对于标准 Beta 分布如图 2.3 所示，当 $\gamma = \eta$ 时，形状对称，均值 $x = 0.5$；当 $\gamma \neq \eta$ 时，形状不对称，$\gamma < \eta$ 时形状左偏，$\gamma > \eta$ 时形状右偏；当 $\gamma = \eta = 1$ 时，对应于均匀分布。因此，只要适当选择参数 γ 及 η，Beta 分布可以用来拟合各种不同形状的分布图。

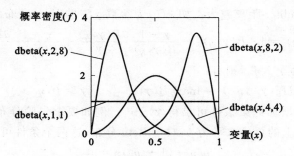

图 2.3　标准 Beta 分布的形状

对于公差计算方法，目前采用的统计法是以保证大数为着眼点。传统的统计法一般认为加工尺寸的分布服从正态分布，其理由是：如果某个尺寸链中的所有组成环尺寸都服从正态分布，则封闭环尺寸也必然服从正态分布；如果某个尺寸链中的各个组成环尺寸为偏态分布，随着组成环环数的增加，封闭环尺寸仍然趋向正态分布。但在实际生产中，组成环尺寸的分布未必呈正态分布，而且尺寸链中的组成环数也不一定很多，在这种情况下，封闭环尺寸一般呈非对称的偏态分布，所以应当寻求更为灵活的面向具体加工环境的公差计算方法。

首要问题就是选取分布模型，这种分布模型必须满足以下三个条件：(1)该分布模型能够体现多种不同的分布形状；(2)能够求得该概率分布函数的反函数，这样，在给定置信度的情况下可以求得相应的分布范围；(3)该分布模型的有效范围应是有限的。

Beta 分布模型可较好地满足以上三个要求。图 2.3 所示的各种不同的分布形状可通过参数 γ 及 η 进行控制。为在公差的计算中体现出面向制造的并行设计原则，对于 Beta 分布，其分布参数均是从生产数据中获得，每组分布参数 γ 和 η，对应于一个加工尺寸的分布情况，γ 和 η 的数值是由生产设备和操作技术等因素决定的。对各种特征在不同尺寸、公差范围的一系列测量尺寸进行计算,得到了相应 Beta 分布的形状参数数值 γ、η,见表 2.4。从原则上讲,每一种加工工艺方法都可以通过实际生产数据来获得相应的形状参数 γ、η。

表 2.4 各类特征的 Beta 函数的形状参数值

尺寸范围 (nm)	公差范围 (mm)	外圆特征 γ,η	孔特征 γ,η	平面特征 γ,η	槽特征 γ,η	定位特征 γ,η
$D<40$	$0.01\leqslant T<0.08$	3.90,3.60	2.10,2.30	3.90,3.60	3.10,3.05	2.10,2.10
	$0.08\leqslant T<0.25$	3.84,3.55	2.06,2.25	3.86,3.56	3.05,2.98	2.05,2.05
	$0.25\leqslant T<0.8$	3.80,3.50	2.00,2.15	3.80,3.50	2.96,2.92	2.00,2.00
$40\leqslant D<512$	$0.01\leqslant T<0.08$	3.85,3.55	2.05,2.24	3.85,3.55	3.04,2.96	2.05,2.05
	$0.08\leqslant T<0.25$	3.82,3.50	2.00,2.20	3.80,3.50	3.02,2.94	2.00,2.00
	$0.25\leqslant T<0.8$	3.75,3.45	1.95,2.15	3.75,3.45	2.92,2.90	1.95,1.95
$D\geqslant512$	$0.01\leqslant T<0.08$	3.80,3.50	2.00,2.20	3.80,3.53	3.00,2.95	2.00,2.00
	$0.08\leqslant T<0.25$	3.74,3.46	1.95,2.15	3.76,3.48	2.92,2.90	1.95,1.95
	$0.25\leqslant T<0.8$	3.70,3.40	1.90,2.10	3.70,3.50	2.88,2.87	1.90,1.90

如果参数 θ 的先验分布为 $\pi(\theta)$,其 Shannon-Jaynes 熵为:

$$H(\pi) = -\int_0^1 \pi(\theta) \ln[\pi(\theta)]d\theta$$

这个熵的负值 $-H(\pi)$ 就是 $\pi(\theta)$ 与均匀分布的 Kullback-Liebler 距离。离均匀分布越远,熵就越小,Kullback-Liebler 距离越大。如 $\pi(\theta)$ 为参数 γ,η 的 Beta 分布为 $B(\gamma,\eta)$,则熵为:

$$H_B(\gamma,\eta) = \ln[B(\gamma,\eta)] - \frac{\gamma-1}{B(\gamma,\eta)}\frac{\partial B(\gamma,\eta)}{\partial\gamma} + \frac{\eta-1}{B(\gamma,\eta)}\frac{\partial B(\gamma,\eta)}{\partial\eta}$$

使熵最大的参数为 γ^*,η^*,则有:

$$H_B(\gamma^*,\eta^*) = \max[B(\gamma,\eta)] \quad (\gamma\geqslant 0,\eta\geqslant 0)$$

再根据实际情况,增加约束条件可求得 γ^*,η^*。例如要求先验分布的均值为 p_0,以及先验概率 p 在区间 $[a,b]$ 上的置信水平为 μ,对于 Beta 分布,这两个条件可用下式表示:

$$p_0\eta - (1-p_0)\eta = 0$$

$$\int_a^b x^{\gamma-1}(1-x)^{\eta-1}dx - \mu B(\gamma,\eta) = 0$$

采用最大熵准则还可以处理可靠性参数的先验分布选择,将各种先验信息看作不同的约束条件,在此约束条件之下通过最大化 Shannon-Jaynes 熵,以选择约束条件之下最优的先验分布。

考虑可靠性参数 x 的先验概率密度函数的 Shannon-Jaynes 熵为:

$$H[\pi(x)] = -\int_{-\infty}^{+\infty} \pi(x)\ln\pi(x)dx \tag{2.36}$$

这样,在满足一定约束条件下,求解一个先验概率密度函数 $\pi(x)$ 的问题就可以表示为:

$$\max_{\pi(x)} H[\pi(x)]) = \max_{\pi(x)}\left[-\int_{-\infty}^{+\infty}\pi(x)\ln\pi(x)dx\right]$$

满足约束

$$S[\pi(x)] \leqslant 0 \tag{2.37}$$

式(2.37)是由各种先验信息所得出的函数约束,实际上它把先验分布及其参数的选择变成了一个求条件极值的非线性规划问题。

2.3.3 贝叶斯估计算例分析

当系统模型为二项分布时,设有 N 个来源的先验信息,如有 N 个专家,可用上面提供的方法获得关于各个先验信息的先验概率密度函数 $\mathrm{Beta}(x, \gamma, \eta)$;设 W_j 为每种先验信息的权值 $(j=1,2,\cdots,N)$,$\sum W_j = 1$。W_j 由专家或决策者根据每种先验信息的可信度或重要程度决定,若重要程度未知,则可取均权;为进行贝叶斯推断,由 $\mathrm{Beta}(x, \gamma, \eta)$ 可得到综合的先验概率密度函数,它为 Beta 分布的合成。

$$\pi(x; \gamma^*, \eta^*) = \sum_{j=1}^{N} W_j \cdot \mathrm{Beta}(x; \gamma_j^*, \eta_j^*) \tag{2.38}$$

采用二项寿命试验数据似然函数:

$$f(x; n; z) = C_n^s x^s (1-x)^{n-s} \tag{2.39}$$

运用贝叶斯定理,就可得到 x 的后验概率密度函数:

$$\left.\begin{aligned} \pi(x/z; \gamma^*, \eta^*, n) &= \frac{1}{C} \sum_{j=1}^{N} W_j \cdot x^{\gamma_j^* + s - 1} \cdot (1-z)^{\eta_j^* + n - s - 1} / B(\gamma_j^*, \eta_j^*) \\ C &= \sum_{j=1}^{N} W_j \cdot B(\gamma_j^* + z, \eta_j^* + n - z) / B(\gamma_j^*, \eta_j^*) \end{aligned}\right\} \tag{2.40}$$

考虑到平方误差损失函数,就可得到通常的后验点估计及方差估计:

$$\left.\begin{aligned} \hat{x}^* &= \frac{1}{C} \sum_{j=1}^{N} W_j B(\gamma_j^* + z + 1, \eta_j^* + n - z) / B(\gamma_j^*, \eta_j^*) \\ \mathrm{Var}(x) &= \sigma_x^2 = \frac{1}{C} \sum_{j=1}^{N} W_j B(\gamma_j^* + z + 2, \eta_j^* + n - z) / B(\gamma_j^*, \eta_j^*) - \hat{x}^{*2} \end{aligned}\right\} \tag{2.41}$$

同样可以得到贝叶斯后验置信区间:

$$\int_{x_2}^{1} \pi(x/z; \gamma^*, \eta^*, n) \mathrm{d}x = \frac{1-\mu}{2} \tag{2.42}$$

在实际工程应用中,某些系统的可靠性参数的先验分布可视为已知,如当寿命试验数据为二项分布时,由于 Beta 分布是二项分布的共轭分布,所以可取 Beta 分布为其参数 x(可靠度 R)的先验分布。设先验分布 $\pi(x)$ 的形式为参数 x 的均值和先验分布参数 γ, η 的下限:

参数 x 的均值 x_0 可表示为:

$$\int_{0}^{1} x\pi(x) \mathrm{d}x = x_0 \tag{2.43}$$

先验分布参数 γ, η 的下限 γ_-, η_- 可表示为:

$$\left.\begin{aligned} \gamma &\geqslant \gamma_- \\ \eta &\geqslant \eta_- \end{aligned}\right\} \tag{2.44}$$

它们或是专家经验,或是历史试验数据,参数 x 的先验概率密度函数为:

$$\pi(x) = B(x, \gamma, \eta) = \frac{1}{B(\gamma, \eta)} x^{\gamma-1} (1-x)^{\eta-1} \quad (0 < x < 1) \tag{2.45}$$

接下来要做的工作就是确定 γ, η 的最优值以使得 $\pi(x)$ 的熵最大化:

$$\begin{aligned} H[\mathrm{Beta}(x, \gamma, \eta)] = H_B(\gamma, \eta) &= -\int_{0}^{1} \mathrm{Beta}(x, \gamma, \eta) \cdot \ln[\mathrm{Beta}(x, \gamma, \eta)] \mathrm{d}x \\ &= \ln[B(\gamma, \eta)] - a' B_{10}(\gamma, \eta) - b' B_{01}(\gamma, \eta) \end{aligned} \tag{2.46}$$

其中，$a' = (\gamma - 1)B(\gamma, \eta)$，$b' = (\eta - 1)B(\gamma, \eta)$。

$$\left.\begin{array}{l} B_{10}(\gamma, \eta) = \dfrac{\partial B(\gamma, \eta)}{\partial \gamma} \\[3mm] B_{01}(\gamma, \eta) = \dfrac{\partial B(\gamma, \eta)}{\partial \eta} \\[3mm] B(\gamma, \eta) = \displaystyle\int_0^1 x^{\gamma-1}(1-x)^{\eta-1}\mathrm{d}x \end{array}\right\} \tag{2.47}$$

将式(2.47)代入式(2.43)可得：

$$\frac{\gamma}{\gamma + \eta} = x_0 \tag{2.48}$$

这样 γ^*，η^* 的求最优值问题就转化为在满足式(2.44)、式(2.48)约束条件下求极值问题。

$$\left.\begin{array}{l} H_B(\gamma^*, \eta^*) = \max[H_B(\gamma, \eta)] \quad (\gamma^* \geqslant \gamma_- \geqslant 0, \eta^* \geqslant \eta_- \geqslant 0) \\[3mm] \dfrac{\gamma}{\gamma + \eta} = x_0 \end{array}\right\} \tag{2.49}$$

设寿命试验数据为二项分布，试验数 $n = 10$，成功数＝9。设有 4 个专家提供的先验信息形式为参数的均值及其下限见表 2.5，分析各专家意见后给出相应权值见表 2.6；运用最大熵方法解问题式(2.46)，可得 Beta 分布的参数见表 2.7。

表 2.5 不同专家提供的参数的均值及下限

专家	1	2	3	4
x 的均值	0.95	0.80	0.90	0.70
x 的下限	0.60	0.50	0.60	0.50

表 2.6 不同专家提供的先验信息所占的权重

专家	1	2	3	4
权值	0.15	0.20	0.25	0.40

表 2.7 Beta 分布的参数估计

专家	1	2	3	4
γ_j^*	18.3	3.44	8.43	2.01
η_j^*	0.984	0.870	0.932	0.862

由式(2.41)可得到参数 x 的后验点估计及标准差 $\hat{x}^* = 0.8832$，$\sigma_x = 0.0805$。而由式(2.42)可得参数 x 的 90% 置信区间为 $[x_1, x_2] = [0.72, 0.98]$。

2.4 数字制造信息的质量评价方法

数字制造决策是制造活动的核心，而数字制造信息质量对产品销售决策具有决定性的作用和影响，因此，必须构造数字制造信息质量的评价方法。本节采用信息灵敏度、信息价值灵敏度和信息准确度三个指标来构造信息质量的评价指标,并通过一个研究算例,说明它们分别对产品制造、营销预测的影响程度,给企业带来价值的程度以及信息对各状态的平均正确传递程度。

2.4.1　信息灵敏度

信息灵敏度反映了信息对预测的影响程度,它是信息的一个客观指标,它不随价值参数及人们的主观偏好而改变。所以灵敏度给出了不同信息相互比较的客观标准,反映了信息的内在本质[31-32]。

设决策的实际自然状态空间为 $x=\{x_1,x_2,\cdots,x_n\}$,先验概率分布为:$p(x)=\{p(x_1),p(x_2),\cdots,p(x_n)\}$;信息 D 的预测结果空间为 $y=\{y_1,y_2,\cdots,y_n\}$,y 与 x 一一对应,条件概率分布为:$p(y|x)=\{p(y_j|x_i),i,j=1,2,\cdots,n\}$,后验概率分布为:$p(x|y)=\{p(x_i|y_j),i,j=1,2,\cdots,n\}$,实际自然状态的不确定程度可以用熵 $H(x)=-\sum_{i=1}^{n}p(x_i)\ln p(x_i)$ 来表示,在预测结果 y_j 发生的条件下,各状态的不确定程度为:

$$H(x\mid y_j)=-\sum_{i=1}^{n}p(x_i\mid y_j)\ln p(x_i\mid y_j)\quad(j=1,2,\cdots,n)$$

信息 D 预测的条件熵为:

$$H(x\mid D)=-\sum_{j=1}^{n}p(y_j)\sum_{i=1}^{n}p(x_i\mid y_j)\ln p(x_i\mid y_j)$$

$H(x|D)$ 表示在信息 D 发生条件下 x 发生的平均不确定程度。

命题 2.1[33]　$H(x)$ 与 $H(x|D)$ 的关系为 $H(x)\geqslant H(x|D)\geqslant 0$。

这说明任何信息 D 都会减少预测的不确定程度,这种减少程度刻画了信息 D 对实际状态的灵敏程度。

定义 2.4　记 $S(x,D)=H(x)-H(x|D)/H(x)$,称之为信息 D 的灵敏度。

命题 2.2　对任何信息 D,均有:

(1) $0\leqslant S(x,D)\leqslant 1$。

(2) 当 x 与 y 独立时,$S(x,D)=0$。

(3) 对任意 $j=1,2,\cdots,n$,若有某 i_j 使 $p(x_i|y_j)=1$,$p(x_k|y_j)=0(k\neq i_j)$,则 $S(x,D)=1$。

定义 2.4 及命题 2.2 说明:信息的灵敏度 $S(x,D)$ 是信息 D 的内在特征,它反映了信息对预测的影响程度。当 x 与 y 独立时,信息 D 是完全盲目的,其灵敏度为零;当信息对实际状态的预测是确定性时,其灵敏度达到最大。

2.4.2　信息价值灵敏度

信息灵敏度描述了信息对预测的平均影响强度,但实际上,价值因素和主观偏好也是比较信息优劣的标准,人们要求盈利大或风险大的信息应该相对灵敏一些,而盈利少或风险小的方面对信息的要求相对迟钝一些。

设状态空间和预测空间同前,每个状态发生后可能盈亏为 $c_i(i=1,2,\cdots,n)$,将其规范化记 $w_i=|c_i|/\sum_{i=1}^{n}|c_i|(i=1,2,\cdots,n)$,并记 $w=\{w_1,w_2,\cdots,w_n\}$,w 为权集,考虑加权熵:

$$H_w(x) = \sum_{i=1}^{n} w_i\, p(x_i) \ln p(x_i)$$

$$H_w(x \mid D) = -\sum_{i=1}^{n} p(y_j) \sum_{i=1}^{n} w_i\, p(x_i \mid y_j) \ln p(x_i \mid y_j)$$

定义 2.5　记 $S_w(x,D) = \dfrac{H_w(x) - H_w(x \mid D)}{H_w(x)}$ 称为信息 D 的价值灵敏度。

命题 2.3　对任何信息 D、任何权集 w，有：

(1) $H_w(x) \geqslant H_w(x \mid D) \geqslant 0$，即 $0 \leqslant S_w(x,D) \leqslant 1$；

(2) 当 x、y 独立时，$S_w(x,D) = 0$；

(3) 对任意 $j = 1, 2, \cdots, n$，若有 $p(x_i \mid y_j) = 1, p(x_k \mid y_j) = 0 (k \neq i_j)$ 时，$S_w(x,D) = 1$。

命题 2.4　信息的灵敏度 $S(x,D)$ 与价值灵敏度 $S_w(x,D)$ 有如下关系：

(1) $S(x,D) = 0 \Leftrightarrow$ 任何权集 W，$S_w(x,D) = 0$；

(2) $S(x,D) = 1 \Leftrightarrow$ 任何权集 W，$S_w(x,D) = 1$。

信息 D 的价值灵敏度与信息灵敏度有关，又与市场的价值参数有关，能较好地反映市场对信息的主客观要求，并能较好地比较信息给企业带来的商业价值。

2.4.3　信息准确度

实际状态空间和预测空间一一对应，由于状态的随机性，信息的不完全性以及预测者的主客观判断错误都会使得这种对应产生一些偏差，为此，可采用信息准确度来衡量。

定义 2.6　设状态的先验概率分布为 $p(x) = \{p(x_1), p(x_2), \cdots, p(x_n)\}$，信息 D 的条件概率分布为 $p(y \mid x) = \{p(y_j \mid x_i), i, j = 1, 2, \cdots, n\}$，并设状态的对应关系为 $x_i \leftrightarrow y_i (i = 1, 2, \cdots, n)$。

记 $Q(x,D) = \sum\limits_{i=1}^{n} p(x_i) p(y_i \mid x_i)$，称之为信息 D 的准确度。

$$Q(x,D) = \sum_{i=1}^{n} p(x_i) p(y_i \mid x_i) = \sum_{i=1}^{n} p(x_i y_i) = \sum_{i=1}^{n} p(y_i) p(x_i \mid y_i)$$

由上式可以看出：$Q(x,D)$ 表示信息对各状态的平均正确传递程度，由定义 2.6 可得结论：

命题 2.5　(1) $0 \leqslant Q(x,D) \leqslant 1$；

(2) $p(x_i \mid y_i) = 1, \forall i = 1, 2, \cdots, n$ 时，$Q(x,D) = 1$；

(3) 对任意 $i = 1, 2, \cdots, n, p(y_i) \neq 0 \Rightarrow p(x_i \mid y_i) = 0$ 时，$Q(x,D) = 0$。

由定义 2.6 及命题 2.5 可知，$Q(x,D)$ 反映了信息平均正确传递程度，它是信息的可信赖程度的一个客观指标。

定义 2.7[34]　信息 D 在 n 维空间 x 上的条件概率 $p(y_k \mid y_i) = \begin{cases} 1, k = l \\ 0, k \neq l \end{cases} (k, l = 1, 2, \cdots, n)$，则称信息 D 是最优信息。

由定义 2.7 易证，D 为最优信息，后验概率 $p(y_k \mid y_i) = \begin{cases} 1, k = l \\ 0, k \neq l \end{cases} (k, l = 1, 2, \cdots, n)$，由命题 2.2(3)、命题 2.3(3) 和命题 2.5(2) 可得出推论：最优信息的灵敏度、价值灵敏度和信息准确度均达到最大值 1。

最优信息是信息的理想化,只有在情报完全可靠且预测者毫无主观判断误差时才能达到,通常我们只希望得到相对优良的信息。

定义 2.8 若信息 D_1、D_2 存在有:$S(x,D_1)>S(x,D_2)$,$S_w(x,D_1)>S_w(x,D_2)$,$Q(x,D_1)>Q(x,D_2)$,则称信息 D_1 为较优信息,D_2 为较劣信息。

2.4.4 信息质量的评价算例

为说明信息质量评价的应用,下面以开发某项新产品需要依托的研发信息为例进行说明。这里,设定有两组信息 D_1 和 D_2,将采用信息灵敏度、信息价值灵敏度和信息准确度三个指标来对设定信息的质量进行评价,并由此判定选用哪组信息用于研发决策[26]。

设决策的实际自然状态空间为新产品销售预测 $x=\{x_1,x_2,x_3\}$,销售情况好坏的先验概率分布 $p(x)=\{p(x_1),p(x_2),p(x_3)\}$ 可根据以往的经验确定,如表 2.8 所示。

表 2.8 新产品销售及盈亏预测

销售预测 x_i	概率 $p(x_i)$	盈亏 c_i(单位:万元)
x_1(好)	0.3	450
x_2(中)	0.3	100
x_3(差)	0.4	-350

设 $y=\{y_1,y_2,y_3\}$ 为信息 D 的预测结果空间,$p(y|x)$ 为其条件概率。表 2.9 分别为信息 D_1 和 D_2 的条件概率。

表 2.9 信息 D_1 和信息 D_2 的条件概率

	$p(y\|x)$	x_1	x_2	x_3		$p(y\|x)$	x_1	x_2	x_3
D_1	y_1(好)	0.7	0.2	0.3	D_2	y_1(好)	0.6	0.1	0.2
	y_2(中)	0.2	0.6	0.1		y_2(中)	0.3	0.7	0.3
	y_3(差)	0.1	0.2	0.6		y_3(差)	0.1	0.2	0.5

由表 2.8 和表 2.9 中的数据,可计算出表 2.10 所示的信息 D_1、D_2 的联合概率 $p(xy)$,并由此计算出表 2.11 中信息 D_1、D_2 的后验概率 $p(y|x)$。

表 2.10 信息 D_1 和信息 D_2 的联合概率

	$p(xy)$	x_1	x_2	x_3	$p(y_i)$		$p(xy)$	x_1	x_2	x_3	$p(y_i)$
D_1	y_1	0.21	0.06	0.12	0.39	D_2	y_1	0.18	0.03	0.06	0.27
	y_2	0.06	0.18	0.04	0.28		y_2	0.09	0.21	0.09	0.39
	y_3	0.03	0.06	0.24	0.33		y_3	0.03	0.06	0.20	0.29

表 2.11 信息 D_1 和信息 D_2 的后验概率

	$p(xy)$	x_1	x_2	x_3		$p(xy)$	x_1	x_2	x_3
D_1	y_1	0.54	0.15	0.31	D_2	y_1	0.72	0.12	0.18
	y_2	0.21	0.64	0.14		y_2	0.16	0.03	0.48
	y_3	0.09	0.18	0.73		y_3	0.18	0.35	0.47

（1）计算信息 D_1、D_2 的灵敏度

$$H(x) = 1.089，\quad H(x \mid D_1) = 0.8803，\quad H(x \mid D_2) = 0.963$$
$$S(x,D_1) = 0.1916，\quad S(x,D_2) = 0.1157，\quad S(x,D_1) > S(x,D_2)$$

（2）计算信息 D_1、D_2 的价值灵敏度

$$w_1 = 0.5，\quad w_2 = 0.11，\quad w_3 = 0.39$$
$$H_w(x) = 0.3633，\quad H_w(x \mid D_1) = 0.2935，\quad H_w(x \mid D_2) = 0.3121$$
$$S_w(x,D_1) = 0.1921，\quad S_w(x,D_2) = 0.1409，\quad S_w(x,D_1) > S_w(x,D_2)$$

（3）计算信息 D_1、D_2 的准确度

$$Q(x,D_1) = 0.63，\quad Q(x,D_2) = 0.59，\quad Q(x,D_1) > Q(x,D_2)$$

因消息 D_1、D_2 有 $S(x,D_1) > S(x,D_2)$，$S_w(x,D_1) > S_w(x,D_2)$，$Q(x,D_1) > Q(x,D_2)$，所以由定义 2.8 可知，信息 D_1 的质量，无论从信息灵敏度、信息价值灵敏度还是信息准确度来讲，都比信息 D_2 的质量要好。

③ 数字制造信息的表征与建模方法

3.1 数字制造信息的描述形式和方法

由数字制造信息的定义与分类可知,数字制造信息可从语法、语义和效用三个层面对数字制造全生命周期的各类对象进行描述、分析与处理。数字制造信息表征与建模就是要运用适当的建模方法对产品本身的属性和状态进行刻画,将其全生命周期各个环节各种对象的状态、方法等抽象地表达出来,并能用计算机进行存储和管理,用于产品的数字化设计、制造、销售、使用和维护。

在客观世界中,人们用连续量来刻画制造的对象和过程,用语义来表述其含义和功能;在数字制造中,由于需要采用计算机来代替人的部分功能,来自动完成制造的过程,为此,必须用数据来描述制造对象,以及制造的过程。在现代计算机系统中数据的概念是广义的,数据的种类很多,不仅指数值,还包括文本、图形、图像、音频、视频、档案记录、产品尺寸和加工参数、产品的制造状态等,它们都是数据。由于计算机不可能直接处理现实世界中的具体事物,所以,人们必须把具体事物转换成计算机能够处理的数据,也就是首先要数字化。

然而,数据描述的结果必须能够准确地表达其描述的语义,传递出描述对象的内涵和信息。因此借助数据模型来描述数据之间的关系,即用数据模型来组织、刻画数字制造系统的数据,让计算机能识别数字制造的对象、过程和功能,从而实现产品设计、生产、销售等整个生命周期的计算机辅助功能。可见,数据模型能抽象出现实世界的特征,因此也是数字制造信息的表征方法。

3.1.1 数据模型的定义

定义 3.1[35] 数据模型是采用一组彼此相关的数据共同描述客观对象特征和语义的方法,它可以描述数据、组织数据、对数据进行操作,是对现实世界的模拟,对现实世界数据特征的抽象。

数据模型能抽象、表示和处理现实世界中具体的人、物、活动、概念。当前,数字制造系统均是基于某种或多种数据模型来实现的,数据模型已经成为其核心和基础。如数控系统的加工对象、加工刀具需要采用关系模型或面向对象的数据模型对其基本属性进行描述和管理;而工艺库、知识库、材料库和刀具库等均需要采用关系数据模型或面向对象的数据模型来构建。由此可见,数字制造信息的表征与建模方法,其实质是数据模型的构建方法。

构建数据模型应满足三方面的要求:一是能比较真实地模拟现实世界;二是容易为人所理解;三是便于在计算机上实现。仅仅用一种数据模型来全面地满足这三个方面的要求较为困难。因此,需要针对不同的使用对象和应用目的,采用不同的数据模型,如同在建筑设计和施工的不同阶段需要不同的图纸一样。

根据数据模型应用的不同阶段和目的,可将其划分为两类,它们分别属于两个不同的层次。第一类是概念模型,第二类为逻辑模型和物理模型。第一类概念模型是按照用户的观点来对数据进行建模,用户将现实世界的具体事物进行抽象,转化为信息世界。第二类逻辑模型是按信息的语义对数据进行建模,将信息世界转换为机器世界,物理模型则是指数据存储在计算机的存储介质上的规则。也就是说,首先把现实世界中的客观对象抽象为一种信息结构,这种信息结构并不依赖于具体的计算机系统,而是概念级的模型,然后再根据数字制造系统的具体实现的技术方案,将其转换为采用计算机进行数据管理的数字制造系统的数据模型。

下面首先介绍数据模型的共性,即数据模型的组成要素,以及概念模型。然后在本章的其他节分别介绍不同类型的逻辑模型[35]。

3.1.2 数据模型的组成要素

一般地讲,数据模型是严格定义的一组概念的集合。这些概念精确地描述了系统的静态特性、动态特性和完整性约束条件。因此,数据模型通常由数据结构、数据操作和完整性约束三部分组成。

（1）数据结构

数据结构描述数据库的组成对象以及对象之间的联系。也就是说,数据结构描述的内容有两类:一类是与对象的类型、内容、性质有关的,例如网状模型中的数据项、记录,关系模型中的域、属性、关系等。另一类是与数据之间的联系有关的对象,例如网状模型中的系型。

数据结构是刻画一个数据模型性质最重要的方面,因此,人们通常按其数据结构的类型来命名数据模型。例如层次结构、网状结构、关系结构、面向对象结构等的数据模型分别命名为层次模型、网状模型、关系模型和面向对象模型。

总之,数据结构是所描述的对象类型的集合,是对系统静态特性的描述。

（2）数据操作

数据操作是指对各种对象的实例允许执行的操作的集合,包括与操作机有关的操作规则。

作为数据的操作,主要有查询和更新(包括插入、删除、修改)两大类操作。数据模型必须定义这些操作的确切含义、操作符号、操作规则(如优先级)以及实现操作的语言。即数据操作是对系统动态特性的描述。

（3）完整性约束

数据的完整性约束条件是一组完整性规则。完整性规则是给定的数据模型中数据及其联系所具有的制约和依存规则,用以限定符合数据模型的数据状态以及状态的变化,以保证数据的正确、有效、相容。

数据模型应该反映和规定本数据模型必须遵守的基本、通用的完整性约束条件。例如,在关系模型中,任何关系必须满足实体完整性和参照完整性两个条件。

此外,数据模型还应该提供定义完整性约束条件的机制,以反映具体应用所涉及的数据必须遵守的特定的语义约束条件。例如,描述产品角度的尺寸范围应为 $0°\sim360°$。

3.1.3　概念模型

概念模型用于信息世界的建模,是现实世界到机器世界的第一层抽象,是设计人员和用户之间进行交流的语言,因此,概念模型一方面应该具有较强的语义表达能力,能够方便、直接地表达应用中的各种语义知识,另一方面它还应该简单、清晰、便于用户理解。

1) 信息世界中的基本概念

信息世界涉及的主要概念如下。

（1）实体

客观存在并可相互区别的事物称为实体。实体可以是具体的人、事、物,也可以是抽象的概念或联系。例如,一个职工、一种产品、一个部门、部门与职工的关系等都是实体。

（2）属性

实体所具有的某一特性称为属性。一个实体可以由多个属性来刻画。例如,产品实体可由产品名称、型号、编码、价格、设计单位、设计时间、生产单位、生产时间等组成。

（3）码

唯一标识实体的属性集称为码。例如产品编码是产品实体的码。

（4）域

域是一组具有相同数据类型的值的集合。属性的取值范围来自某个域。例如产品编码的域为 20 位字符串,产品名称的域为 30 位字符串集合等。

（5）实体型

具有相同属性的实体必然具有相同的特性和性质。用实体名和属性名集合来抽象和刻画同类实体,称为实体型。例如,产品（产品编码、型号、名称、生产单位、出厂日期）就是一个实体型。

（6）实体集

同一类型实体的集合称为实体集。例如,所有产品就是一个实体集。

（7）联系

在现实世界中,事物内部以及事物之间是有联系的,这些联系在信息世界中反映为实体（型）内部的联系和实体（型）之间的联系。实体内部的联系通常是指组成实体的各属性之间的联系;实体之间的联系通常是指不同实体集之间的联系。

2) 两个实体型之间的联系

两个实体型之间的联系可分为三种:

（1）一对一联系（1∶1）

对于实体集 A 中的每一个实体,实体集 B 中至多有一个（也可以没有）实体与之联系,反之亦然,则称实体集 A 与实体集 B 具有一对一联系,记为 1∶1。

例如,一个车间只有一个正主任,而一个主任只能在一个车间中任职,则车间与主任之间具有一对一联系。

（2）一对多联系（1∶n）

如果对于实体集 A 中的每一个实体,实体集 B 中有 n 个实体（$n \geqslant 0$）与之联系;反之,对于实体集 B 中的每一个实体,实体集 A 中至多有一个实体与之联系,则称实体集 A 与实体集 B 具有一对多联系,记为 1∶n。

　　例如,一个车间有若干个职工,而每一个职工只在一个车间工作,则车间与职工之间具有一对多联系。

　　(3) 多对多联系($m:n$)

　　对于实体集 A 中的每一个实体,实体集 B 中有 n 个实体($n\geqslant0$)与之联系;反之,对于实体集 B 中的每一个实体,实体集 A 中也有 m 个实体($m\geqslant0$)与之联系,则称实体集 A 与实体集 B 具有多对多联系,记为 $m:n$。

　　例如,一个项目同时有若干个职工选择参与,而一个职工可以同时选择参加多个项目,则项目与职工之间具有多对多联系。

　　实际上,一对一联系是一对多联系的特例,而一对多联系又是多对多联系的特例。可以用图形来表示两个实体型之间的三类联系,如图 3.1 所示。

图 3.1　两个实体型之间的三类联系

(a) $1:1$ 联系;(b) $1:n$ 联系;(c) $m:n$ 联系

　　3) 两个以上的实体型之间的联系

　　一般地,两个以上实体型之间也存在着一对一、一对多、多对多联系。

　　若实体型 $E_1,E_2,\cdots,E_n$ 之间存在联系,对于实体型 $E_j(j=1,2,\cdots,i-1,i+1,\cdots,n)$ 中的给定实体,最多只和 E_i 中的一个实体相联系,则说 E_i 与 $E_1,E_2,\cdots,E_{i-1},E_{i+1},\cdots,E_n$ 之间的联系是一对多。

　　例如,对于培训项目、培训教师、培训参考书 3 个实体型,如果一个项目可由若干个培训教师教授,使用若干本培训参考书,而每一个培训教师只讲授一个培训项目,每一本培训参考书只供一门培训课程使用,则培训课程与培训教师、培训参考书之间的联系是一对多的,如图 3.2(a)所示。

　　再例如,有 3 个实体型:供应商、项目、零件,一个供应商可以供给多个项目多种零件,而每个项目可以使用多个供应商供应的零件,每种零件可由不同供应商供给。由此可看出,供应商、项目、零件三者之间是多对多的联系,如图 3.2(b)所示。

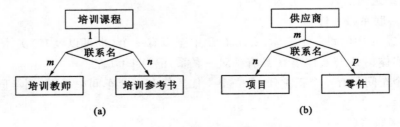

图 3.2　3 个实体型之间的联系示例

　　4) 单个实体型内的联系

　　同一个实体集内的各实体之间也可以存在一对一、一对多、多对多的联系。

例如职工实体内部具有领导和被领导的联系,即某一个职工(干部)"领导"若干名职工,而一个职工仅被另一个职工直接领导,因此,这就是一对多的联系,如图 3.3 所示。

5)概念模型的一种表示方法:实体联系方法

图 3.3 单个实体型之间一对多的联系示例

概念模型是对信息世界建模,能方便、准确地表示出信息世界中的常用概念。概念模型的表示方法很多,其中最为著名最为常用的是 P. P. Chen 于 1976 年提出的实体-联系方法,该方法用 E-R 图来描述现实世界的概念模型,E-R 方法也称 E-R 模型。

E-R 图提供了表示实体型、属性、联系的方法:

(1)实体型:用矩形表示,矩形框内写明实体名。

(2)属性:用椭圆形表示,并用无向边将其与相应的实体型连接起来。

例如,职工实体具有职工号、姓名、性别、出生年月、部门、应聘时间等属性,用 E-R 图表示,如图 3.4(a)所示。

(3)联系:用菱形表示,菱形框内写明联系名,并用无向边分别与有关实体型连接起来,同时,在无向边旁标上联系的类型($1:1,1:n$ 或 $m:n$)。如果一个联系具有属性,则这些属性也要用无向边与该联系连接起来。

如图 3.4(b)所示,用 E-R 图表述了 3 个实体间的联系,其中,用"供应量"描述了联系"供应"的属性。

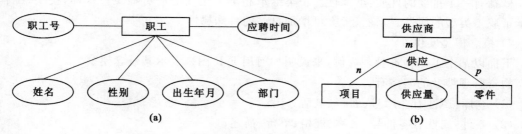

图 3.4 E-R 图示例

(a)职工实体与属性;(b)联系的属性

6)数据抽象的一般方法

概念模型是对现实世界的抽象,其抽象的方法一般有如下三种:

(1)分类(Classification)

定义某一类概念作为现实世界中一组对象的类型。这些对象具有某些共同的特性和行为。它抽象了对象值和实体型之间的"is member of"的语义。在 E-R 模型中,实体型就是这种抽象。

图 3.5 分类抽象方法示例

如图 3.5 所示,一个公司所有职工中,张颖是所有职工中的一员,具有职工共同的特性和行为。

(2)聚集(Aggregation)

定义某一类型的组成成分。它抽象了对象内部类型和成分之间的"is part of"的语义。

在 E-R 模型中若干属性的聚集组成了实体型,如图 3.6 所示。

更复杂的聚集如图 3.7 所示,即某一类型的成分仍是一个聚集。

图 3.6　聚集抽象方法示例　　　　图 3.7　更复杂的聚集抽象方法示例

(3) 概括(Generalization)

定义类型之间的一种子集联系。它抽象了类型之间的"is subset of"的语义。

例如职工是一个实体型,技工、工程师也是实体型。技工、工程师是职工的子集。把职工称为超类,技工、工程师称为子类,如图 3.8 所示。

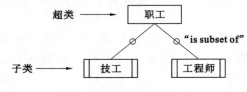

图 3.8　概括抽象方法示例

概括有一个重要的性质:继承性。子类继承超类上定义的所有抽象。这样,技工、工程师继承了职工类型的属性。当然,子类可增加自己的特殊属性。

7) 概念模型实例

下面以某个工厂物资管理为例,来说明如何用 E-R 图来表示其概念模型。

物资管理涉及的实体有:

(1) 仓库:属性有仓库号、面积、电话号码;

(2) 零件:属性有零件号、名称、规格、单价、描述;

(3) 供应商:属性有供应商号、姓名、地址、电话、账号;

(4) 项目:属性有项目号、预算、开工日期;

(5) 职工:属性有职工号、姓名、性别、应聘时间。

这些实体之间的联系如下:

(1) 一个仓库可以存放多种零件,一种零件可以存放在多个仓库,因此,仓库和零件具有多对多的联系。用库存量来表示某种零件在某个仓库中的数量。

(2) 一个仓库有多个职工当仓库保管员,一个职工只能在一个仓库工作,因此,仓库和职工之间是一对多的联系。

(3) 职工之间具有领导-被领导关系。即仓库主任领导多个保管员,因此,职工实体型中具有一对多的联系。

(4) 供应商、项目、零件三者之间具有多对多的联系。即一个供应商可以供给若干项目多种零件,每个项目可以使用不同供应商供应的零件,每种零件可以由不同供应商供给。

将上述实体和联系用 E-R 图描述的结果如图 3.9 所示。

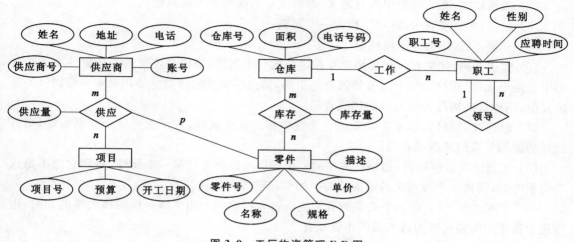

图 3.9　工厂物资管理 E-R 图

3.2　基于关系模型的数字制造信息表征建模

关系模型是关系数据库的数据组织方式,是目前最重要的一种数据模型。1970 年美国 IBM 公司 San Jose 研究室的研究员 E. F. Code 首次提出了关系模型,开创了数据库关系方法和关系数据理论的研究,为关系数据库技术奠定了理论基础。20 世纪 80 年代以来,计算机厂商新推出的数据库管理系统几乎都支持关系数据模型,非关系系统的产品也大多加上了关系接口,数据库领域当前的研究工作也都以关系方法为基础。因此,关系模型也是当前数字制造信息表征和建模的主流方法之一。

3.2.1　关系模型的基本概念

关系模型的基本假定是所有数据都表示为数学上的关系,就是说 n 个集合的笛卡儿积的一个子集,有关这种数据的推理通过二值(即没有 NULL)的谓词逻辑来进行,这意味着对每个命题都只有两种可能的求值:要么是真,要么是假。数据通过关系演算和关系代数的一种方式来操作[36]。

定义 3.2　关系模型是采用二维表格结构表达实体类型及实体间联系的数据模型。基本的关系建造块是域或者叫数据类型。元组是属性的有序多重集(multiset),属性是域和值的有序对。关系变量(relvar)是域和名字的有序对(序偶)的集合,它充当关系的表头(header)。关系是元组的集合。

关系模型的基本原理是信息原理:所有信息都表示为关系中的数据值。所以,关系变量在设计时刻是相互无关联的;反而,设计者在多个关系变量中使用相同的域,如果一个属性依赖于另一个属性,则通过参照完整性来强制实现这种依赖性。

关系模型共有十三个基本术语,它们分别是:

(1) 关系:一个关系对应着一个二维表,二维表就是关系名。

(2) 属性和值域:在二维表中的列,称为属性。属性的个数称为关系的元或度;列的值称为属性值;属性值的取值范围为值域。

（3）关系模式：在二维表中的行定义，即对关系的描述称为关系模式。

（4）元组：在二维表中的一行，称为一个元组。

（5）分量：元组中的一个属性值。

（6）键或者码：如果在一个关系中存在这样的一个属性，使得在该关系的任何一个关系状态中的两个元组，在该属性上的值的组合都不同，即这些属性的值都能够用来唯一标识该关系的元组，则称这些属性为该关系的键或者码。

（7）超键或者超码：如果在关系的一个键中移去某个属性，它仍然是这个关系的键，则称这样的键为关系的超键或者超码。

（8）候选键或者候选码：如果在关系的一个键中不能移去任何一个属性，否则它就不是这个关系的键，则称这个被指定的键为该关系的候选键或者候选码。

（9）主键或者主码：在一个关系的若干候选键中指定一个用来唯一标识该关系的元组，则称这个被指定的候选键为该关系的主键或者主码。

（10）全键或者全码：一个关系模式中的所有属性的集合。

（11）主属性和非主属性：关系中包含在任何一个候选键中的属性称为主属性，不包含在任何一个候选键中的属性称为非主属性。

（12）外键或者外码：关系中的某个属性虽然不是这个关系的主键，但它是另外一个关系的主键时，则称之为外键或者外码。

（13）参照关系与被参照关系：是指以外键相互联系的两个关系，可以相互转化。

关系模型由数据结构、操作集合、完整性约束三部分组成，下面将对其进行详细阐述。

3.2.2　关系模型的数据结构

关系模型的数据结构非常简单，只包含单一的数据结构——关系，在用户看来，关系模型中数据的结构是一张扁平的二维表。

关系模型的数据结构虽然简单，却能够表达非常丰富的语义，描述出现实世界的实体以及实体间的各种联系。由于关系模型是建立在集合代数的基础上，下面从集合论的角度给出关系数据结构的形式化定义。

1）域（Domain）

定义 3.3　域是一组具有相同数据类型的值的集合。

例如，自然数、整数、实数、长度小于 25 字节的字符串集合、$\{0,1\}$、大于或等于 0 且小于或等于 100 的正整数等，都可以是域。

2）笛卡尔积（Cartesian Product）

笛卡尔积是域上的一种集合运算。

定义 3.4　给定一组域 $D_1, D_2, \cdots, D_n$，这些域中可以是相同的域的笛卡尔积，即：

$$D_1 \times D_2 \times \cdots \times D_n = \{(d_1, d_2, \cdots, d_n) \mid d_i \in D_i, i = 1, 2, \cdots, n\}$$

其中，每一个元素叫作一个 n 元组（n-tuple）或简称元组（Tuple）。

元素中的每一个值 d_i 叫作一个分量（Component）。

这些域中可以存在相同的域。例如 D_2 和 D_3 可以是相同的域。

若 $D_i(i=1,2,\cdots,n)$ 为有限，即其基数（Cardinal number）为 $m_i(i=1,2,\cdots,n)$，则 $D_1 \times D_2 \times \cdots \times D_n$ 的基数 M 为：

$$M = \prod m_i$$

笛卡尔积可表示为一个二维表,表中的每一行对应一个元组,表中的每一列的值来自一个域。

3）关系

定义 3.5　$D_1 \times D_2 \times \cdots \times D_n$ 的子集叫作在域 $D_1, D_2, \cdots, D_n$ 上的关系,表示为:

$$R(D_1, D_2, \cdots, D_n)$$

这里 R 表示关系的名字,n 是关系的目或度(Degree)。

关系中的每个元素是关系中的元组,通常用 t 表示。

当 $n=1$ 时,称该关系为单元关系,或一元关系(Unary relation)。

当 $n=2$ 时,称该关系为二元关系(Binary relation)。

关系是笛卡尔积的有限子集,所以关系也是一个二维表,表的每行对应一个元组,表的每列对应一个域。由于域可以相同,为了加以区分,必须对每列起一个名字,称为属性(Attribute)。N 目关系必须有 n 个属性。

若关系中的某一属性组的值能唯一标识一个元组,则称该属性组为候选码(Candidate key)。

若一个关系有多个候选码,则选定其中一个为主码(Primary key)。

包含在候选码中的属性称为主属性(Primary attribute)。不包含在任何候选码中的属性称为非主属性(Non-primary attribute)或非码属性(Non-key attribute)。

在最简单的情况下,候选码只包含一个属性。在最极端的情况下,关系模式的所有属性是这个关系模式的候选码,称为全码(All-key)。

一般来说,$D_1, D_2, \cdots, D_n$ 的笛卡尔积是没有实际语义的,只有它的某个子集才有实际含义。

关系可以有三种类型:基本关系(通常称为基本表)、查询表和视图表。

基本表是实际存在的表,它是实际存储数据的逻辑表示;查询表是查询结果对应的表;视图表是由基本表或其他视图表导出的表,是续表,不对应实际存储的数据。

按笛卡尔积的定义,关系可以是一个无限集合。由于笛卡尔积不满足交换律,所以按照数学定义,$(d_1, d_2, \cdots, d_n) \neq (d_2, d_1, \cdots, d_n)$。当关系作为关系数据模型的数据结构时,需要给予如下的限定和扩充:

● 无限关系在数据库系统中是无意义的。因此,限定关系数据模型中的关系必须是有限集合。

● 通过为关系的每个列附加一个属性名的方法取消关系元组的有序性,即 $(d_1, d_2, \cdots, d_i, d_j, \cdots, d_n) = (d_1, d_2, \cdots, d_j, d_i, \cdots, d_n)(i, j = 1, 2, \cdots, n)$。

因此,基本关系具有以下 6 条性质:

(1)列是同质的,即每一列中的分量是同一类型的数据,来自同一个域。

(2)不同的列可出自同一个域,称其中的每一个列为一个属性,不同的属性给予不同的属性名。

(3)列的次序可以任意交换。

(4)任意两个元组的候选码不能相同。

(5)行的次序可以任意交换。

（6）分量必须取自原子值，即每一个分量都必须是不可分的数据项。

关系模型要求关系必须是规范化的，即要求关系必须满足一定的规范条件。这些规范条件中最基本的一条就是，关系的每一分量必须是一个不可分的数据项。规范化的关系简称为范式。

4）关系模式

关系实质上是一张二维表，表的每一行为一个元组，每一列为一个属性。一个元组就是该关系所涉及的属性集的笛卡尔积的一个元素。关系是元组的集合，因此，关系模式必须指出这个元组集合的结构，即它由哪些属性构成，这些属性来自哪些域，以及属性与域之间的映射关系。另外，一个关系通常是由赋予它的元组语义来确定的。元组语义实质上是一个 n 目谓词（n 是属性集中属性的个数）。凡使该 n 目谓词为真的笛卡尔积中的元素（或者说凡符合元组语义的那部分元素）的全体，就构成了该关系模式的关系。

现实世界随着时间在不断变化，因而在不同时刻，关系模式的关系也会有所变化。但是，现实世界的许多已有事实和规则限定了关系模式所有可能的关系必须满足一定的完整性约束条件。这些约束条件或者通过对属性取值范围的限定（例如职工年龄小于 60 岁），或者通过属性值间的相互关联（主要体现在值的相等与否）反映出来。关系模式应当刻画这些完整性的约束条件。

定义 3.6 关系的描述称为关系模式（Relation Schema）。它可以形式化地表示为：

$$R(U,D,DOM,F)$$

其中，R 为关系名，U 为组成该关系的属性名集合，D 为属性组 U 中属性所来自的域，DOM 为属性向域的映象集合，F 为属性间数据的依赖关系集合。

关系模式通常简记为 $R(U)$ 或 $R(A_1,A_2,\cdots,A_n)$，其中 R 为关系名，$A_1,A_2,\cdots,A_n$ 为属性名。而域名及属性向域的映象常常直接说明为属性的类型、长度。

关系是关系模式在某一时刻的状态或内容。关系模式是静态的、稳定的，而关系是动态的、随时间不断变化的，因为关系操作在不断地更新着数据。在实际工作中，人们常常把关系模式和关系都笼统地称为关系，但可以依据上下文进行区别。

3.2.3 关系模型的操作

1）基本的关系操作

关系模型中常用的关系操作包括查询（Query）和插入（Insert）、删除（Delete）、修改（Update）操作两大部分。

关系的查询表达能力很强，是关系操作中的最主要的部分。查询操作又可分为：选择（Select）、投影（Project）、连接（Join）、除（Divide）、并（Union）、差（Except）、交（Intersection）、笛卡尔积等。其中，选择、投影、并、差、笛卡尔积是五种基本操作，其他操作是可以用基本操作来定义和导出的。

关系操作的特点是集合操作方式，即操作的对象和结果都是集合。这种操作方式也称为一次一集合（set-at-a-time）的方式。相应地，非关系数据模型的数据操作方式则为一次一记录（record-at-a-time）的方式。

2）关系数据语言的分类

早期的关系操作能力通常用代数的方式或逻辑方式来表示，分别称为关系代数（relation

algebra)和关系演算(relation calculus)。关系代数用关系运算来表达查询要求;关系演算用谓词来表达查询要求。关系演算又可按谓词变元的基本对象是元组变量还是域变量分为元组关系演算和域关系演算。关系代数、元组关系演算和域关系演算三种语言在表达能力上是完全等价的。

关系代数、元组关系演算和域关系演算均是抽象的查询语言,这些抽象的语言与 RDBMS 中实现的实际语言并不完全一样,但它们能作为评估实际系统中查询语言能力的标准或基础。实际的查询语言除了提供关系代数或关系演算的功能外,还提供了许多附加功能,例如聚集函数、关系赋值、算术运算等,使得目前实际查询语言功能十分强大。

另外,还有一种介于关系代数和关系演算之间的结构化查询语言 SQL(Structure Query Language)。SQL 不仅具有丰富的查询功能,而且具有数据定义和数据控制功能,是集查询、DDL(Data Definition Language,数据定义语言)、DML(Data Manipulation Language,数据操作语言)和 DCL(Data Control Language,数据控制语言)于一体的关系数据语言。它充分体现了关系数据语言的特点和优点,是关系数据库的标准语言。

因此,关系数据语言可以分为三类:关系代数语言(例如 ISBL)、关系演算语言[元组关系演算语言(例如 ALPHA)、域关系演算语言(例如 QBE)]、具有关系代数和关系演算双重特点的语言(例如 SQL)。

这些关系数据语言的共同特点是:语言具备完整的表达能力,是非过程化的集合操作语言,功能强,能够嵌入高级语言中使用。

3) 基于关系代数的关系操作

关系代数是以关系为运算对象的一组高级运算的集合,它用对关系的运算来表达查询。关系代数用到的运算符包括四类:集合运算符、专门的关系运算符、比较运算符和逻辑运算符,如表 3.1 所示。

表 3.1 关系代数运算符

运算符		含义	运算符		含义
集合运算符	∪	并	比较运算符	>	大于
	−	差		≥	大于或等于
	∩	交		<	小于
				≤	小于或等于
	×	笛卡尔积		=	等于
				≠	不等于
专门的关系运算符	σ	选择	逻辑运算符	¬	非
	π	投影		∧	与
	∞	连接			
	÷	除		∨	或

关系代数的运算按运算符的不同可分为传统的集合运算和专门的关系运算两类。其中传统的集合运算将关系看成元组的集合,其演算是从关系的"水平"方向即行的角度来进行;而专

门的关系运算不仅涉及行而且涉及列。比较运算符和逻辑运算符是用来辅助专门的关系运算符进行操作的。

(1) 传统的集合运算

传统的集合运算是二目运算,包括并、差、交、笛卡尔积四种运算。

设关系 R 和关系 S 具有相同的目 n(即两个关系都有 n 个属性),且相应的属性取自同一个域,t 是元组变量,$t \in R$ 表示 t 是 R 的一个元组。

① 并(Union)

关系 R 和 S 的并记为:

$$R \cup S = \{t \mid t \in R \vee t \in S\}$$

其结果仍为 n 目关系,由属于 R 或属于 S 的元组组成。

② 差(Except)

关系 R 和 S 的差记为:

$$R - S = \{t \mid t \in R \wedge t \in S\}$$

其结果仍为 n 目关系,由属于 R 而不属于 S 的元组组成。

③ 交(Intersection)

关系 R 和 S 的交记为:

$$R \cap S = \{t \mid t \in R \wedge t \in S\}$$

其结果仍为 n 目关系,由既属于 R 又属于 S 的元组组成。

④ 笛卡尔积(Cartesian Product)

这里,笛卡尔积的元素为元组,因此是指广义的笛卡尔积。

两个分别为 n 目和 m 目的关系 R 和 S 的笛卡尔积是一个 $(n+m)$ 列的元组的集合。元组的前 n 列是关系 R 的一个元组,后 m 列是关系 S 的一个元组。若 R 有 k_1 个元组,S 有 k_2 个元组,则关系 R 和关系 S 的笛卡尔积有 $k_1 \times k_2$ 个元组。记为:

$$R \times S = \{t_r t_s \mid t_r \in R \wedge t_s \in S\}$$

其结果仍为 n 目关系,由既属于 R 又属于 S 的元组组成。

(2) 专门的关系运算

专门的关系运算包括选择、投影、连接、除运算等。为表述方便,引入如下几个记号。

设关系模式为 $R(A_1, A_2, \cdots, A_n)$。它的一个关系设为 R,$t_r \in R$ 表示 t 是 R 的一个元组。$t[A_i]$ 则表示元组 t 中属性 A_i 上的一个分量。

若 $A = \{A_{i1}, A_{i2}, \cdots, A_{ik}\}$,其中,$A_{i1}, A_{i2}, \cdots, A_{ik}$ 是 $A_1, A_2, \cdots, A_n$ 中的一部分,则 A 称为属性列或属性组,$t[A] = (t[A_{i1}], t[A_{i2}], \cdots, t[A_{ik}])$ 表示元组 t 在属性列 A 上诸分量的集合。$\bar{A}$ 则表示 $\{A_1, A_2, \cdots, A_n\}$ 中去掉 $\{A_{i1}, A_{i2}, \cdots, A_{ik}\}$ 后剩余的属性组。

R 为 n 目关系,S 为 m 目关系。$t_r \in R$,$t_s \in S$,$t_r t_s$ 称为元组的连接(Concatenation)或元组的串接。它是一个 $n+m$ 的元组,前 n 个分量为 R 中的一个 n 元组,后 m 个分量为 S 中的一个 m 元组。

给定一个关系 $R(X, Z)$,X 和 Z 为属性组。当 $t[X] = x$ 时,x 在 R 中的象集(Images Set)定义为:

$$Zx = \{t[Z] \mid t \in R, \quad t[X] = x\}$$

它表示 R 中属性组 X 上值为 x 的诸元组在 Z 上分量的集合。

下面给出专门的关系运算的定义：

① 选择（Selection）

选择又称为限制（Restriction），它是在关系 R 中选择满足给定条件的诸元组，记为：

$$\delta_F(R) = \{t \mid t \in R \land F(t) = \text{true}\}$$

逻辑表达式 F 的基本形式为：$X_i \theta Y_i$。其中，θ 表示比较运算符，它可以是 $>$，$\geqslant$，$<$，$\leqslant$，$=$，$\neq$。X_i，Y_i 等是属性名，或为常量，或为简单函数；属性名也可以用它的序号来代替。在基本的选择条件下可以进一步进行逻辑运算，即进行求非（¬）、与（∧）、或（∨）运算。

选择运算实际上是从关系 R 中选择使逻辑表达式 F 为真的元组，是从行的角度进行的运算。经过选择运算得到的结果能形成新的关系，其关系模式不变，但其中元组的数目小于或等于原来的关系中的元组的个数，它是原关系的一个子集。

② 投影（Projection）

关系 R 上的投影是从 R 中选择出若干属性列组成新的关系。记为：

$$\pi_A(R) = \{t[A] \mid t \in R\}$$

其中，A 为 R 中的属性列。

投影操作是从列的角度进行的运算。经过投影运算能得到一个新关系，其关系所包含的属性个数往往比原关系少，或属性的排列顺序不同。如果新关系中包含重复元组，则要删除重复元组。

③ 连接（Join）

连接也称 θ 连接。它是从两个关系的笛卡尔积中选取属性间满足一定条件的元组。记为：

$$R \underset{A=B}{\bowtie} S = \{\widehat{t_r t_s} \mid t_r \in R \land t_s \in S \land t_r[A] \theta t_s[B]\}$$

其中，A 和 B 分别为 R 和 S 上度数相等且可比的属性组，θ 是比较运算符。连接运算从 R 和 S 的笛卡尔积 $R \times S$ 中选取 R 关系在 A 属性组上的值域，S 关系在 B 属性组上值满足比较关系 θ 的元组。

连接运算中有两种最为重要也最为常用的连接，一种是等值连接（Equijoin），另一种是自然连接（Natural Join）。

Θ 为"＝"的连接运算称为等值连接。它是从关系 R 和 S 的广义笛卡尔积中选取 A、B 属性值相等的那些元组，即等值连接为：

$$R \underset{A=B}{\bowtie} S = \{\widehat{t_r t_s} \mid t_r \in R \land t_s \in S \land t_r[A] = t_s[B]\}$$

自然连接（Natural Join）是一种特殊的等值连接。它要求两个关系中进行比较的分量必须是相同的属性组，并且把结果中重复的属性列去掉。即若 R 和 S 具有相同的属性组 B，则自然连接可记为：

$$R \underset{A=B}{\bowtie} S = \{\widehat{t_r t_s} \mid t_r \in R \land t_s \in S \land t_r[B] = t_s[B]\}$$

一般的连接操作是从行的角度进行运算，但自然连接还需要取消重复的列，所以同时从行和列的角度进行运算。

两个关系 R 和 S 在做自然连接时，选择两个关系在公共属性上值相等的元组构成新的关系。此时，关系 R 中某些元组有可能在 S 中存在公共属性上值相等的元组，从而造成 R 中这些元组在操作时被舍弃了，同样，S 中某些元组也可能被舍弃。如果把舍弃的元组也保存在结果关系中，而在其他属性上填空值（Null），那么这种连接就叫外连接（outer join）。如果只把左

边关系 R 中要舍弃的元组保留就叫左外连接(left outer join 或 left join);如果只把右边关系 S 中要舍弃的元组保留就叫右外连接(right outer join 或 right join)。

④ 除运算(Division)

给定关系 $R(X,Y)$ 和 $S(Y,Z)$,其中 X,Y,Z 为属性组。R 中的 Y 和 S 中的 Y 能有不同的属性名,但必须出自相同的域集。

R 和 S 的除运算得到一个新的关系 $P(X)$,P 是 R 中满足下列条件的元组在 X 属性上的投影:元组在 X 上分量值 x 的象集 Yx 包含 S 在 Y 上投影的集合。记为:

$$R \div S = \{t_r[X] \mid t_r \in R \land \pi Y(S) Yx\}$$

其中,Yx 为 x 在 R 中的象集,$x=t_r[X]$。

除操作是同时从行和列角度进行运算。

上面介绍的 8 种关系代数运算中,并、差、笛卡尔积、选择和投影等 5 种运算为基本的运算,其他 3 种运算,即交、连接和除均可以用这 5 种运算来表达。引进它们并不增加语言的能力,但可以简化表达。关系代数中,这些运算经过有限次复合后形成的式子称为关系代数表达式。

3.2.4　关系模型的完整性约束

关系模型的完整性规则是对关系的某种约束条件。也就是说,关系的值随着时间变化时,应该满足一定的约束条件。这些约束条件实际上是现实世界的要求,任何关系在任何时候都要满足这些语义约束。

关系模型中有三类完整性约束:实体完整性、参照完整性和用户定义的完整性。其中,实体完整性和参照完整性是关系模型必须满足的完整性约束条件,被称为是关系的两个不变性,应该由关系系统自动支持。用户定义的完整性是应用领域需要遵循的约束条件,体现了具体领域中的语义约束。

1) 实体完整性(Entity Integrity)

规则 3.1　实体完整性规则:若属性(指一个或一组属性)A 是基本关系 R 的主属性,则 A 不能取空值。这里空值(null value)就是"不知道"或"不存在"的值。

按照实体完整性规则的规定,基本关系的主码都不能取空值。如果主码由若干属性组成,则所有这些主属性都不能取空值。

例如:在职工(职工号,姓名,性别,部门号,领导,工资,佣金)中,"职工号"属性为主键,则"职工号"不能取相同的值,也不能取空值。

对于实体完整性规则的说明:

(1) 实体完整性规则是针对基本关系而言的。一个基本表通常对应现实世界的一个实体集。例如职工关系对应职工的集合。

(2) 现实世界中的实体是可区分的,即它们具有某种唯一性标识。例如职工都是独立的个体,是不一样的。

(3) 相应地,关系模型中以主码作为唯一性标识。

(4) 主码中的属性即主属性不能取空值。如果主属性取空值,就说明存在某个不可标识的实体,即存在不可区分的实体,这与(2)相矛盾,因此,这个规则称为实体完整性。

2）参照完整性（Referential Integrity）

现实世界中的实体之间往往存在某种联系，在关系模型中实体及实体间的联系都是用关系来描述的。这样就自然存在着关系与关系之间的引用。下面先引入外码的概念，然后给出表达关系之间的相互引用约束的参照完整性的定义。

定义 3.7　设 F 是基本关系 R 的一个或一组属性，但不是关系 R 的码，K_S 是基本关系 S 的主码。如果 F 和 K_S 相对应，则称 F 是 R 的外码（Foreign Key）。并称基本关系 R 为参照关系（Referencing Relation），基本关系 S 为被参照关系（Referenced Relation）或目标关系（Target Relation）。关系 R 和 S 不一定是不同的关系。

$$R(Kr,F,\cdots),S(K_S,\cdots)$$

参照关系 $\longrightarrow$ 被参照关系

显然，目标关系 S 的主码 K_S 和参照关系 R 的外码必须定义在同一个或同一组域上，但外码并不一定要与相应的主码同名。在实际应用中，为了便于识别，当外码与相应的主码属于不同关系时，往往给它们取相同的名字。

参照完整性规则就是定义外码与主码之间的引用规则。

规则 3.2　参照完整性规则：若属性（或属性组）F 是基本关系 R 的外码，它与基本关系 S 的主码 K_S 相对应（基本关系 R 和 S 不一定是不同的关系），则对于 R 中每个元组在 F 上的值必须为：或者取空值（F 的每个属性值均为空值）；或者等于 S 中某个元组的主码值。

例如：职工（职工号，姓名，性别，部门号，领导，工资，佣金），部门（部门号，名称，地点）。

其中职工号是"职工"关系的主键，部门号是外键，而"部门"关系中部门号是主键，则职工关系中的每个元组的部门号属性只能取下面两类值：

第 1 类：空值，表示尚未给该职工分配部门；

第 2 类：非空值，但该值必须是部门关系中某个元组的部门号值，表示该职工不可能分配到一个不存在的部门中，即被参照关系"部门"中一定存在一个元组，它的主键值等于该参照关系"职工"中的外键值。

3）用户定义的完整性（User-defined Integrity）

任何关系数据库系统都应该支持实体完整性和参照完整性，这是关系模型所要求的。除此之外，不同的关系数据库系统根据其应用环境的不同，往往还需要一些特殊的约束条件。用户定义的完整性即针对某一具体关系数据库的约束条件，它反映某一具体应用所涉及的数据必须满足的语义要求。例如某个属性必须取唯一值、某个非主属性也不能取空值等。例如：在定义"职工"关系时，职工（职工号，姓名，性别，部门号，领导，工资，佣金）中的"工资"属性定义必须大于或等于 0 的约束。

关系数据模型应提供定义和检验这类完整性的机制，以便用统一的、系统的方法处理它们，而不要由应用程序承担这一功能。

3.2.5　关系数据模型的优缺点

关系数据模型具有的优点：

（1）关系数据模型建立在严格的数学概念的基础上。

（2）关系数据模型的概念单一，无论是实体还是实体间的联系都用关系来表示，对数据的检索和更新结果也是关系,所以,其数据结构简单、清晰,用户易懂易用。

(3) 关系数据模型的存储路径对用户透明,从而具有更高的数据独立性、更好的安全保密性,也简化了程序员的工作和数据库开发建立的工作。

关系数据模型也有其缺点:

关系数据模型的主要缺点是由于存储路径对用户透明,查询效率往往不如格式化数据模型,因此,为了提高性能,DBMS(Database Management System,数据库管理系统)必须对用户的查询请求进行优化。

3.3　基于面向对象模型的数字制造信息表征建模

关系数据模型虽然描述了现实世界数据的解耦和一些重要的相互联系,但是仍很难捕捉和表达数据对象所具有的丰富而重要的语义,对文本、时间、空间、声音、图像、视频等数据类型表达出的信息识别能力较弱,因此,只能属于语法模型,为第二代数据模型。新一代的数据模型能刻画和表征更复杂的对象和规则,表述出更丰富的语义和功能,能集数据管理、对象管理和知识管理为一体。其主流的数据模型为面向对象的数据模型(Object Oriented Data Model,简称 OO 模型),它吸收了面向对象的核心概念和基本思想,用面向对象的观点来组织和表达其刻画对象的语义信息,是当前和未来数字制造信息表征和建模的主流方法之一[35,37]。

3.3.1　面向对象模型的核心概念

定义 3.8　面向对象的数据模型:是用面向对象的观点来描述现实世界实体(对象)的逻辑组织、对象间限制、联系等的模型。对象、对象标识、封装和类等核心概念共同构成其内涵的描述基础,这些核心概念的基本含义如下:

1) 对象(Object)

对象是由一组数据结构和在这组数据结构上的操作程序代码封装起来的基本单位。对象通常与实际领域的实体对应。一个对象包括以下几个部分:

(1) 属性(Attribute)集合:所有属性合起来构成了对象数据的数据结构。属性描述对象的状态、组成和特性。对象的某一属性可以是单值的或值的集合,也可以是一个对象,即对象可以嵌套。这种嵌套可以继续,从而组成各种复杂对象。

(2) 方法(Method)集合:方法描述了对象的行为特性。方法的定义包括两部分,一是方法的接口,二是方法的实现。方法的接口用以说明方法的名称、参数和结果返回值的类型,也称之为调用说明。方法的实现是一段程序编码,用以实现方法的功能,即对象操作的算法。

2) 对象标识 OID(Object Identifier)

用 OO 数据模型描述的存储在面向对象数据库中的每个对象都有一个唯一的不变的标识称为对象标识(OID)。对象的标识具有永久性,即一个对象一经产生,系统就会赋予一个在全系统中唯一的对象标识符,直到它被删除。OID 是由系统统一分配的,它是唯一的,用户不能对其修改。因此,OID 与关系数据库码(Key)的概念和某些关系系统中支持的记录标识(RID)、元组标识(TID)是有本质区别的。OID 是独立于值的、系统全局唯一的。

3) 封装(Encapsulation)

每一个对象是其状态与行为的封装,其中状态是该对象一系列属性值的集合,而行为是在对象状态上操作的集合,操作也称为方法。OO 模型的一个关键概念就是封装,每一个对象是其状态与行为的封装。

封装是对象的外部界面与内部实现之间实行清晰隔离的一种抽象,外部与对象的通信只能通过消息,这是 OO 模型的主要特征之一。但是,对象封装之后查询属性值必须通过调用方法,不能像关系数据库系统那样用 SQL 进行即时的、随机的、按内容的查询,因此不够灵活,在实用上需要改进。

4）类（Class）

共享同样属性和方法集的所有对象构成了一个对象类（简称类）,一个对象是某一类的一个实例（Instance）。对象的抽象是类,类的具体化就是对象,类实际上就是一种数据类型。类具有属性,它是对象状态的抽象,通常用数据结构来描述类的属性。类具有操作,它是对象的行为的抽象,用操作名和实现该操作的方法来描述。类属性的定义域可以是任何类,既可以是基本类,如整型、字符串、布尔型,也可以是包含属性和方法的一般类。特别地,一个类的某一属性的定义也可以是这个类自身。

可见,类的概念类似于关系模式,类的属性类似于关系模式中的属性,对象类似于元组的概念,类的一个实例对象类似于关系中的一个元组。可以把类本身也看作是一个对象,称为类对象。在面向对象的数据模型中,类是其数据组织的基本模式,下面将对类的构造方法、特性进行进一步的阐述。

3.3.2   类层次结构

面向对象数据库模式是类的集合,在一个面向对象的数据库模式中,会出现多个相似但又有所不同的类。为此,面向对象的数据模型提供了一种类层次结构,采用超类/子类的形式对其进行描述,超类是子类的抽象（Generalization）或概括,子类是超类的特殊（Specialization）或具体化。

例如,职工和实习生两个类都有身份证号、姓名、年龄、性别、住址等属性,也有一些相同的方法。当然,职工对象中有一些特殊的属性和方法,如工龄、工资、办公室电话号码、家庭成员数。职工和实习生的公共属性和方法部分可以统一定义,各自的特殊属性和方法部分可以分别定义。其类层次结构如图 3.10 所示。

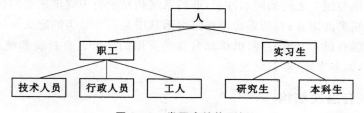

图 3.10   类层次结构示例

在这个类层次结构中,定义"人"为超类,人的属性和方法是职工和实习生的公共属性和公共方法。职工类和实习生类为人的子类。技术人员只包含职工的特殊属性和特殊方法,实习生类也只包含实习生的特殊属性和特殊方法。技术人员、行政人员、工人是职工的子类,它们也只有其自身的属性和方法,同时,有继承职工的属性、人的所有属性和方法,因此,逻辑上它们具有人、职工和本身的所有属性和方法。同样,本科生和研究生是实习生的子类。即超类/子类之间的关系体现了"ISA"的语义。

类层次可以动态扩展,一个新的子类能从一个或多个已有类导出。根据一个类能否继承多个超类的特性,可将继承分为单继承和多重继承。

3.3.3 类继承

在 OO 模型中常用两种继承:单继承和多重继承。若一个子类只能继承一个超类的特性(包括属性和方法),这种继承称为单继承;若一个子类能继承多个超类特性,这种继承称为多重继承。

单继承的层次结构图是一棵树,多重继承的层次结构图是一个带根的有向无回路图。例如,图 3.10 为单继承的示例,图 3.11 为多重继承示例。图 3.11 中,若在企业中还有"在职实习生",指还没有毕业但与企业已签订招聘协议的实习学生,则他们既是职工又是实习生,在职实习生继承了职工和实习生两个超类的所有属性和方法。

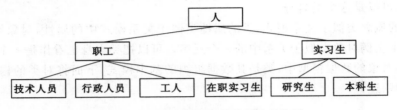

图 3.11 具有多重继承的类层次结构图

继承性有两个优点:第一,它是建模的有力工具,提供了对现实世界简明而精确的描述。第二,它提供了信息重用机制。由于子类可以继承超类的特性,就可以避免许多重复定义。当然,子类除了继承超类的特性外,还要定义自己特殊的属性和方法,在定义这些特殊属性和方法时,可能与继承下来的超类的属性和方法发生冲突。例如,在教职员工类中定义了一个操作"打印",在教员子类中又定义了一个操作"打印",这就产生了同名冲突。这类冲突可能发生在子类与超类之间,也可能发生在子类的多个直接超类之间。这类冲突通常由系统解决,在不同的系统中使用不同的冲突解决方法,便产生了不同的继承性语义。例如,对于子类与超类之间的同名冲突,一般是以子类定义的为准,即子类的定义取代或替换由超类继承而来的定义。对于子类的多个直接与超类之间的同名冲突,有的系统是在子类中规定超类的优先次序,首先继承优先级最高的超类的定义;有的系统则指定继承其中某一个超类的定义。

子类对父类既有继承又有发展,继承部分就是重用的成分。有封装和继承还可导出对象的其他优良特性,如多态性、动态联编等。

3.3.4 对象嵌套层次结构

在一个面向对象数据模式中,对象的某一属性可以是单值或单值的和。进一步地,一个对象的属性也可以是另外一个对象,这样,对象之间产生了一个嵌套层次结构,即对象嵌套层次结构。

设 Obj_1 和 Obj_2 是两个对象。如果 Obj_2 是 Obj_1 的某个属性值,称 Obj_2 属于 Obj_1,或 Obj_1 包含 Obj_2。一般地,如果 Obj_1 包含 Obj_2,则称 Obj_1 为复杂对象或复合对象。

Obj_2 是 Obj_1 的组成部分,也可称是 Obj_1 的子对象。Obj_2 还可以包含对象 Obj_3,这样

Obj_2 也是复杂对象,从而形成一个对象嵌套层次结构。

例如,"汽车"对象就是一个典型的对象嵌套层次结构,如图 3.12 所示。每辆汽车包括汽车型号、汽车名称、发动机、车体、车轮、内部设备等属性。其中,汽车型号和汽车名称的数据类型是字符串,发动机不是一个标准的数据类型,而是一个对象,包括发动机型号、马力等属性;车体也是一个对象,包括钢板厚度、钢板型号、车体形状等属性;内部设备也是一个对象,包括车座、音响设备、安全设备等属性;音响设备也可以是一个对象,包括 VCD、喇叭等属性。

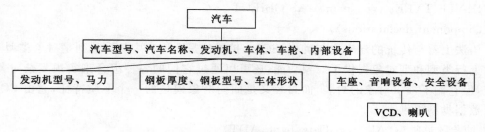

图 3.12 汽车嵌套层次图

对象嵌套层次结构与类层次结构形成了对象横向和纵向的辅助结构。也就是说,不仅各类之间具有层次结构,而且某一个类内部也具有嵌套层次结构,它不再像一个关系模式那样是平面结构,一个类的属性可以是一个基本类,也可以是一个一般类。二者的特性比较如表 3.2 所示。

表 3.2 OO 模型与关系数据模型的比较

内容	关系数据模型	面向对象数据模型
基本数据结构	二维表	类
数据标识符	码	OID
静态性质	属性	属性
动态行为	关系操作	方法
抽象数据类型	无	有
封装性	无	有
数据间关系	主外码联系,数据依赖	继承、组合
模式演化能力	弱	强

3.3.5 对象类型及其定义

为了支持 OO 数据模型,SQL3 扩展了面向对象的类型系统。SQL3 是 1999 年发布的 SQL 标准,其显著特点之一是提供了面向对象的扩展,增加了 SQL/Object Language Binding。SQL3 扩展后可同时处理关系模型中的表和对象模型中的类和对象。当前,各面向对象关系数据库管理系统(ORDBMS)产品都支持对象模型,但所采用的术语、语言语法、扩展功能都不尽相同。ORDBMS 中的类型(TYPE)和具体类(CLASS)的特征可以看成类。下面以 SQL3 为参考,阐述对象类型及其定义。

1) 行对象与行类型

一个行类型(ROW TYPE)的定义语句:

CREATE ROW TYPE ⟨row_type_name⟩

(⟨component declarations⟩);

行类型中属性类型可以是基本类型、扩展的关系类型。行类型也称为元组类型,因为它们的实例是表中的元组。

2)列对象与对象类型

一个列对象类型的定义语句:

CREATE TYPE ⟨type_name⟩ AS OBJECT

(⟨component declarations⟩);

从语法上看与传统的建表语句类似,SQL3 扩展的是允许表中的属性列是对象类型。

以上行类型和列对象提供了对象功能,还可以通过它们的各种组合来实现复杂对象类型的构造,但它们不提供对象的封装,而封装又是面向对象模型的一个本质特征,它由 SQL3 中的抽象数据类型提供。

3)抽象数据类型(Abstract Data Type,ADT)

抽象(Abstraction)是简化复杂的现实问题的途径,它可以为具体问题找到最恰当的类定义,并且可以在最恰当的继承级别解释问题。SQL3 允许用户创建指定的带有自身行为说明和内部结构的用户定义类型,称为抽象数据类型。定义 ADT 的一般形式为:

CREATE TYPE ⟨type_name⟩(

所有属性名及其类型说明,

[定义该类型的等于=和小于<函数,]

定义该类型其他函数(方法));

ADT 有许多重要特点:

(1)ADT 的属性定义和行类型的属性定义类同。

(2)在创建 ADT 的语句中,通过用户定义的函数比较对象的值。如果不定义该类型的比较函数,则采用默认的等于或小于函数来比较对象的大小。

(3)ADT 的行为通过方法(methods)、函数(functions)实现。

(4)SQL3 要求抽象数据类型是封装的,而行类型则不要求封装,这是由数据库的特点决定的。数据库中数据是共享的,对共享数据的操作主要是查询、增、删、改,这是共同的隐含操作,不需要为共享数据另外定义一组操作,因此,没有必要定义函数和封装。

对于大文本数据、图像数据、图形数据、时间序列数据、空间和地理数据等新的非结构化数据则需要定义各自特定的数据类型和操作,抽象数据类型较好地满足了这些新应用的需求。

由于特殊的数据类型一般和领域应用紧密相关,其中的函数常常是原来应用程序的一部分,因此,一般由 ORDBMS 厂商和独立的软件开发商或有经验的用户部门合作,为特定应用开发类型库(简称类库),并经过质量确认后作为产品发行。

(5)ADT 有三个通用的系统内置函数:构造函数(Constructor Function)、观察函数(Observer Function)、删改函数(Mutation Function)

构造函数生成对象值,格式为⟨ADT 名⟩()。例如,一个名为 Image_type 的 ADT,构造函数就是 Image_type(),它返回该类型的一个新对象(值)。

观察函数用来读取属性值。这是个隐含的函数,如果 park 是 Image_type 的一个对象,

park(area)就返回 park 的属性 area 的值。

删除函数 Mutator,用来修改和删除属性值。

(6) ADT 可以参与类型继承。在类型继承中,子类型包括父类型的属性和方法,并可以增加自己的新的属性和方法。在 SQL3 中由根类型开始,与其相关的子类型、子类型的子类型构成了一个类型层次(Type_Hierarchies)。

4) 参照类型(Reference_Type)

SQL3 提供了一种特殊的类型:参照类型,也称引用类型。因为类型之间可能具有相互参照的联系,因此,引入了一个 REF 类型的概念:

REF〈类型名〉

REF 类型总是和某个特定的类型相联系,它的值 OID 是系统生成的,不能修改。OID 可以被显式声明和访问。SQL3 提供了一种机制,它可以建立一个参照属性,指向该类型的一个指定的表,语句如下:

〈参照属性名〉[REF(〈类型名〉)]SCOPE IS〈关系名〉。

例如:表 Employment 中某一个元组的 employee 属性值是某个职工的 OID,company 属性值是该职工所在公司的 OID,需要描述职工和公司相互的参照关系。

首先创建行类型:

```
CREATE ROW TYPE employee_type(
    name VARCHAR(35),
    age INTEGER);
CREATE ROW TYPE Comp_type(
    compname VARCHAR(20),
    location VARCHAR(20));
```

然后创建基于行类型的表:

```
CREATE TABLE Employee OF employee_type;
CREATE TABLE Company OF Comp_type;
```

实际应用中,Employee 的元组与 Company 中的元组存在相互参照关系,即某个职工在某公司工作。可以使用 REF 类型描述这种参照关系:

```
CREATE ROW TYPE Employee_type(
    employee REF(employee_type),
    company REF(Comp_type));
CREATE TABLE Employment OF Employment_type;
```

5) 继承性

ORDBMS 支持继承性,一般是单继承。

例如,定义行类型 Person_type 的子类 emp_type,emp_type 就继承了它父类的属性,同时,又可以定义 emp_type 子类自己的属性,这是人员类型没有而雇员才有的属性——雇员 ID(EMP_ID)和工资(SALARY)。

```
CREATE TYPE emp_type
UNDER person_type AS(
emp_id INTEGER
```

salary REAL）

Not final；

6）子表和超表

SQL3 支持子表和超表的概念。超表、子表、子表的子表构成一个表层次结构。表层次和类型层次的概念类似。如果一个基表是使用类型来定义的，那么它可以有子表或/和超表。

例如，定义图 3.13 所示的类型层次。

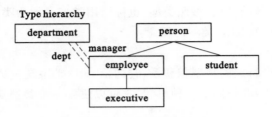

图 3.13　类型层次示例

首先定义类型 TYPE，然后创建基于这些类型的表。

CREAE TYPE person

　　（id INTEGER，name VARCHAR（20），birthyear INTEGER，address VARCHAR（40））

NOT FINAL；

CREATE TYPE employee

　　UNDER person

　　（salary INTEGER）

NOT FINAL；

CREATE TYPE executive

　　UNDER employee

　　（bonus INTEGER）

FINAL；

CREATE TYPE student

　　UNDER person

　　（major VARCHAR（10），wage DECIMAL）

FINAL；

3.4　基于 XML 数据模型的数字制造信息表征建模

随着 Internet 的迅速发展，各种半结构化、非结构化数据源已经成为重要的信息来源。XML（eXtended Markup Language）意为扩展的标记语言，用户可以定义自己的标记，用来描述文档的结构。XML 是 W3C（World Wide Web Consortium）在 1998 年制定的一项标准，用于网上数据交换。它是标准通用标记语言 SGML（the Standard Generalizes Markup Language）的一个子集[35,38]。

在此之前，1989 年万维网（World Wide Web，简称 WWW 或 Web）的先驱，欧洲粒子物理实验室的 Tim Berners-Leek 以 SGML 风格的语法开发了超文本标记语言 HTML（Hyper-

Text Markup Language)。HTML 是 SGML 一个很小的子集,它简单易用,但难以描述万维网上多样化数据的含义,即难以实现其语义的信息化。

XML 正是在 SGML 和 HTML 的基础上发展起来的。XML 吸取了两者的优点,克服了SGML 过于复杂和 HTML 的局限性等缺点。采用结构形式,成功实现了结构化、半结构化、非结构化信息的描述。相对于 HTML,XML 具有如下特点:

- 更多的结构和语义。XML 侧重于对文档内容的描述,而不是文档的显示。用户定义的标记描述了数据的语义,便于数据的理解和机器的处理,即较好地实现了文档信息的描述。HTML 只能表示文档的格式,而 XML 可以描述文档的结构和内涵。
- 很强的可扩展性。允许用户自己定义标记和属性,可以有各种定制的数据格式。
- 具有自描述性。对数据的描述和数据本身都包含在文档中,使数据具有很大的灵活性。
- 数据与显示分离。XML 所关心的是数据本身的语义,而不是数据的显示,所以可以在XML 数据上定义多种显示形式。
- 文档内容与展示格式分离。展示格式用一个独立的格式单(stylesheet)定义。
- 具备简洁性。与标准通用标记语言 SGML 相比,XML 简单易用。

正是由于上述特点,尤其是可以自由扩展的标记和独立于文档的格式单,使 XML 具备信息表征的能力,在数字制造系统中得以推广应用。

3.4.1　XML 的基本描述规则

XML 的文档有其构成规则,其规则由其语法实现,语法包含的基本要素为:XML 说明、XML 元素、元素属性、处理指令、注释、良构的 XML 文档、实体。下面以一个 XML 的文档作为示例,对上述基本要素的具体含义进行说明。XML 文档示例如下:

⟨? xml version＝"1.0" encoding＝"UTF-8" standalone ＝"no"?⟩
⟨pub⟩
　　⟨library⟩Beijing Library ⟨/library⟩
　　⟨book year ＝"2000"⟩
　　　⟨title⟩Database System Concepts ⟨/title⟩
　　　⟨price⟩26.50⟨/price⟩
　　　⟨author⟩ id ＝"101"
　　　　⟨name⟩Kaily Jone ⟨/name⟩
　　　⟨/author⟩
　　　⟨author⟩ id ＝"102"
　　　　⟨name⟩Silen Smith ⟨/name⟩
　　　⟨/author⟩
　　⟨/book⟩
　　⟨book year ＝ "2001"⟩
　　　⟨title⟩Introduction to XML ⟨/title⟩
　　　⟨price⟩18.80⟨/price⟩
　　　⟨author⟩ id ＝"103"
　　　　⟨name⟩Kaily Jone ⟨/name⟩

```
        〈/author〉
    〈/book〉
    〈article editorID = "105"〉
        〈title〉A Query Language for XML 〈. title〉
        〈author〉 id ="104"
            〈name〉 Kaily Jone 〈/name〉
        〈/author〉
    〈/article〉
〈/pub〉
```

1）XML 说明

XML 说明（XML declaration）是对 XML 文档处理的环境和要求的说明。XML 说明必须在文档的第一行。例如：

〈? xml version＝"1.0" encoding＝"UTF-8" standalone ＝"no" ?〉

xml version＝"1.0"说明使用的 XML 版本号，其中的字母是区分大小写的。

encoding＝"UTF-8"（Unicode Transformation Format-8），文字编码说明。位于版本属性之后，指出文档是使用何种字符集建立的。默认值是 Unicode 编码（UTF-8 或 UTF-16）。

standalone＝"no"为独立文档说明。使用的属性值可以为"yes"或"no"。"yes"表示 XML 文档中的所有的实体声明都必须包含在该文档内部，如果是"no"表示需要引用外部的标记声明。

2）XML 元素

元素（element）是 XML 文档的主要组成部分。pub、library、book 等都是元素。元素有名字，即标记名。起始标记的形式是〈标记名〉，终止标记的形式是〈/标记名〉，如〈pub〉〈/pub〉、〈library〉〈/library〉。

元素可以嵌套。XML 文档示例中 book 嵌套在 library 中、library 嵌套在 pub 中。元素中还可以包括处理指令、注释、字符数据（CDATA）段或者字符。

XML 文档必须有且只有一个根元素，XML 文档的第一个元素就是根元素。

XML 中的元素名称是区分大小写的，它必须开始于字母或下画线（_），后面可以带任意长度的字母、数字、句点（.）、连接符（-）、下画线或冒号。

3）元素属性

属性（attribute）通常用来描述元素的有关信息。属性名和属性值在元素的起始标记中给出，格式为：〈元素名 属性名＝"属性值"〉，如〈book year＝"2000"〉。属性值必须出现在单引号或双引号中。一个元素可以有任意多个属性，每个属性取不同的属性名。

4）处理指令

处理指令（processing instructions）是为使用一段特殊代码设计的标记。处理指令通常用来为处理 XML 文档的应用程序提供信息，这些信息包括如何处理文档、显示文档等。

处理指令由两部分组成：处理指令名称和数据，其格式为〈? Target data ?〉。例如，〈? cocoon-process type='sql'?〉、〈? display table-view ?〉。处理指令可以在元素说明中给出，也可以作为 XML 文档的顶层结构放在根元素的前面或后面。

5）注释

XML 中可以有注释（comments）。注释以〈! -开始，以-〉结束，这两个字符序列之间是注释的文本内容。注释可以在 XML 的任何地方插入。

6）良构的 XML 文档

XML 文档应该是良构的（well-formed，也称为格式正确的）。所谓良构的 XML 文档是指：文档的构造从语法上都是正确的；只有一个顶层元素，即根元素；至少包含一个元素，即文档中必须有根元素；所有的起始标记都有与之对应的终止标记，或者使用空元素速记语法；所有的标记都是正确的嵌套；每一个元素的所有属性具有不同的属性名。

图 3.14 是一个良构的出版物 XML 文档。它有一个 pub 根元素，该元素中包含的子元素有 library、book、article；每个 book 元素中又有子元素 title、author、editorID 等。

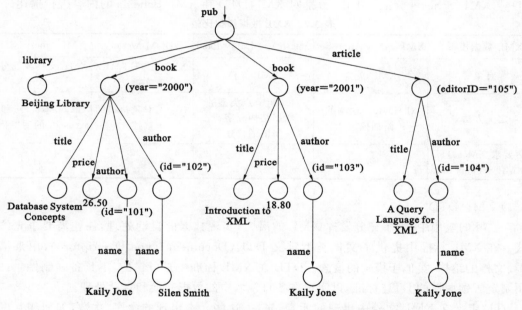

图 3.14   XML 文档示例中 XML 数据的图模型表示

7）实体

XML 文档中对于重复使用的文档内容可以用实体（entities）来定义。格式为：〈! ENTITY 实体名"实体内容"〉。例如〈! ENTITY DW "Data Warehouse"〉。当 XML 处理器遇到字符串 &DW 时就用字符串 Data Warehouse 代替该实体 DW，即引用实体的格式为 & 实体名。

3.4.2   XML 的数据模型

XML 数据是自描述的、不规则的，可以用图模型来表示。例如，可以用图 3.14 表示 XML 文档示例中的 XML 数据。其中，图的边标记为元素的标识名，节点标记为属性-值对应的集合，叶子节点代表元素的文本内容。XML 图要有一个根节点，每个节点用唯一的对象标识符表示，为了降低图的复杂度，图中省略了节点的对象标识符。

XML 数据与半结构化数据非常类似，可以看成是半结构化数据的特例。但它们之间还是存在着一些差别，使得半结构化数据模型不能很好地描述 XML 的特征，具体差别表现为：

① XML 中存在参照。XML 的元素可以用类型为 ID 的特殊属性来标识,而对元素的参照则使用类型为 IDREF 的属性来定义,引用要参照的元素的标识。

② XML 中的元素是有序的。

③ XML 中可以将文本与元素混合。XML 中的元素可以包含文本和子元素的混合。

④ XML 包含许多其他的内容:处理指令、注释、实体、CDATA、文档类型定义(DTD)等。

这些差别是由于 XML 是一种文档标记语言而产生的。正是由于 XML 具有不同于半结构化数据的自身特征,所以需要研究新的 XML 数据模型来描述 XML 数据。

目前,由 W3C 提出的 XML 数据模型有:XML Information Set,Xpath 1.0 Data Model,DOM Model 和 XML Query Model,这四种模型都采用树结构。表 3.3 给出了它们之间的比较。在四种 XML 数据模型之中,XML Query Model 是较为完全的一种,它包括要求 XML DTD 或 XML Schema 验证。下面,分别对 XML DTD 和 XML Schema 的内容进行描述。

表 3.3　XML 数据模型比较

XML 数据模型	XML Information Set	Xpath 1.0 Data Model	DOM Model	XML Query Model
对象	XML 文档	XML 文档	XML(或 HTML)文档	XML 文档或部分的集合
定义方法	对 XML 语法项的附加描述	对一组节点类型的数据结构和字符串值的描述	对一组对象接口的描述	Constructor 和 accessor 的功能描述
是否要求 XML DTD 或 XML Schema 验证	否	否	否	否

1) XML DTD

在实际的应用中,为了充分发挥 XML 的潜力,实现数据的自动处理,往往需要事先约定模式。在 XML 标准中提供了文档类型定义 DTD(Document Type Descriptors),用来描述 XML 文档的结构,类似于模式的概念。DTD 在 XML 标准中是可选的,不具备强制性。许多应用制定了领域性的 DTD 标准,以实现在各自领域中的数据交换和自动处理。

DTD 定义在 XML 文档中出现的元素、属性,这些元素出现的次序、次数,如何相互嵌套以及 XML 文档结构的其他详细信息。

(1)元素的定义

DTD 定义元素的格式为:〈! ELEMENT 元素(元素内容描述)〉

示例 1　〈! ELEMENT name (title?, first-name, last-name)〉

该元素定义为元素 name 中包括 title、first-name、last-name 等元素。问号表示这一元素是可选的,可出现一次或不出现。

示例 2　〈! ELEMENT addressbook(address ＋)〉

该元素定义中,加号表示该元素(address)必须出现一次,可出现多次。

示例 3　〈! ELEMENT private-addresses (address*)〉

该示例表示 address 元素可以出现 0 次或多次。

(2)属性的定义

DTD 中定义属性的格式为:

〈! ATTLIST 元素名(属性名 属性类型 缺省声明)* 〉

属性类型有字符串类型、枚举类型等。缺省声明有 3 种：♯REQUIRED 属性，表示该属性在 XML 文件中是必须出现的；♯IMPLIED 属性，表示该属性在 XML 中是可以缺省的；声明缺省属性值。

示例 4　〈! ATTLIST book year CDATA ♯IMPLIED〉

该示例中，定义 book 元素的属性 year，类型是 CDATA，即字符串型，♯IMPLIED 表示属性 year 可以缺省。

通常把 DTD 存储在一个后缀为.dtd 的外部文件里，该外部文件可以被多个 XML 文件所共享。这样，只要写一个 DTD 文件，就可以让多个 XML 文件引用。

示例 5　一个 XML DTD 示例：

〈! -address. dtd-〉

〈! ELEMENT address (name, street, city, state, postal-code)〉

〈! ELEMENT name (title? first-name, last-name)〉

〈! ELEMENT title (♯PCDATA)〉

〈! ELEMENT first-name (♯PCDATA)〉

〈! ELEMENT last-name (♯PCDATA)〉

〈! ELEMENT street (♯PCDATA)〉

〈! ELEMENT city (♯PCDATA)〉

〈! ELEMENT state (♯PCDATA)〉

〈! ELEMENT postal-code (♯PCDATA)〉

2）XML Schema

尽管 DTD 可以定义 XML 文档结构，但对于许多 XML 应用来说还不够。例如，DTD 不支持对参照关系的约束；对元素出现次数的定义不够精确，可能产生模糊的定义；DTD 几乎没有数据类型的定义，一切都是基于字符串；DTD 的定义并不符合 XML 语法等。为了更好地利用文档的结构，采用与 XML 文档相同的形式来定义文档的结构，增加对数据类型的支持，可对 DTD 的功能进行扩展。由此，W3C 提出了定义 XML 模式的另外两个标准：XML Schema 和 Document Content Descriptors（DCDs）。

XML Schema 用 XML 来定义其文档的模式，支持对结构和数据类型的定义。下面结合一个示例进行说明。

示例 6　XML Schema 示例：

〈elementType name="paper"〉

　　〈sequence

　　　　〈elementTypeRef name ="title"/〉

　　　　〈elementTypeRef name = "author" minOccurs ="0"/〉

　　　　〈elementTypeRef name = "year"/〉

　　　　〈choice〉

　　　　　　〈elementTypeRef name ="journal"/〉

　　　　　　〈elementTypeRef name ="conference"/〉

　　　　〈/choice〉

　　〈/sequence〉

〈/elementType〉

该 XML Schema 示例实现了对参照关系的约束,对元素出现次数进行了精确定义。

表 3.4 列出了 XML DTD 和 XML Schema 之间的特征比较,可以看出 XML Schema 是更为完善的模式定义语言。尽管 XML DTD 非常简单,许多特征都不支持,但它简便易用,是目前使用最为广泛的 XML 模式标准。

表 3.4　XML DTD 和 XML Schema 的特征比较

模式标准	Syntax in XML	Namespace	Include& Import	Built-in type	User-defined type	Domain constraint	Explicit Null
XML DTD	No	No	No	No	No	No	No
XML Schema	Yes	Yes	Yes	Yes	Yes	Yes	Yes

把遵守 XML 语法,但没有 XML DTD 或 XML Schema 的 XML 文档称为良构的文档。把既遵守 XML 语法规则,也符合某一给定模式的 XML 文档称为有效的文档。定义 XML 模式的语言有多种,例如上面介绍的 XML DTD 或 XML Schema。如果开发人员已经在 XML DTD 或 XML Schema 中定义了文档结构,而某个文档没有遵守那些规则,那么,这个文档是无效的文档。

3.4.3　SQL/XML

由于 XML 的日益普及,各大数据库厂商纷纷实现对 XML 的支持,但方法、术语、语言都不统一。为此,SQL2003 标准扩展了 SQL 语法,增加了对 XML 的支持,定义了数据库语言 SQL 与 XML 结合的方式,扩展的部分(SQL2003 的第 14 部分)称为 SQL/XML。表 3.5 列出了 SQL/XML 中的主要关键词及其功能分类。

表 3.5　SQL/XML 中的主要关键词及其功能分类

功能		SQL/XML 中的关键词
数据类型定义		XML
强制数据类型转化		XML;CAST
字符串→XML		XML;PARSE
XML→字符串		XML;SERIALIZE
XML 发布函数	关系数据→XML	XML; Element,(XML Namespaces, XML Attributes),XML Forest,XML Concat,XML AGG,XML Comment,XML PI
XML 提取函数	XML→XML	XML Query
	XML→关系	XML Table
	XML→布尔值	XML Exists

SQL/XML 定义了新的数据类型——XML 数据类型以及一组函数。这组函数实现了在 SQL 中对 XML 的操作,如 XML 的构造和提取,XML 数据和关系数据之间的相互转换等。使得 XML 数据可以存储在关系数据库中,可以用标准的查询语言 XQuery 从中提取信息,也可以将关系数据转换成 XML 的形式呈现给用户,从而实现了 XML 与关系数据的双向对称操作。XML 和关系数据间的双向转换如图 3.15 所示。

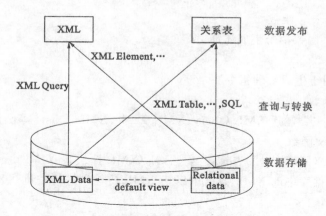

图 3.15　XML 和关系数据间的双向转换

下面将重点阐述 SQL/XML 包含的三个方面的内容：XML 数据类型、XML 发布函数、XML 提取函数。

1）XML 数据类型

SQL/XML 定义了一个原生（Native）SQL 数据类型：XML 数据类型，用"XML"来表示。XML 数据类型与 INTRGER、DATE、CLOB 等数据类型一样，都是 SQL 数据类型的一种，可以使用这种新的数据类型来定义变量、参数以及关系的列等。当使用 XML 数据类型定义关系的列时，关系数据库就可以直接将 XML 当成单独的一列保存起来。

2）XML 发布函数

SQL/XML 允许在 SQL 表达式中使用 XML 发布函数从关系数据创建 XML 结构，SQL/XML提供了一组发布函数。如表 3.5 所示，共有 8 个。这组函数可以用来构造 XML 数据。

（1）XML Element 函数

XML Element 函数创建一个 XML 元素，可以指定元素名字。

（2）XML Attributes 函数

XML Attributes 函数为构建的元素生成一组属性。该函数仅在 XML Element 函数中使用。如果没有给出属性名，则隐含地使用列名。

（3）XML Namespaces 函数

XML Namespaces 函数用来给出命名空间 Namespaces。

（4）XML Forest 函数

XML Forest 函数用来生成一组元素，每个参数生成一个 XML 元素，元素名可以显式地给出，也可以隐含地使用列名。

（5）XML Concat 函数

XML Concat 函数将两个以上的 XML 数据串接起来。

（6）XML AGG 函数

XML AGG 函数是一个聚集函数，它的参数是一个 XML 数据类型表达式。对于每个分组，其中所有元组执行该表达式所产生的结果将被串接起来形成 XML 数据，作为这个分组的结果返回。

（7）XML Comment 函数

XML Comment 函数用于生成注释。

（8）XML PI 函数

XML PI 函数用于生成处理指令。

3）XML 提取函数

XML 提取函数主要包括 XML Query、XML Table、XML Exists 等函数。

（1）XML Query 函数

XML Query 是 XML 数据的查询语言。SQL/XML 提供将 XML Query 嵌入 SQL 的机制，对存储在关系数据库中的 XML 数据可以用 XML Query 进行查询。XML Query 函数返回的数据类型为 XML。

（2）XML Table 函数

XML Table 函数从 XML 数据中提取信息，返回结果是一个二维的关系表（列的定义用 Xpath 路径表达式）。

（3）XML Exists 函数

XML Exists 是一个谓词，用来检查 XQuery 在 XML 数据上的执行结果是否为非空。如果查询结果是一个空序列，则谓词返回假，否则为真。

SQL/XML 提供了完成 XML 和关系数据间的各种转换机制。各类数据库厂商都参与了该标准的制定，并致力于完善对 XML 的支持。因此，XML 的应用已经完全融入了当前的各类实际应用系统。

3.5 基于 STEP 的数字制造信息表征建模

STEP（Standard for the Exchange of Product Model Data，产品模型数据交互规范）标准是国际标准化组织制定的描述整个产品生命周期内产品信息的标准，STEP 标准是一个正在完善中的"产品数据模型交换标准"。它是由国际标准化组织（ISO）工业自动化与集成技术委员会（TC184）下属的第四分委会（SC4）制定，ISO 正式代号为 ISO-10303。它提供了一种不依赖具体系统的中性机制，旨在实现产品数据的交换和共享。这种描述的性质使得它不仅适合于交换文件，也适合于作为执行和分享产品数据库和存档的基础。发达国家已经把 STEP 标准推向了工业应用。它的应用显著降低了产品生命周期内的信息交换成本，提高了产品研发效率，成为制造业进行国际合作、参与国际竞争的重要基础标准，是保持企业竞争力的重要工具[39-40]。

STEP 标准具有简便、可兼容性、寿命周期长和可扩展性的优点，能够很好地解决信息集成问题，实现资源的最优组合和信息的无缝连接。多年来，人们提出了许多解决方案。其中最成功的方案已经标准化用于数据的交换。第一批是由欧美国家组织的，把重点放在几何图形的数据交换，包括如法国的 SET 格式、德国的 VDAFS 格式和美国的 IGES（Initial Graphics Exchange Specification）格式。之后在国际标准组织（ISO）的领导下，为了产生一个技术产品数据全方面的国际标准，人们做出了大量的努力，诞生了产品模型数据标准 STEP。

随着工业自动化和计算机技术的不断发展，工业界迫切需要综合性强、可靠性高的信息交换机制实现计算机辅助工程（CAx）系统之间的有效集成。STEP 标准既是一种产品信息建模技术,又是一种基于面向对象思维方法的软件实施技术。它支持产品从设计到分析、制造、质量控制、测试、生产、使用、维护再到废弃整个生命周期的信息交换与信息共享,目的在于提供一种独立于任何具体系统而又能完整描述产品数据信息的表示机制和实施的方法与技术。在设计和制造中,许多系统过去常常要处理技术产品数据。每个系统有它自己的数据格式,所以相同的信息必然在多个系统中多次存储,这会导致信息的冗余和错误。这个问题不是制造业所特有的,只不过在制造业中表现得更为突出,因为复杂的数据和三维数据让使用者们容易误解。

STEP-NC 自 1997 年研发以来,制造业中关于 STEP 的应用已经成为工业化国家中的热点研究对象。在所有的热点研究课题中,美国有 Super Model 项目,欧洲有 MATRAS 计划和 OPTIMAL,日本有 Digital Master 项目,韩国有 STEP-NC 项目,这些都是十分有代表性的项目。而上述热点研究主要都是集中在数据库、标准以及 STEP-NC 控制器这三个方面。

(1) 数据库的研究。对于 STEP-NC 所涵盖的特殊定义、几何模型、工艺流程、公差定义等这些信息都必须通过一个相同的智能接口,才能完整地被集成到一个产品模型的数据库中。在数据库的研究当中,STEP Tools 公司是最具代表性的,主要因为该公司于 2000 年开始了"超级模型"的项目研究。"超级模型"项目主要是为了建立一个包含可直接驱动数据铣床、零件等所有制造特征的数据库,之后再向 PDM、数控车削等目标扩展。STEP Tools 公司最终在"超级模型"项目中开发了两项新技术,分别是 EXPRESS-X 和 STEP/XML,由于在这两项技术的应用中,数控编程都被简化,因此,为 CNC 可以在 Internet 上直接查找产品数据奠定了坚实的基础。

(2) 标准的研究。当前已经制定的关于 STEP 和 STEP-NC 的标准,涉及的行业通常是汽车、飞机、造船业、机械设计、电子电路等。关于 STEP-NC 已经制定的标准草案(ISO—DIS—14649),它包括通用数据、基本概念及规则、铣削刀具、数控铣削加工等。目前正在制定中的 STEP-NC 标准有:放电加工、数控车削加工、监控、玻璃木材的铣削等。

(3) STEP-NC 控制器。目前的 STEP Tools 公司正在研制机床控制器的软件,这款软件是用于直接读取 Super Model 的。此外,还有 POHANG 科技大学(韩国)、Siemens 公司(德国)等都在致力于控制器的积极研究。其中,Siemens 公司取得了丰硕的成果。

3.5.1　STEP 标准的基本内容

STEP 标准不是一项标准,而是一组标准的总称,如图 3.16 所示,STEP 把产品信息的表达和数据交换的实现方法区分成六类,即描述方法、集成信息资源(分为一般资源和应用资源)、应用协议、一致性测试、抽象测试集、实现方法。STEP 标准的组成结构如图 3.17所示。

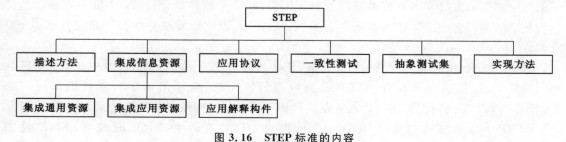

图 3.16　STEP 标准的内容

图 3.17　STEP 标准的组成结构

STEP 标准也可划分为两部分：STEP 标准的数据模型和工具。数据模型包括集成通用资源、集成应用资源、应用协议；工具包括描述方法、实现方法、一致性测试和抽象测试套件。其中资源信息模型定义了开发应用协议基础的数据信息，包括通用的模型和支持特定应用的模型。产品数据的描述格式独立于应用，并且通过应用协议进行实施。应用协议定义了支持特定功能的资源信息模型，明确规定了特定应用领域所需的信息和信息交换方法，提供一致性测试的需求和测试目的。

几乎每一个主要的 CAD/CAM 系统包含由一个 STEP 应用协议定义的读写数据的模块。在美国最普遍实现的协议称为 AP-203。这个协议用来交换描述实体模型以及实体模型装配体的数据。在欧洲，一个非常相似的协议称为 AP-214，完成的是相同的功能。其中，构成核心体系的关键语言有：

(1) 描述语言：EXPRESS 语言是 STEP 标准开发的面向对象的信息模型描述语言（ISO 10303—11），用以描述集成资源和应用协议，即记录产品数据的建模语言，在 STEP 技术中处于基础和核心的地位。

(2) 实现语言：鉴于 EXPRESS 本身不是一种实现语言，STEP 规定了若干通过映射关系来实现 EXPRESS 的语言。主要有：

STEP p21 文件（ISO 10303—21）：p21 文件采用自由格式的物理结构，基于 ASCII 编码，不依赖于列的信息（IGES 有列的概念），且无二义性，便于软件处理。p21 文件格式是信息交换与共享的基础之一。其常用扩展名有 stp、step、p21，因此常常被称作 STEP 文件或者 p21文件。

SDAI[Standard Data Access Interface (ISO 10303—22)]接口：是 STEP 中规定的标准数据存储接口，提供访问和操作 STEP 模型数据的操作集，为应用程序开发员提供统一的EXPRESS实体实例的编程接口需求规范。可用于更高层的数据库实现和知识库实现。

STEP data in XML（ISO 10303—28）：提供 STEP 文件到 XML 的映射，XML 是为Internet上传输信息而设计的一种中性的数据交换语言，是 Internet/Intranet 间存储和提取产品数据的主要语言工具。

（3）应用协议（AP）：STEP 利用应用协议（AP）来保证语义的一致性。应用协议指定了在某一应用领域中，共享信息模型结构所需遵循的特定应用协议所规定的模型结构。通过应用协议，建立一种中性机制解决不同 CAx 系统之间的数据交换。已制定或正在制定的有关工程设计与制造方面的 STEP 应用协议有 38 个（AP-201～AP-238）。如：

第 201 部分 Explicit Drafting 显式绘图；第 202 部分 Associative Drafting 相关绘图；第 203 部分 Configuration Controlled Design 配置控制设计；第 204 部分 Mechanical Design Using Boundary Representation 用边界表达的机械设计；第 205 部分 Mechanical Design Using Surface Representation 用曲面表达的机械设计，等等。

3.5.2　STEP 标准的层次概念

整个 STEP 系统分为三个层次：应用层、逻辑层和物理层，其关系如图 3.18 所示。

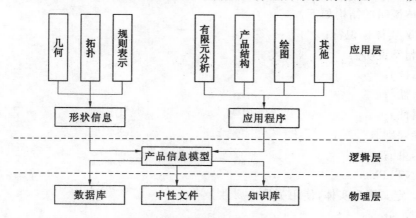

图 3.18　STEP 的层次组织结构

最上层是应用层，包括应用协议及对象的抽象测试集，这是面向具体应用的一个层次。第二层是逻辑层，包括集成通用资源和集成应用资源及由这些资源建造的一个完整的产品信息模型。它从实际应用中抽象出来，并与具体实现无关。它总结了不同应用领域中的信息相似性，使 STEP 标准的不同应用间具有可重用性，达到最小化的数据冗余。最低层是物理层，包括实现方法，用于实际应用标准的软件开发，给出在计算机上的具体实现形式。

3.5.3　STEP 标准的形式化定义语言 EXPRESS

EXPRESS 是一种面向对象的非编程语言，用于信息建模，既能为人所理解，又能被计算机处理（通过 EXPRESS 编译程序）。EXPRESS 主要用来描述应用协议或集成资源中的产品数据，使描述规范化，它是 STEP 中数据模型的形式化描述工具。EXPRESS 语言采用模式（schema）作为描述数据模型的基础。标准中每个应用协议、每种资源构件都由若干个模式组成。每个模式内包含类型（type）说明、实体（entity）定义、规则（rule）、函数（function）和过程（procedure）。实体是重点，实体由数据（data）和行为（behavior）定义，数据说明实体的性质，行为表示约束与操作。

作为一种形式化描述语言，EXPRESS 吸收了 Ada，C，C＋＋，Modula 2，Pascal，PL/1，

SQL 多种语言的功能,有强大的描述信息模型的能力,但又不同于编程语言,不具有输入与输出语句。该描述语言简述如下:

(1)丰富的数据类型

EXPRESS 规定了丰富的数据类型,常见的有:

● 简单数据类型。包括 Number,Real,Integer,String,Boolean,Logical,Binary。

● 聚合数据类型。有数组(Array)、表(List)、集合(Set)和包(Bag)。

● 命名数据类型。由用户定义,包括实体(Entity)和类型(Type)。

● 构造数据类型。包括枚举(Enumeration)和选择(Select)。

(2)模式中的各种说明

模式(schema)是 EXPRESS 描述对象的主体,也即概念模式,所以首先进行模式说明,然后在模式中再通过各种说明来进行描述,这些说明包括类型说明、实体说明、常数说明、函数说明、过程说明、规则说明,这些说明是相互并列的,其中重要的是对实体的说明。

一个实体说明的结构如下:

ENTITY 实体标识符;

[子类,超类说明];

[显式属性];

[导出属性];

[逆向属性];

[唯一性规则];

[值域约束];

END-ENTITY;

示例 7 定义圆为实体,使用了导出属性。

ENTITY circle;

center:point;

radius:REAL;

DERIVE

area:REAL:=PI* radius** 2;

END-ENTITY;

示例 8 定义单位向量为实体,使用值域约束,即单位向量长度必须为1。

ENTITY Unit-vector;

a,b,e:REAL;

WHERE

length:a** 2+b** 2+c** 2=1.0;

END-ENTITY;

(3)表达式

可进行算术运算(加、减、乘、除、乘方、取模等),关系运算(等于、小于、大于等),BINARY运算(索引与连接),逻辑运算(逻辑与、或、非、异或),字符串运算(比较、索引、连接),聚合运算(索引、交、和、差、子集、超集等),实体运算(关系比较、属性访问、组访问、复杂实体构成等)。

（4）执行语句

如赋值、case、if-then-else、ESCAPE、过程调用、REPEAT、RETURN 和 SKIP 语句等，和一般程序设计语言一样丰富。

（5）各种内部常量、函数和过程

如常量 PI，SELF，函数 SIN，COS，…，EXITS，HIINDEX，SIZEOF，TYPEOF，过程 INSERT等。

（6）接口语句

常用语句有 USE FROM，即使用另一模式中的类型或实体名，效果等同于在本模式中说明；还有 REFERENCE FROM，即引用另一模式中的实体、类型等，但在本模式内它们不能独立地实例化。

STEP 的三层组织结构、参考模型及形式化定义语言 EXPRESS，一起构成了 STEP 方法学。

4 数字制造信息的采集、存储与管理

4.1 数字制造信息的来源

4.1.1 信息采集的概念

信息广泛存在于自然界和人类社会,无时不有,无处不在,但是信息是有语义和效用的,未经整理的信息都是零散无序的,使用价值有限。要使信息成为有价值、可利用的资源,首先必须进行信息的采集与预处理,获取语法级信息,将其作为语义级信息分析和应用的基础。

信息采集是指根据特定的目标和要求,按照一定的程序和方法,将客观存在于信息源或载体内的信息采掘和汇聚的过程。信息采集阶段获取的信息是一种本体论层次的语法信息,是系统自身运行状态所表征的信息。系统是有层次的,人类认知的系统是多层次、多角度、多方面的,因而信息也是有层次的。对一个高层复杂的系统,其语法信息可能就包含着低层系统的语义甚至是语用信息,而这些低层系统的语义或语用信息是一种加工信息,存在于人类现有的各种信息载体中。由于信息的来源广泛,因此,一直以来其采集方法成为研究热点,并得到充分且系统的研究[41,42]。

4.1.2 数字制造信息采集的来源

数字制造信息来源于与数字制造系统相关的各个层次和角度,但采集的信息应该都是最基本的语法级的信息。根据第 1 章数字制造信息的分类可知,可根据不同的需要来对数据制造信息进行分类。根据其信息分类的原则和分类的划分方法可知,数字制造信息的采集必须满足其分类需要,根据不同的分类信息的需求即可确定信息采集的范畴。

为了更具体地理解数字制造信息的来源,我们从数控系统、数字工厂和网络制造等不同形式的数字制造系统来观察和提炼数字制造信息的来源和范畴。

数字控制(Numerical Control,简称 NC)系统可简称数控系统,它是根据计算机存储器中存储的控制程序,执行部分或全部数值控制功能,并配有接口电路和伺服驱动装置的专用计算机系统。此类系统常通过对位置、角度、速度等机械量和开关量的改变,利用数字、文字和符号组成的数字指令来实现一台或多台机械设备动作控制。

一台 NC 系统与机械联结在一起时,它能控制的几何精度除受机械因素的影响外,闭环系统还主要取决于所采用的传感器,特别是位置和速度传感器,如可测量直线位移和旋转角度的直线感应同步器和圆感应同步器、直线和圆光栅、磁尺、利用磁阻的传感器等。这些传感器由光学部件、精密机械、电子部件组成,一般分辨率为 $0.01 \sim 0.001$ mm,测量精度为 $\pm 0.02 \sim$

0.002 mm/m，机床工作台速度为 20 m/min 以下。随着机床精度的不断提高，对传感器的分辨率和精度也提出了更高的要求，于是出现了具有"细分"电路的高分辨率传感器，利用它构成的高精度数控系统为超精控制及加工创造了条件。

数控系统的一般工作流程为：

（1）输入：零件程序及控制参数、补偿量等数据的输入，可采用光电阅读机、键盘、磁盘、连接上级计算机的 DNC 接口、网络等多种形式。计算机数字控制（Computer Numerical Control，简称 CNC）装置在输入过程中通常还要完成无效码删除、代码校验和代码转换等工作。

（2）译码：不论系统工作在 MDI 方式（Multiple Document Interface，简称 MDI）还是存储器方式，都是将零件程序以一个程序段为单位进行处理，把其中的各种零件轮廓信息（如起点、终点、直线或圆弧等）、加工速度信息（F 代码）和其他辅助信息（M、S、T 代码等）按照一定的语法规则解释成计算机能够识别的数据形式，并以一定的数据格式存放在指定的内存专用单元。在译码过程中，系统还要完成对程序段的语法检查，若发现语法错误便立即报警。

（3）刀具补偿：包括刀具长度补偿和刀具半径补偿。通常 CNC 装置的零件程序以零件轮廓轨迹编程，刀具补偿作用是把零件轮廓轨迹转换成刀具中心轨迹。在比较好的 CNC 装置中，刀具补偿的工作还包括程序段之间的自动转接和过切削判别，这就是所谓的 C 刀具补偿。

（4）进给速度处理：编程所给的刀具移动速度，是在各坐标的合成方向上的速度。速度处理首先要做的工作是根据合成速度来计算各运动坐标的分速度。在有些 CNC 装置中，对于机床允许的最低速度和最高速度的限制、软件的自动加减速等也在该步骤中处理。

（5）插补：插补的任务是在一条给定起点和终点的曲线上进行"数据点的密化"。插补程序在每个插补周期运行一次，在每个插补周期内，根据指令进给速度计算出一个微小的直线数据段。通常，经过若干次插补周期后会插补加工完一个程序段轨迹，即完成从程序段起点到终点的"数据点密化"工作。

（6）位置控制：位置控制处在伺服回路的位置环上，这部分工作可以由软件实现，也可以由硬件完成。它的主要任务是在每个采样周期内，将理论位置与实际反馈位置相比较，用其差值去控制伺服电动机。在位置控制中通常还要完成位置回路的增益调整、各坐标方向的螺距误差补偿和反向间隙补偿，以提高机床的定位精度。

（7）I/O 处理：I/O 处理主要处理 CNC 装置面板开关信号，机床电气信号的输入、输出和控制（如换刀、换挡、冷却等）。

（8）显示：CNC 装置的显示主要为操作者提供方便，通常用于零件程序的显示、参数显示、刀具位置显示、机床状态显示、报警显示等。有些 CNC 装置中还有刀具加工轨迹的静态和动态图形显示。

（9）诊断：对系统中出现的不正常情况进行检查、定位，包括联机诊断和脱机诊断。

随着 NC 成为机械自动化加工的重要设备，在管理和操作中，都需要有统一的术语、技术要求、符号和图形，即有统一的标准，以便进行世界性的技术交流和贸易。NC 技术的发展，形成了多个国际通用的标准，即国际标准化组织（International Standard Organization，简称 ISO）标准、国际电工委员会（International Electrotechnical Commission，简称 IEC）标准和美国电子工业协会（Electronic Industries Association，简称 EIA）标准等。最早制定的标准有

NC 机床的坐标轴和运动方向、NC 机床的编码字符、NC 机床的程序段格式、准备功能和辅助功能、数控纸带的尺寸、数控的名词术语等。这些标准的建立,对 NC 技术的发展起到了规范和推动作用。ISO 基于用户的需要和对未来信息技术的预测,又在酝酿推出新标准"CNC 控制器的数据结构"。它把先进制造技术(Advanced Manufacturing Technology,简称 AMT)的内容集中在两个主要的级别和它们之间的连接上:第一级 CAM,为车间和它的生产机械;第二级是上一级,为数据生成系统,由计算机辅助设计(Computer Aided Design, 简称 CAD)、计算机辅助工艺(Computer Aided Process, 简称 CAP)、计算机辅助工程(Computer Aided Engineering, 简称 CAE)和 NC 编程系统及相关的数据库组成。

在当今激烈的市场竞争中,制造企业已经意识到他们正面临着巨大的时间、成本、质量等压力。在设计部门,CAD & PDM 系统的应用获得了成功。同样,在生产部门,企业资源计划(Enterprise Resource Planning,简称 ERP)等相关信息系统也获得了巨大的成功,但在解决"如何制造→工艺设计"这一关键环节上,大部分国内企业还没有实现有效的计算机辅助管理机制,"数字化工厂"(Digital Factory,简称 DF)技术则是企业迎接 21 世纪挑战的有效手段。

广义 DF 是企业活动信息化、数字化、网络化的总称,包括产品开发数字化、生产准备数字化、制造数字化、管理数字化、营销数字化。具体涵盖:数字化平台的产品设计、测试和优化;数字化平台的生产工艺工程规划与改进;数字化平台的维护与升级;数字化平台的执行生产计划系统和控制系统;数字化平台的质量管理系统;数字化平台的厂内物流和厂外物流体系;数字化平台的营销和售后体系;数字化平台的企业文化和视觉传达系统等。广义的 DF,是对产品全生命周期的各种技术方案和技术策略进行评估和优化的综合过程,可以用一句话概括为:以制造产品和提供服务的企业为核心,由核心企业以及一切关联的成员构成的,是一切信息数字化的共同组织方式。

DF 是企业数字化辅助工程新的发展阶段,包括产品开发数字化、生产准备数字化、制造数字化、管理数字化、营销数字化。除了要对产品开发过程进行建模与仿真外,还要根据产品的变化对生产系统的重组和运行进行仿真,使生产系统在投入运行前就了解系统的使用性能,分析其可靠性、经济性、质量、工期等,为生产过程优化和网络制造提供支持。德国工程师协会(德语名称 Verein Deutscher Ingenieure,简称 VDI)定义:DF 是由数字化模型、方法和工具构成的综合网络,包含仿真和 3D/虚拟现实可视化,通过连续的数据管理集成在一起,实现先进的可视化、仿真和文档管理,以提高产品的质量和生产过程所涉及的质量和动态性能。通过数字化工厂可以提高产品的盈利能力,提升产品规划质量,缩短产品投产时间,增强交流的透明化,让规划过程标准化,并能实现胜任的知识管理。

数字化工厂技术与系统作为新型的制造系统,为制造商及其供应商提供了一个制造工艺信息平台,使企业能够对整个制造过程进行设计规划、模拟仿真和管理,并将制造信息及时地与相关部门、供应商共享,从而实现虚拟制造和并行工程,保障生产的顺利进行。例如,汽车行业从产品设计到制造开始的工作转换是汽车开发过程中最关键的步骤之一,数字化工厂规划系统可以通过详细的规划设计和验证预见所有的制造任务,在提高质量的同时减少设计时间,并且能减少浪费,减少完成某项任务所需的资源数量等,从而加速汽车开发周期。

此外,DF 规划系统通过统一的数据平台,实现主机厂内部、生产线供应商、工装夹具供应商等的并行工程。同时,类似于产品数据管理(Product Data Management,简称 PDM)系统和企业资源计划(Enterprise Resource Planning,简称 ERP)系统,每个企业都有自己的流程和规范,考虑到很多人(工艺工程师、设计工程师、零件和工具制造者、外包商、供应商以及生产工程师等)都在一个环境中协同工作,随时会创建大量的数据,所以 DF 规划系统也存在客户化定制的要求,如操作界面、流程规范、输出等,主要是便于使用和存储等。

DF 的具体工作流程如下:

(1) 从设计部门获取产品数据

通过系统集成,从设计部门的 PDM 系统中自动下载产品相关数据,包括 3D 模型、装配关系等,并在"数字化工厂"环境中进行工艺审查、公差分析等。

(2) 从工装工具、生产部门获取资源数据(2D/3D)

通过系统集成,从企业的资源库中自动下载相关资源数据,在"数字化工厂"环境中建立相关项目的资源库。

(3) 工艺规划

在"数字化工厂"规划模块中进行协同规划或导入工艺部门已有工艺信息。工艺规划包括:总工艺计划,细节工艺计划,生产计划及产品、工艺、资源关联及工时等工艺信息。

(4) 工艺验证、仿真

在"数字化工厂"工程模块中验证规划结果。动态装配、工位布局验证、线平衡、工时分析、人机工程仿真、工厂布局、物流仿真、机器人仿真、NC 仿真、冲压仿真、可编程逻辑控制器(Programmable Logic Controller ,简称 PLC)仿真和质检等。

(5) 客户化输出

通过系统集成和客户化开发,输出工艺执行文件;通过系统集成和客户化开发,输出生产、采购、招投标、维护、培训等信息或将数据传递到现有的计算机辅助工艺规划(Computer Aided Process Planning,简称 CAPP)系统中。

由上述数控系统和数字化工厂的内容和工作流程可知,一般数字制造系统的信息来源涉及数字制造系统的外部环境以及内部工作过程各个阶段的感知和交互信息。可依据第 1 章的数字制造信息的分类方法来进行信息的组织和管理。而本章的数字制造信息的采集的来源将主要针对数字制造系统的外部环境信息。采集的信息来源如表 4.1 所示。

表 4.1　数字制造信息的来源

采集类型	采集内容	数据源特征	采集原理
传感采集	压力、位移、角度、温度、湿度、电磁强度、光通量	模拟量	传感器转换
RFID 采集	射频传输信息	编码	RFID 传输
条码采集	一维条码、二维条码信息	编码	条码扫描
开关量采集	设备运行状态、产品状态	0-1 状态	状态转换
文档采集	产品加工尺寸与参数、日志文本、档案	数字、字符	人工输入、智能识别
多媒体采集	图像、视频、声音	综合信息编码	多媒体识别

4.1.3　数字制造信息采集的原则

根据数字制造系统的特点,数字制造信息的采集原则为:

可靠性原则。指采集的信息必须是真实对象或环境所产生的,必须保证信息来源是可靠的,采集的信息能反映真实状况。可靠性原则是信息采集的基础。

完整性原则。指采集的信息在内容上必须完整无缺,信息采集必须按照一定的标准要求,采集反映事物全貌的信息。完整性原则是信息利用的基础。

实时性原则。指能及时获取所需的信息,一般有三层含义:一是指信息从发生到被采集的时间间隔越短越及时,最快的是信息采集与信息发生同步;二是指在企业或组织执行某一任务急需某一信息时能够很快采集到该信息,谓之及时;三是指采集某一任务所需的全部信息所花去的时间越少谓之越快。实时性原则能保证信息采集的时效性。

准确性原则。指采集到的信息与应用目标和工作需求的关联程度比较高,采集到信息的表达是无误的,是属于采集目的范畴之内的,相对于企业或组织自身来说具有适用性,是有价值的。关联程度越高,适应性越强,就越准确。准确性原则能保证信息采集的价值。

易用性原则。指采集到的信息按照一定的表示形式便于使用。

4.2　数字制造信息的典型采集方法

数字制造系统外部环境信息的来源由数字制造信息的采集对象决定;采集信息的内容由其信息的表征形式决定。根据数字制造信息的采集对象和采集内容,可确定信息的采集方法。这里,将选取数字制造系统的典型的外部环境信息的类型,对其信息采集方法进行说明,以达到以点带面的效果。

根据常见的数字制造信息类型,选择介绍四大类采集方法:传感采集法、RFID采集法、条码采集法、文档类采集法。

4.2.1　传感采集法

传感器(Transducer/Sensor)是一种检测装置,能感受到被测量的信息,并能将感受到的信息,按一定规律变换成为电信号或其他所需形式的信息输出,以满足信息的传输、处理、存储、显示、记录和控制等要求,是实现数字制造系统自动检测和自动控制的首要环节,是现代信息技术的重要组成部分,在当代科学技术中占有十分重要的地位。

传感器的特点包括:微型化、数字化、智能化、多功能化、系统化、网络化。其中,微型化是建立在微电子机械系统(Micro Electro Mechanical Systems,简称 MEMS)技术基础上的,已成功应用在硅器件上做成硅压力传感器。传感器一般由敏感元件、转换元件、变换电路和辅助电源四部分组成,如图 4.1 所示。

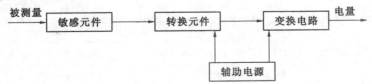

图 4.1　传感器的一般结构原理图

图 4.1 中,敏感元件直接感受被测量,并输出与被测量有确定关系的物理量信号;转换元件将敏感元件输出的物理量信号转换为电信号;变换电路负责对转换元件输出的电信号进行放大调制;转换元件和变换电路一般还需要辅助电源供电。

一般将敏感元件分为物理类、化学类、生物类等。基于力、热、光、电、磁和声等物理效应的为物理类,基于化学反应原理的为化学类,基于酶、抗体和激素等分子识别功能的为生物类。也可将其按基本感知功能分为热敏元件、光敏元件、气敏元件、力敏元件、磁敏元件、湿敏元件、声敏元件、放射线敏感元件、色敏元件和味敏元件等感知功能类。下面主要以电阻应变式传感器和光纤光栅传感器为例,对数字制造信息传感采集法中的典型物理类传感器的检测原理进行简单介绍[43]。

1)电阻应变式传感器

传感器中的电阻应变片具有应变效应,即在外力作用下产生机械形变,从而使电阻值随之发生相应的变化。电阻应变片主要有金属和半导体两类,金属应变片有金属丝式、箔式、薄膜式之分。半导体应变片具有灵敏度高(通常是丝式、箔式的几十倍)、横向效应小等优点。

(1)压阻式传感器

压阻式传感器(Piezoresistance Type Transducer)是指利用单晶硅材料的压阻效应和集成电路技术制成的传感器。单晶硅材料在受到力的作用后,电阻率发生变化,通过测量电路就可得到正比于力变化的电信号输出。压阻式传感器用于压力、拉力、压力差和可以转变为力的变化的其他物理量(如液位、加速度、质量、应变、流量、真空度)的测量和控制。

固态压力传感器结构原理如图4.2所示。这种传感器采用集成工艺将电阻条集成在单晶硅膜片上,制成硅压阻芯片,并将此芯片的周边固定封装于外壳之内,引出电极引线。压阻式压力传感器又称为固态压力传感器,它不同于粘贴式应变计需通过弹性敏感元件间接感受外力,而是直接通过硅膜片感受被测压力。图4.2中硅膜片的一面是与被测压力连通的高压腔,另一面是与大气连通的低压腔。硅膜片一般设计成周边固定的圆形,直径与厚度比为20~60。在圆形硅膜片(N型)定域扩散4条P杂质电阻条,并接成全桥,其中两条位于压应力区,另外两条处于拉应力区,相对于膜片中心对称。图4.3

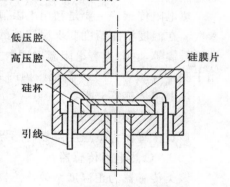

图4.2 固态压力传感器结构原理图

中是两种微型压力传感器的膜片,图中数字的单位为毫米。此外,也有采用方形硅膜片和硅柱形敏感元件的。硅柱形敏感元件也是在硅柱面某一晶面的一定方向上扩散制作电阻条,两条受拉应力的电阻条与另外两条受压应力的电阻条构成全桥。

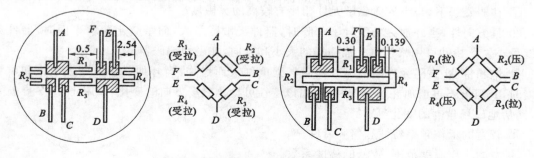

图4.3 两种微型压力传感器的膜片

图 4.3 为两种微型压力传感器的膜片的工作原理图。当力作用于硅晶体时,晶体的晶格产生变形,使载流子从一个能谷向另一个能谷散射,引起载流子的迁移率发生变化,扰动了载流子纵向和横向的平均量,从而使硅的电阻率发生变化。这种变化随晶体的取向不同而异,因此硅的压阻效应与晶体的取向有关。硅的压阻效应不同于金属应变计,前者电阻随压力的变化主要取决于电阻率的变化,后者电阻的变化则主要取决于几何尺寸的变化(应变),而且前者的灵敏度比后者大 50～100 倍。

压阻式传感器是根据半导体材料的压阻效应在半导体材料的基片上经扩散电阻而制成的器件。其基片可直接作为测量传感元件,扩散电阻在基片内接成电桥形式。当基片受到外力作用而产生形变时,各电阻值将发生变化,电桥就会产生相应的不平衡输出。用作压阻式传感器的基片(或称膜片)材料主要为硅片和锗片,硅片为敏感材料,制成的硅压阻传感器越来越受到人们的重视,尤其是以测量压力和速度的固态压阻式传感器应用最为普遍。

(2) 热电阻传感器

热电阻测温是基于金属导体的电阻值随温度的增加而增加这一特性来进行温度测量的。热电阻大都由纯金属材料制成,目前应用最多的是铂和铜,此外,已开始采用镍、锰和铑等材料制造热电阻。

热电阻传感器主要是利用电阻值随温度变化而变化这一特性来测量温度及与温度有关的参数。在温度检测精度要求比较高的场合,这种传感器比较适用。较为广泛的热电阻材料为铂、铜、镍等,它们具有电阻温度系数大、线性好、性能稳定、使用温度范围宽、加工容易等特点。用于测量 -200～+500 ℃ 范围内的温度。

热电阻传感器分类:

① NTC 热电阻传感器

该类传感器为负温度系数传感器,即传感器阻值随温度的升高而减小。

② PTC 热电阻传感器

该类传感器为正温度系数传感器,即传感器阻值随温度的升高而增大。

(3) 薄膜磁阻传感器

薄膜磁阻元件是一种新型的磁性传感器,具有灵敏度高、温度特性好、频率特性好等优点,其开发应用的潜力是巨大的,应用领域是相当广阔的。其中磁阻电流传感器是一种最新的应用,与霍尔电流传感器相比,具有精度高、线性好、温度特性好、反应快、结构简单、体积特小、价格低廉等特点,是一种适应于各种领域、新颖的电流传感器。薄膜磁阻传感器特性包括:

① 在弱磁场下,与半导体磁敏元件相比有较高的灵敏度。

② 具方向性,当外加磁场平行于薄膜时,器件灵敏度最大,而垂直于薄膜平面时,器件灵敏度最小。此特性可用来检测外加磁场的大小和方向,如磁性编码器。

③ 饱和特性,磁阻元件阻值随外加磁场强度增大而增加,当外加磁场强度大于饱和磁场强度时,其阻值不再增加并达到饱和,利用该特性可检测磁场方向的变化,如用于 OPS 导航系统,测量地磁场角度的变化等。

④ 较宽的工作频率特性和倍频特性。

⑤ 宽的工作温度范围、较低的温度系数。

薄膜磁阻电流传感器的电流输入检测端和信号输出端隔离,无任何电联系,具有灵敏度高、线性度优良、结构简单、体积小、双列直插式封装等特点。薄膜磁阻电流传感器特别适用于电度表、仪器仪表、充电器和 UPS 电源系统等电流检测和控制,具有精度高、线性好、便于小型化等特点。磁阻电流传感器可用于大功率器件 IGBT 过载和短路的保护,具有反应快、温度特性好等优点。

2) 光纤光栅传感器(Fiber Grating Sensor)

光纤光栅传感器属于光纤传感器的一种,基于光纤光栅的传感过程是通过外界物理参量对光纤布拉格(Bragg)波长的调制来获取传感信息,是一种波长调制型光纤传感器。光纤光栅是最近 30 年来发展最为迅速的光纤无源器件之一,它是利用光纤材料的光敏性在光纤纤芯上形成具有周期折射率分布的光栅,其作用实质是在纤芯内形成一个窄带的透射或反射滤波或反射镜,特定波长的光经过光栅反射后返回光入射的方向。作用在光栅处的温度或应变使得光栅的周期和折射率发生变化,进而导致反射光波长的变化,因此通过检测反射光波长的变化即可测得温度或应变的变化。随着光纤光栅制作技术的不断完善,其应用也日益增多,使得光纤光栅成为目前最具发展前途、最有代表性的光纤无源器件之一,在传感领域已得到广泛应用。目前,随着光纤光栅制作技术及波长解调技术的不断发展,光纤光栅制作成本大幅下降,可靠性得到大幅提高,检测数据能更精确地反映被测信号的变化,光纤光栅逐步走向实用化,它可以测量的物理量已包括温度、应变、位移、压力、振动、加速度、压强、扭矩、电流、电压、磁场、频率、浓度等,并已成为数字制造领域中重要的传感采集方法。

图 4.4 为布拉格光纤光栅(Fiber Bragg Grating,简称 FBG)原理图。图中,短周期光纤光栅属于反射型带通滤波器,长周期光纤光栅属于透射型带阻滤波器。当光通过光纤光栅时,光纤光栅将反射或透射其中以布拉格波长为中心波长的窄谱分量。

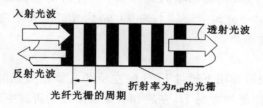

图 4.4 布拉格光纤光栅原理图

对于 FBG,波长 λ_B 是入射光通过 FBG 时反射回来的中心波长。根据光纤光栅的耦合模理论,光纤光栅的 λ_B 中心波长与有效折射率 n_{eff} 和光栅周期 Λ 满足如下的关系:

$$\lambda_B = 2n_{eff}\Lambda$$

式中　Λ——相位掩模光栅的周期;

　　　n_{eff}——光纤纤芯针对自由空间中心波长的折射率。

图 4.5 为光纤光栅传感器的原理图。对于光纤光栅反射中心波长(对短周期光纤光栅)或透射中心波长(对长周期光纤光栅)与介质折射率有关,在温度、应变、压强、磁场等一些参数变化时,中心波长也会随之变化。通过光谱分析仪检测反射或透射中心波长的变化,就可以间接检测外界环境参数的变化。各类物理量与光波长变化的对应关系如下:

(1)应变的测量

将式子 $\lambda_B = 2n_{eff}\Lambda$ 微分,设中心波长的有效折射率和光栅周期的变化分别为 Δn_{eff} 和 $\Delta\Lambda$,与之相对应的 FBG 中心波长的变化 $\Delta\lambda_{BS}$ 由下式给出,有:

$$\Delta\lambda_{BS} = 2\Delta n_{eff}\Lambda + 2n_{eff}\Delta\Lambda$$

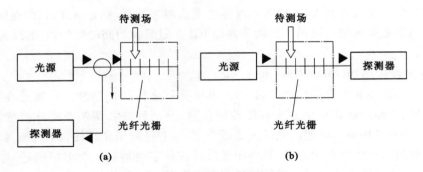

图 4.5　光纤光栅传感器的原理图

(a) 反射型光纤光栅传感器图;(b)透射型光纤光栅传感器图

在检测过程中对加速度、超声波、力等物理量的测量都可以转化为应变来测量。

（2）温度的测量

设温度变化为 ΔT,与之相对应的 FBG 中心波长的变化 $\Delta\lambda_{BT}$ 由下式给出,即

$$\Delta\lambda_{BT} = \lambda_B(1+\xi)\Delta T$$

其中,$\xi = 1/n_{\mathrm{eff}} = \Delta n_{\mathrm{eff}}/\Delta T$ 是光纤的热光系数,表示光纤光栅的有效折射率与温度变化之间的变化关系。

（3）应力的测量

$$\Delta\lambda_{BP} = \lambda_B\varepsilon_f(1-P_e)$$

其中,$\varepsilon_f = \sigma/E_f$,$\sigma$ 为 FBG 两端的轴向拉力;E_f 为光纤的杨氏模量,则 ε_f 为 FBG 的轴向应变。而 $P_e = (n_{\mathrm{eff}}^2/2)\left[p_{12} - \upsilon(p_{11}+p_{12})\right]$,$p_{11}$ 和 p_{12} 为光纤的光学应力张量分量,υ 为泊松系数,则 P_e 为有效的光弹性系数。

（4）动态磁场的测量

法拉第效应表明在磁场作用下通过 FBG 的左旋和右旋偏振光的折射率大小会发生微弱的变化。假定沿 FBG 轴向施加磁场 H,左旋和右旋偏振光的折射率变化状况为:

$$B_+ = 2n_+$$
$$B_- = 2n_-$$

＋和－代表 FBG 中右旋和左旋偏振光。决定法拉第效应灵敏度的是维尔德（偏振光旋度）常数,因此折射率的改变可以确定为:

$$n_+ - n_- = \frac{V_d H \lambda}{2\pi}$$

式中　V_d——维尔德（偏振光旋度）常数;

　　　　λ——工作波长。

光纤光栅传感器作为一种性能独特的光纤传感器,具有光纤传感器所固有的优点。光纤传感器与传统的传感器相比较,其主要优点有:一是本质防爆、抗电磁干扰,光导纤维是优良的绝缘体,可在高电压、强磁场条件下工作,实现现场的非电量测量;二是耐腐蚀,通过在光纤表面涂覆高分子材料,可满足酸碱等化学腐蚀及复杂的使用环境的要求;三是质量轻、体积小,便于狭小空间的安装,可埋入结构内部,对被测结构的影响小,可测量结构内部的应变及结构的损伤,易于实现智能化感和自诊断;四是易于实现数字化传感,具有高灵敏度和高可靠性等。与传统的强度调制型和干涉调制型光纤传感器相比较,光纤光栅传感器的独特优点在于波长

编码特征,即通过波长变化反映被测物理量的变化。这一特征使得光纤光栅传感器不受外界光源功率波动以及光路损耗的影响,同时通过对波长的编码,可实现绝对测量,无须参考点。另外,通过波分、时分及空分复用技术可方便地实现一线多点准分布式测量。

4.2.2　RFID 采集法

一般来说,射频识别(Radio Frequency Identification,简称 RFID)系统包含射频标签(Tag)、读写器(Reader)和数据管理系统三部分。射频标签由天线及芯片组成,每个芯片都含有唯一的识别码,一般保存有约定格式的电子数据,在实际应用中,射频标签一般粘贴在待识别物体的表面,是信息的载体;读写器是可非接触地读取和写入标签信息的设备,它通过网络计算机系统进行通信,从而完成对射频标签信息的获取、解码、识别和数据管理,可设计为手持式或固定式,读写器又称为读出装置、扫描器、通信器、阅读器;数据管理系统主要完成数据信息的存储和管理,并可以对标签进行读写控制。数据管理系统可以由简单的小型数据库担当,也可以是集成了 RFID 管理模块的大型 ERP 数据库管理软件。电子标签与阅读器之间通过耦合元件实现射频信号的空间(无接触)耦合,在耦合通道内,根据时序关系,实现能量的传递和数据的交换。

RFID 技术具有很强的环境适应性,抗干扰能力强,可全天候使用,几乎不受污染与潮湿的影响,同时还避免了机械磨损。RFID 标签数据存储容量大,信息处理速度快,存储信息可以自由更改,存储数据可以加密,标签无直接对最终用户开放的物理接口,能更好地保证机具的安全性。另外,还可以用一些加密算法实现信息的安全管理,读写器与标签之间也可相互认证,实现安全通信和存储。RFID 技术涵盖芯片设计与制造、天线设计与制造、标签封装、系统集成、信息安全等技术[44]。随着芯片技术、天线技术和计算机技术的不断发展,RFID 系统的体积、功耗越来越小,成本越来越低,功能日趋灵活,操作快捷方便,加上其擅长多目标识别、运动目标识别,方便物品跟踪和管理的突出特点,在各种数字制造系统中得到广泛的应用,已成为 21 世纪最热门的技术之一。

4.2.3　条码采集法

条码技术将计算机技术与信息技术结合起来,集编码、印刷、识别、数据采集和处理于一体。条码技术利用光电扫描设备识读条码符号,从而实现机器的自动识别,并快速、准确地将信息录入到计算机进行数据处理。条码技术具有以下特点[45]:

(1)简单。条码符号制作容易,扫描操作简单易行。

(2)信息采集速度快。普通计算机的键盘录入速度是 200 字符/分钟,而利用条码扫描录入信息的速度是键盘录入的 20 倍。

(3)采集信息量大。利用条码扫描,依次可以采集几十位字符的信息,而且可以通过选择不同码制的条码增加字符密度,使采集的信息量成倍增加。

(4)可靠性高。键盘录入数据,误码率为三百分之一,利用光学字符识别技术,误码率约为万分之一;而采用条码扫描录入方式,误码率仅有百万分之一,首读率可达 98% 以上。

(5)灵活、实用。条码符号作为一种识别手段可以单独使用,也可以和有关设备组成识别系统实现自动化识别,还可和其他控制设备联系起来实现整个数字制造系统的自动化管理。同时,在没有自动识别设备时,也可实现手工键盘输入。

（6）自由度大。识别装置与条码标签相对位置的自由度要比光学字符识别（Optical Character Recognition，简称 OCR）大得多。条码通常只在一维方向上表示信息，而同一条码符号上所表示的信息是连续的，这样即使是标签上的条码符号在条码方向上有部分残缺，仍可以从正常部分识读正确的信息。

（7）设备结构简单、成本低。条码符号识别设备的结构简单，操作容易，无须专门训练。与其他自动化识别技术相比较，推广应用条码技术所需费用较低。

条码扫描器等种类很多，常见的有以下几类：

1）手持式条码扫描器

手持式条码扫描器是 1987 年推出的技术形成的产品，外形很像超市收银员拿在手上使用的条码扫描器。手持式条码扫描器绝大多数采用接触式传感器件技术（Contact Image Sensor，简称 CIS），光学分辨率为 200 dpi，有黑白、灰度、彩色多种类型，其中色彩位数一般为 18 位彩色。也有个别高档产品采用电荷耦合元件（Charge-coupled Device，简称 CCD）作为感光器件，可实现 24 位真彩色，扫描效果较好。

2）小滚筒式条码扫描器

小滚筒式的设计是将条码扫描器的镜头固定，而移动要扫描的物品的条码标签，通过镜头来扫描，运作时就像打印机那样，要扫描的物件必须穿过机器再送出，因此，被扫描的物体不可以太厚。这种条码扫描器最大的好处就是体积很小，但是由于使用起来有多种局限，例如只能扫描薄薄的纸张，范围还不能超过条码扫描器的大小。

小滚筒式条码扫描器是手持式条码扫描器和平台式条码扫描器的中间产品，这种产品绝大多数采用 CIS 技术，光学分辨率为 300 dpi，有彩色和灰度两种，色彩位数一般为 24 位。也有极少数小滚筒式条码扫描器采用 CCD 技术，扫描效果明显优于 CIS 技术的产品，但由于结构限制，体积一般明显较大。

3）平台式条码扫描器

又称平板式条码扫描器、台式条码扫描器。目前在市面上大部分的条码扫描器都属于平板式条码扫描器。这类条码扫描器的光学分辨率在 300～8000 dpi 之间，色彩位数从 24 位到 48 位，扫描幅面一般为 A4 或者 A3。平板式的好处在于像使用复印机一样，只要把条码扫描器的上盖打开，不管是书本、报纸、杂志、照片底片都可以放上去扫描，相当方便，而且扫描出的效果也是所有常见类型条码扫描器中最好的。

条码扫描器的常用接口类型有以下三种：

1）小型计算机标准接口（Small Computer System Interface，简称 SCSI）：此接口最大的连接设备数为 7 个，通常最大的传输速度是 40 Mbps，速度较快，一般连接高速的设备。在 PC 机上一般要另加 SCSI 卡，安装时注意硬件冲突。

2）增强型并行接口（Enhanced Parallel Port，简称 EPP）：是一种增强了的双向并行传输接口，最高传输速度为 1.5 Mbps。对连接数目无限制（只要有足够的端口），设备的安装及使用容易，缺点是速度较低。此接口因安装和使用简单方便，在对性能要求不高的中低端场合应用比较广泛。

3）通用串行总线（Universal Serial Bus，简称 USB）：是一种高速串行接口，USB 1.1 标准最高传输速度为 12 Mbps，并且有一个辅通道用来传输低速数据。USB 2.0 的条码扫描器速度可扩展到 480 Mbps。具有热插拔功能，即插即用。配置了此接口的条码扫描器将随着

USB 标准推广而逐渐普及。

4.2.4 文档类采集法

文档类信息采集方法主要有：观察(调查)方法、实验方法、文献检索方法、网络方法[41]。

1) 观察(调查)方法

观察(调查)方法分为普查和抽样调查。普查方法是调查有限总体中每个个体的有关指标值；抽样调查是在总体中抽取部分个体(样本)进行调查，根据所了解的局部信息了解总体情况。抽样调查方法是最主要的观察(调查)方法。抽样调查所依据的基本原理是认识论基础上的误差理论，以及大数定律。

样本抽取方法一般包括非随机抽样、随机抽样和综合抽样等。

(1) 非随机抽样是依据对个体和总体特征的判断，从总体中有意识地选择具有代表性的典型个体作为判断样本。

(2) 随机抽样是按一定随机规则(一定概率分配)从总体中抽取部分个体的过程。如果每个个体被抽取到的机会(概率)均等，则称为简单随机抽样。在特殊情况下，可以按照特定的概率分布抽取个体。

(3) 综合抽样方法是上述两种抽样方法的综合，一般在大型复杂系统的抽样调查中应用。一般分为分层分类抽样、整群抽样、等距抽样和多阶段抽样等。

① 分层分类抽样是指按照总体中个体的某特征，把总体中的个体分为若干类，然后，对各个类内的个体进行简单的随机抽样。

② 整群抽样是指将总体中的各个个体，按照某一标志分为若干群，然后以群为单位，对群进行(简单)随机抽样，接着对抽出来的群进行普查。

③ 等距抽样是按照某一标志量，把总体中的个体排序，然后按照一定间隔，抽取个体。

④ 多阶段抽样是将抽样过程分为多个阶段，每个阶段作简单随机抽样，一个阶段一个阶段地抽样，完成整个抽样过程。

抽样数目可根据容许误差和抽样误差计算得到。一般取决于被调查事物总体之间的差异程度和容许误差大小。被调查事物总体中各个体之间的差异程度愈大就愈不均衡，需要抽取来调查的样本数目也就愈多；反之，抽取调查的样本数目就愈少。

抽样误差是指样本和总体之间的误差。抽样误差取决于总体各个体之间采样值的差异程度、抽样数目以及抽样组织方式。抽样误差和采样值的差异程度大小成正比，和抽样数目成反比；抽样误差也受到抽样方法的影响，不同的抽样排队或划分方法，影响总体各个体之间的差异程度，因而影响抽样误差。

抽样调查的手段一般是访问调查和问卷调查。

① 访问调查是通过访问信息采集对象，与采访对象直接交谈而获取有关信息的方法，是收集管理信息的常用方法。它包括座谈采访、会议采访、观察访问、电话采访、信函采访等。为此要有充分的准备，认真选择和了解对象，收集相关背景资料；在访问过程中能控制访问过程，善于引导、交流互动、发现问题。

访问调查法的主要优点是可以就问题进行深入的讨论，获得高质量的信息。缺点是费用高，采访对象不可能很多。

② 问卷调查法是一种包含统计调查和定量分析的信息收集方法，需考虑的问题有：所收

集的信息的内容范围、数量，所选定的调查对象的代表性、数量，问卷的精心设计、数量，问卷的回收率控制等。问卷的设计形式有结构式、非结构式和混合式。

结构式问卷所收集的信息是以某种统一的格式进行组织，有利于对信息的分析。非结构式问卷通过命题或主题的方式设计问卷，有利于调查受访者的真实的想法和观点。混合式问卷是两者的综合。

问卷调查方法具有调查面广、费用低的优点，其缺点是对调查对象无法控制。

问卷设计应注意的问题包括：设想变量之间的关系；便于数据处理；易获取诚实可靠的答案；问题必须含义明确、范围有限，且具有严密的逻辑性。

2）实验方法

指为了获得特定的信息，通过对参与者类型的恰当限定、对信息产生条件的恰当限定、对信息产生过程的合理设计，而获得准确、真实信息的方法。它是通过实验过程获取正常手段难以获得的信息或结论。特定信息是指被考察对象在自然状态下，用普通的观察（调查）方法难以获得准确、真实的信息。

实验方法可以在一定程度上直接观察研究到某些参量之间的相互关系，甚至是因果关系，这有利于对事物本质的研究。实验方法有物理实验、对比实验等形式。物理实验是研究具体的物理系统或物理对象的内在规律；对比实验一般是从较高级别研究同类个体在不同的环境和条件下的差异及其内在的原因，或研究不同条件对个体的影响。

3）文献检索方法

文献资源是指传统的介质（纸张）和现代介质（如磁盘、光盘、缩微胶片等）记录和存贮的知识信息。文献通常包括图书、期刊、会议文献、科技报告、专利文献、标准文献、学位论文、产品资料、技术档案和政府出版物。

文献有零次文献、一次文献、二次文献和三次文献等四个级别。零次文献是指未经出版社发行或未进入社会交流的最原始文献。一次文献是以作者本人取得的成果为依据而创作的论文、报告等经公开发表或出版的各种文献，内容新颖丰富，叙述详尽，参考价值大，但数量庞大而分散。二次文献是按照特定目的对一定范围和学科领域内的一次文献进行鉴别、筛选、分析、归纳和加工整理等，使之有序化后出版的工具书和书刊。二次文献的主要功能是检索、控制一次文献，帮助人们较快地获取所需的信息，具有汇集性、工具性、综合性、交流性等特点。三次文献是根据二次文献提供的线索，选用大量的一次文献的内容，经过筛选、分析、综合和浓缩而再度出版的文献，包括专题评述、年鉴、百科全书、词典、索引，以及文献服务目录、工具书目录等。

文献检索是以文献为检索对象的信息检索，即利用相应的方式与手段，在存储文献的检索工具或文献数据库中，查询用户在特定的时间和条件下所需文献的过程，可分为书目检索、数据检索、事实检索和全文检索。书目检索是以二次文献为检索对象，帮助决定取舍文献检索范围。数据检索是以数据为检索内容的信息检索，这些存储在系统中的大量数据是经过专家测评、评价、筛选的，可直接用于定量分析。事实检索是以事项为检索内容的信息检索，事实是从原始文献中抽取的，并有简单的逻辑判断能力，是有关某一事物的具体答案。全文检索是检索存储在系统中的整篇文章乃至整本图书的全部文本的检索。

文献检索方法有直检法、引文法、工具法和循环法等。直检法是从浏览查阅原始文献中直接获取所需文献的方法；引文法是以最新发表的文章后面所附的引文（即参考文献）为线索，进行逐一追踪的查找方法；工具法就是通过检索工具和检索系统查找文献的方法，是文献检索的主要方法；循环法是先利用检索工具查出一批相关文献，然后精选出与课题针对性较强的文章，再按引文法追溯查找。

文献检索方式有手工检索、计算机检索、缩微检索和机械检索。手工检索是利用卡片或书本式目录、文摘、索引等检索工具进行的信息检索；计算机检索是将存储有大量文献信息的数据库系统，通过计算机的检索软件进行信息检索；缩微检索是把缩微胶卷作为情报存储的载体，使用相应的光学阅读装置或电子技术设备进行检索；机械检索是利用检索器件，对作为情报存储载体的穿孔卡片进行检索。

计算机检索是文献检索的主流和趋势，可以单机批处理和检索，也可以远程国际联机检索。计算机检索由文献数据库和信息检索系统组成。文献数据库是将原始文献按照主题词表或分类表及使用原则进行处理，形成特征标识后，按一定规则存放的数据库；信息检索系统是一种信息检索工具，它将提问标识与文献数据库中的标引标识进行比较，两者一致或标引标识包含提问标识，则输出该信息。

文献检索过程包括分析研究课题和制定检索策略；利用检索工具和查找文献线索；根据文献出处索取原始文献。

4）网络方法

网络方法就是通过网络特别是 Internet 收集有关网络信息资源。网络信息资源可理解为"通过计算机网络可以利用的各种信息资源的总和"。网络收集方法主要是通过网络搜索引擎实现对有关信息的收集。

网络搜索引擎的信息采集机制为：按照一定的规律和方式对网络上万维网、FTP 等站点进行搜索，并将搜索到的页面信息存入临时数据库。人工收集：跟踪和选择一定范围或领域的万维网站点或页面，按规范方式进行分类标引并组建索引数据库。自动收集：通过自动采集器软件搜寻页面并自动维护数据库。

4.3　数字制造信息的预处理方法

4.3.1　信息滤波

通过各类采集方法获得的数字制造信息往往包括噪声、被环境污染过，为保证信息的正确性和可用性，必须对其进行预处理，以消除噪声。滤波思想在信息科学中最早被提出，并已发展成一种主要的学科分支——控制论中的一般滤波处理方法。信息科学的研究指出：信息由信源发出，在传输过程中，由于内部环境和外部噪声的干扰，常常会使信息失真，为了尽量减少信息的失真损失，在信息论的具体研究中就提出了滤波理论。在滤波处理方法的研究中，较为典型的有维纳滤波理论和卡尔曼滤波理论。而在这一领域做出过杰出贡献的主要有维纳（Norbert Wiener，1894—1964）、柯莫哥洛夫（Andrey Nikolaevich Kolmogorov，1903—1987）和卡尔曼（Rudolf Emil Kalman，1938—1940）等人。下面以维纳滤波与卡尔曼滤波为例进行说明。

随机信号或随机过程（Random Process）是普遍存在的。一方面，任何确定性信号经过测量后往往就会引入随机性误差而使该信号随机化；另一方面，任何信号本身都存在随机干扰，通常把对信号或系统功能起干扰作用的随机信号称之为噪声。噪声按功率谱密度划分可以分为白噪声（White Noise）和色噪声（Color Noise），我们把均值为 0 的白噪声叫纯随机信号（Pure Random Signal）。因此，任何其他随机信号都可看成是纯随机信号与确定性信号并存的混合随机信号，或简称为随机信号。要区别干扰（Interference）和噪声（Noise）两种事实和两个概念。非目标信号（Nonobjective Signal）都可叫干扰。干扰可以是确定性信号，如国内的50 Hz工频干扰。干扰也可以是噪声，纯随机信号（白噪声）加上一个直流成分（确定性信号），就成了最简单的混合随机信号。医学数字信号处理的目的是要提取包含在随机信号中的确定成分，并探求它与生理、病理过程的关系，为医学决策提供一定的依据。例如从自发脑电中提取诱发脑电信号，就是把自发脑电看成是干扰信号，从中提取出需要的信息成分。因此我们需要寻找一种最佳线性滤波器，当信号和干扰以及随机噪声同时输入该滤波器时，在输出端能将信号尽可能精确地表现出来。维纳滤波和卡尔曼滤波就是用来解决这样一类问题的方法：从噪声中提取出有用的信号。实际上，这种线性滤波方法也被看成是一种估计问题或者线性预测问题[46]。

设有一个线性系统，它的单位脉冲响应是 $h(n)$，当输入一个观测到的随机信号 $x(n)$，简称观测值，且该信号包含噪声 $w(n)$ 和有用信号 $s(n)$，简称信号，也即：

$$x(n) = s(n) + w(n) \tag{4.1}$$

则输出 $y(n)$ 为：

$$y(n) = x(n) \cdot h(n) = \sum_{m=-\infty}^{+\infty} h(m)x(n-m) \tag{4.2}$$

我们希望输出得到的 $y(n)$ 与有用信号 $s(n)$ 尽量接近，因此称 $y(n)$ 为 $s(n)$ 的估计值，用 $\hat{s}(n)$ 来表示，我们就有了维纳滤波器的系统框图，如图 4.6 所示。这个系统的单位脉冲响应也称为对于 $s(n)$ 的一种估计器。

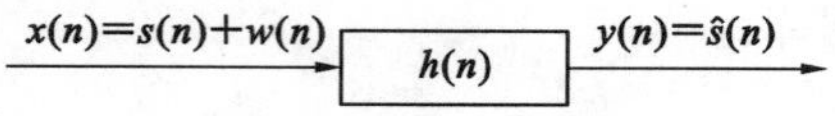

$$x(n)=s(n)+w(n) \quad \boxed{h(n)} \quad y(n)=\hat{s}(n)$$

图 4.6　维纳滤波器的输入输出关系

如果该系统是因果系统，式（4.2）的 $m=0,1,2,\cdots$，则输出的数据可以看成是当前时刻的观测值 $x(n)$ 和过去时刻的观测值 $x(n-1)$、$x(n-2)$、$x(n-3)$、$\cdots$。用当前的和过去的观测值来估计当前的信号 $y(n)=\hat{s}(n)$ 称为滤波；用过去的观测值来估计当前的或将来的信号 $y(n)=\hat{s}(n+N)(N \geqslant 0)$，称为预测；用过去的观测值来估计过去的信号 $y(n)=\hat{s}(n-N)(N \geqslant 1)$，称为平滑或者内插。

从图 4.6 的系统框图中估计到的 $\hat{s}(n)$ 信号和我们期望得到的有用信号 $s(n)$ 不可能完全相同，这里用 $e(n)$ 来表示真值和估计值之间的误差：

$$e(n) = s(n) - \hat{s}(n)$$

显然 $e(n)$ 是随机变量，维纳滤波和卡尔曼滤波的误差准则就是最小均方误差准则：

$$E[e^2(n)] = E[(s(n) - \hat{s}(n))^2]$$

维纳滤波和卡尔曼滤波都是解决线性滤波和预测问题的方法，并且都是以均方误差最小为准则的，在平稳条件下两者的稳态结果是一致的，但是它们解决问题的方法有很大区别。维纳滤波是根据全部过去观测值和当前观测值来估计信号的当前值，因此它的解形式是系统的传递函数 $H(z)$ 或单位脉冲响应 $h(n)$；卡尔曼滤波是用当前一个估计值和最近一个观测值来估计信号的当前值,它的解形式是状态变量值。

维纳滤波只适用于平稳随机过程,卡尔曼滤波就没有这个限制。设计维纳滤波要求已知信号与噪声的相关函数,设计卡尔曼滤波则要求已知状态方程和量测方程,当然两者之间也有联系。

4.3.2　信息融合

信息融合(Intelligence Fusion,简称IF)是多源信息协调技术的总称,它最早出现在20世纪70年代末期。在当时,由于传感器技术获得了迅猛发展,各种面向复杂应用背景的多传感器信息系统也随之大量涌现。在这些系统中,每种传感器提供信息的时间、地点和数据格式各不相同,其精确度、可信度和适用范围也不尽相同。把各种传感器的信息简单地汇集在一起,便导致信息量的剧增,却不能发现它们之间的联系。在这种情况下,信息融合技术便应运而生。信息融合的任务是把各个传感器在空间或时间上冗余或互补的数据依据某种准则进行组合,以获得对被测对象的一致性描述或理解,使该系统比组成它的各系统具有更优越的性能。它能弥补信息不完全、部分信息不精确或不确定造成的缺陷。由于信息融合系统本身所具有的良好的性能稳健性、宽阔的时空覆盖区域、很高的测量维数和良好的目标空间分辨力以及较强的故障容错与系统重构能力等潜在特点,因此,信息融合问题一开始提出就引起了西方各国国防部门的高度重视,并将其列为军事高技术研究和发展领域中的一个重要专题。美国国防部早在1984年就成立了数据融合专家组(Data Fusion Subanal,简称DFS),以指导、组织并协调有关这一国防关键技术的系统性研究,在20世纪80年代中期,信息融合技术首先在军事领域研究中得到了快速发展。几十年来,信息融合技术获得了普遍关注和广泛应用,其理论与方法已成为智能信息处理的一个重点研究领域。

各种传感器的信息可能具有不同的特征:可能是实时信息,也可能是非实时信息;可能是快变或瞬变的,也可能是缓变的;可能是模糊的,也可能是确定的;可能相互支持或补充,也可能相互矛盾或竞争。多传感器信息融合的基本原理或出发点就是充分利用多个传感器资源,通过对这些传感器及其观测信息的合理支配和使用,把多个传感器在空间或时间上的冗余或互补信息依据某种准则来进行组合,以获得被测对象的一致性解释或描述,使该信息系统获得比它的各组成部分的子集所构成的系统更优越的性能[46]。

对于具体的融合系统而言,它所接收到的信息可以是单一层次上的信息,也可以是几种层次上的信息。融合的基本策略就是先对同一层次上的信息进行融合,从而获得更高层次的融合后的信息,然后再汇入相应的信息融合层次,因此,总的来说,信息融合本质上是一个由低(层)至顶(层)对多源信息进行整合、逐层抽象的信息处理过程。但在某些情况下,高层信息对低层信息的融合要起反馈控制的作用,亦即高层信息有时也参与低层信息的融合。而且在一些特殊应用场合,也可先进行高层信息的融合。由此我们可以概括出信息融合过程的基本模型,如图4.7所示。传感器各层次的信息逐次在各融合节点(即融合中心)合成;各融合节点的融合信息和融合结果,也可以交互的方式通过数据库/

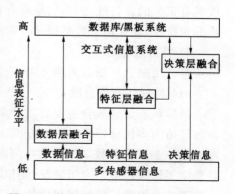

图 4.7　多传感器信息融合层次化结构

黑板系统进入其他融合节点,从而参与其他节点上的融合。由模型可见,系统的信息融合相对于信息表征的层次也相应地分为三类:数据层融合、特征层融合和决策层融合,但这并不意味着每个融合系统必须包括这三个信息层次上的融合,它们仅仅是融合的一种分类方式。

1) 数据层融合

图 4.8 说明了数据层融合的基本内容。数据层融合通常用于多源图像复合、图像分析与理解等方面。多源图像复合是将由不同传感器获得的同一景物的图像经配准、重采样和合成等处理后,获得一幅合成图像的技术,以克服各单一传感器图像在几何、光谱和空间分辨率等方面存在的局限性和差异性,提高图像质量。美国陆地资源卫星(LANDSET)用多幅光谱图像进行简单的数据合成运算,取得了一定的噪声抑制和区域增强效果;F-16 战斗机上的"LANTIAN"吊舱将红外前视、激光测距、可见光摄像机等多种图像传感器数据统一叠加显示在飞机屏显上,提高了低空导航和目标寻找的性能。20 世纪 90 年代,美国海军在 SSN-691(孟非斯)潜艇上安装了第一套图像融合样机,可使操纵手在最佳位置上直接观察到各传感器输出的全部图像、图表和数据,同时又可提高整个系统的战术性能。

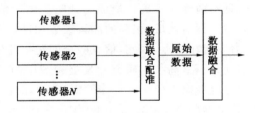

图 4.8 数据层融合

图像分析与理解方面主要研究利用高分辨率扫描传感器(例如 TV 摄像机、热成像仪、合成孔径雷达等)的输出,演绎出所观察情景的三维模型问题,如三维运动图像光流场的融合计算,景深的合成,利用多源图像所提供的边缘信息进行的图像分割,由有噪声双目图像序列来重建的三维场景等。除此之外,数据层融合还用于研究同类型(同质)雷达波形的直接合成,以改善雷达信号处理的性能。

数据层融合对数据传输带宽、数据之间的配准精度要求很高,例如,在图像分析与理解中,为了再现立体图像的深度,必须首先识别出相应于物体上同一点的像素。从信息融合的角度看,由于没有任何办法对多传感器原始数据所包含的特性进行一致性检验,因此数据层上的合成具有很大的盲目性,因而信息融合在原则上不赞成在数据层上直接进行,但由于图像处理本身的特殊性,才保留了数据层这一带有浓厚图像处理色彩的融合层次。

2) 特征层融合

特征层融合可划分为两大类:一类是目标状态信息融合,另一类是目标特性融合。

(1) 目标状态信息融合

目标状态信息融合主要应用于多传感器目标跟踪领域,目标跟踪领域的大量方法都可以修改移植为多传感器目标跟踪方法。跟踪问题亦已有了一整套渐趋成熟的理论,因此通常能建立起一个严格的数学最佳解模型来描述多传感器融合跟踪过程。Bar-Shalom 曾在 1989 年就总结了该领域中的应用情况;同年,Ted Jbroida 也对跟踪融合性能进行了严格的数学评估。

图 4.9 说明了特征层目标状态信息融合的基本内容。传感器输出的参量数据可以是角度(方位角和仰角)、距离等,也可以是被观测平台的参数矢量、立体像或真实状态矢量(三维位置

和速度的估计)。融合系统首先对传感器数据进行预处理以完成数据配准,即通过坐标变换和单位换算,把各传感器输入数据变换成统一的数据表示形式(即具有相同的数据结构)。在数据配准后,融合处理主要实现参数关联和状态矢量估计。参数关联把来自多传感器的观测与传感器各自的观测对象联系起来,各传感器分别组合在一起以保证这些观测组分别属于各自的观测对象。Blackman 等对于密集目标环境下的多传感器参数关联问题做了十分详细的描述,并讨论了关联测度和跟踪技术的选择和应用问题。一旦关于同一对象的各个观测相互关联后,就可以应用估计技术来融合或合成这些关联后的数据,以得到估计问题的解。由于计算上的好处,常见的是序贯估计技术,其中包括卡尔曼滤波和扩展卡尔曼滤波。

图 4.9　特征层目标状态信息融合

目前该领域发展所遇到的核心问题是如何针对复杂环境来建立具有良好稳健性及自适应能力的目标机动和环境模型,以及如何有效地控制和降低数据关联及递推估计的计算复杂性。

(2) 目标特性融合

特征层目标特性融合就是特征层联合识别,它实质上是模式识别问题。多传感器系统为识别提供了比单传感器更多的有关目标的特征信息,增大了特征空间维数。具体的融合方法仍是模式识别的相应技术,只是在融合前必须先对特征进行关联处理,把特征矢量分类成有意义的组合,如图 4.10 所示。对目标进行的融合识别,就是基于关联后的联合特征矢量。具体实现技术包括参量模板法、特征压缩和聚类算法、K 阶最近邻、人工神经网络、模糊积分等。除此之外,基于知识的推理技术也曾试图被应用于特征融合识别,但由于难以抽取环境和目标特征的先验知识,因而这方面的研究仍仅仅是开始,至今尚未看到系统化的结果。

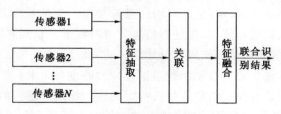

图 4.10　特征层目标特性融合

3) 决策层融合

在数据层和特征层两方面的融合方法中,特征层融合无论在理论上还是在应用上都逐渐趋于成熟,形成了一套针对问题的具体解决方法。在融合的三个层次中,特征层上的融合可以说是发展最完善的,而且由于对特征层已建立了一整套行之有效的特征关联技术,可以保证融合信息的一致性,因此特征层融合有着良好的应用与发展前景,但由于跟踪和模式识别本身所存在的困难,也相应推动着研究和应用的进一步深入。

图 4.11 说明了决策层融合的基本概念。不同类型的传感器观测同一个目标,每个传感器

在本地完成处理,其中包括预处理、特征抽取、识别或判决,以建立对所观察目标的初步结论,然后通过关联处理、决策层融合判决,最终获得联合推断结果。决策层融合已有很多成功的应用实例,像战术飞行器平台上用于威胁识别的报警系统(TWS)、多传感器目标检测、工业过程故障监测、机器人视觉信息处理等。

图 4.11　决策层融合

决策层融合输出是一个联合决策结果,在理论上这个联合决策应比任何单传感器决策更精确或更明确。决策层融合所采用的主要方法有 Bayes 推断理论、D-S 证据理论、模糊集理论、专家系统方法等,其中,D-S 证据理论应用最为广泛。Thomopoulos 推广了 Bayes 推断理论,提出了基于硬判决的证据最佳组合方式,把 D-S 理论处理问题的灵活性和 Bayes 推断理论解决冲突命题的优点统一在一起。同时,在专家系统方法中,黑板模型以其灵活的知识控制策略,适宜于解决连续动态问题的优点,在融合应用研究中得到了重视。另外,决策层融合还采用了一些启发式的信息融合方法来进行仿人融合判决。

决策层融合在信息处理方面具有很高的灵活性,系统对信息传输带宽要求较低,能有效地融合反映环境或目标各个侧面的不同类型信息,而且可以处理非同步信息,因此目前有关信息融合的大量研究成果都是在决策层上取得的,并且构成了信息融合研究的一个热点,但由于受环境和目标的时变动态特性、先验知识获取的困难、知识库的巨量特性、面向对象的系统设计要求等影响,决策层融合理论与技术的发展仍受到阻碍。

4.3.3　信息编码

信息编码(Information Coding)是对原始信息符号按一定的数学规则所进行的变换。它是为了方便信息的存储、检索和使用,在进行信息处理时赋予信息元素以代码的过程。即用不同的代码与各种信息中的基本单位组成部分建立一一对应的关系[47]。信息编码必须标准、系统化,设计合理的编码系统是关系数字制造系统生命力的重要因素。

在通信理论中,编码是对原始信息符号按一定的数学规则所进行的变换,编码的目的是要使信息能够在保证一定质量的条件下尽可能迅速地传输至信宿。在通信中一般要解决两个问题:首先是在不失真或允许一定程度失真的条件下,如何用尽可能少的符号来传递信息,这是信源编码问题;其次是在信道存在干扰的情况下,如何增加信号的抗干扰能力,同时又使信息传输率最大,这是信道编码问题。信源编码定理(申农第一定理)给出了解决前一个问题的可能性,并同时给出了一种编码方法;有噪信道编码定理(申农第二定理)指出存在着这样的编码,它可使传输的错误概率接近于信道的容量,从而给出了解决后一问题的可能性。因此,在通信中使用编码手段可以使失真和信道干扰的影响达到最小,同时能以接近信道容量的信息传输率来传送信息。

信息编码的目的在于为计算机中的数据与实际处理的信息之间建立联系,提高信息处理的效率。信息编码的基本原则是在逻辑上要满足使用者的要求，又要适合于处理的需要；结构易于理解和掌握；要有广泛的适用性，易于扩充。

代码是一个或一组有序的符号排列，是便于人或计算机识别与处理的符号。代码与事物对象的关系可以有一对一和一对多的关系（图 4.12）。图 4.12 中的 C 代表代码（Code），O 代表事物对象（Object）。当代码与事物对象存在一对一的关系时，代码就唯一代表一个事物对象，将这样的代码称为标识码。例如，大学生一进入学校，就有一个唯一标识号，即学号。中华人民共和国的每一个合法公民都有标识号，即身份证号。

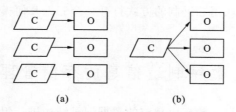

图 4.12 代码与事物对象的对应关系示例
（a）代码与事物对象一对一的关系；（b）代码与事物对象一对多的关系

当一个代码对应于多个事物对象时，可以认为代码对应于一个事物集合。这个事物集合并不是由若干个事物对象随便（随机）凑在一起的，如果是这样的话，也就没有为这个集合编码的实际意义。在实际应用中，这个集合是由具有相同或相似特征的事物组成，编码是针对事物特征的，所以把它称为特征码。对特征进行编码有下面几种常见的情况，如图 4.13 所示。

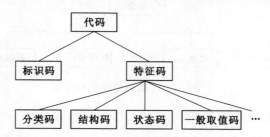

图 4.13 代码按其与对象的映射关系和作用而划分的种类

（1）分类码

代码所表示的集合是由一类事物组成的，代码对应于一个类目。将代表类目的代码或代表一类事物的代码称为分类码或分类特征码，例如，《学科分类与代码》（GB/T 13745—2009）等。

（2）结构码

结构码是用数字来表示事物对象之间的结构关系，表示一个事物对象或一类事物对象在结构中的位置。如表示产品装配关系的隶属编号，在工作分解结构中体现分解关系的项目编号等。把用数字表示事物对象之间结构关系的代码称为结构关系代码，简称结构码。只有树形的结构才容易编码，所以一般结构码指的是树形结构码，即代表事物所在的节点在树形结构中所处的位置，如图 4.14 所示。

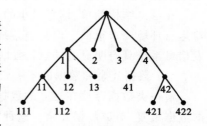

图 4.14 对结构关系进行编码的例子

（3）状态码

在对事物进行管理时，常常需要用编码的形式来记录事物所处的状态。例如，在管理零部件的技术文档时，对它所处的技术状态：取消、预发放、审核、批准、发放等进行编码。把表示事物所处的状态的代码称为状态码。

（4）一般取值码

特征的取值往往限制在可枚举的范围内。有些取值不代表分类，也不说明结构关系，也不算是状态，完全是为了计算机表达事物的特征时方便处理信息。在数据表达与交换中往往用代码表示特征不同的取值，如用二进制的方式打开一个三维几何模型的文件，找不到几何特征的名称，基本上全是数字代码。

4.4　数字制造信息的存储管理技术

在数字制造系统中，信息一般是以相应的数据记录结构进行组织和存储管理，一种记录结构实现对现实世界中某一类事物的描述。如图4.15所示，一个记录含有多个数据项。数据项是面向数字制造管理系统的有意义的最小数据单位，它描述了一类事物对象的某一方面的属性。如一个记录所描述的是职工，职工记录的属性可以包括工号、姓名、性别、职称、出生日期、参加工作日期等，每一个属性就以某种数据类型描述，如姓名用字符型、出生日期用日期型等。当前，主要的数据存储与管理技术有三种主要类型：文件、数据库和数据仓库[48,49]。

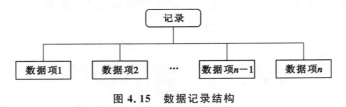

图 4.15　数据记录结构

4.4.1　基于文件的信息存储管理

文件是存放在计算机存储介质（硬盘、U 盘或光盘）中的数据或程序指令的集合。文件是计算机操作系统管理数据信息的基本方式。相关记录的集合称为文件。通常为某一应用目的而将同类数据组织在同一文件中，因此，文件的数据之间存在一定的联系。例如职工记录可以存放在文件中，每一条职工的信息用一条记录描述。按照记录在文件中的编排形式可以将文件分为顺序文件、随机文件、索引文件和倒排文件。一般的程序设计语言都支持对文件系统的编程操作，可以实现以文件为数据组织方式的信息管理程序。

在信息结构简单、信息量小的应用系统中，可以灵活采用文件组织数据，而且开发的程序对运行环境要求很低。但是当系统面向大量复杂信息处理时，使用文件方式来管理数据和开发信息系统具有明显的缺点：数据冗余和数据的不一致，系统维护困难。

（1）数据冗余和数据的不一致

每一类数据存放在独立的数据文件中，为了处理方便，文件之间的无关性往往使文件之间的数据重复，造成数据冗余。这种冗余很容易使数据不一致，因为不同应用开发的处理程序难以保证对所有文件的数据进行更新和修改。

（2）系统维护困难

数据是面向程序组织的，当应用程序在处理文件中的数据时，必须依据文件中数据的格式。因此，当文件数据格式或结构变化时，对所有访问该文件的应用程序必须进行修改。基于文件的信息存储管理结构如图 4.16 所示。另外，由于缺乏对数据元素的一致性定义，无法控制数据的使用和维护，这不仅给应用程序开发和维护带来困难，而且危及数据文件的安全性和完整性。

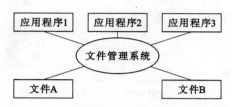

图 4.16　基于文件的信息存储管理结构

4.4.2　基于数据库的信息存储管理

具有集中统一规划的数据库是数字制造系统信息管理的重要方式。数据库可以实现对数据资源的统一规划和集中管理。数据库要求经过抽象的信息以周密的数据结构描述并集中成为资源，从而为各用户进行共享。数据库是目前数字制造系统的基本的数据组织方式。例如，在关系数据库中，可以将现实世界中的事物抽象为记录结构，并采用二维表结构来描述记录信息。每一类事物可以抽象为一个表，这些表之间可以存在联系，它们可以存放在同一个数据库中，被统一管理和共享使用。图 4.17 描述了数据共享形式。可见，使用数据库来组织和管理数据的主要优势在于：

（1）实现对数据的统一规划和集中管理。通过数据字典来描述数据定义、格式、内容以及数据的相互关系，以确保数据的完整性、一致性和可行性。

（2）数据冗余小，程序和数据具有较高的独立性，系统容易修改和扩充。

（3）数据库有自己功能完善的数据库管理系统。数据库管理系统由一组计算机程序构成，这些程序管理着用户的数据库创建、维护和存储访问。良好的用户接口便于使用数据库和开发数据库应用程序。

（4）通过统一控制组织内的授权使用数据，以及实施并发控制，支持数据的多用户访问共享等。

图 4.17　基于数据库的信息存储管理结构

4.4.3　基于数据仓库的信息存储管理

数据仓库是面向主题的、集成的、稳定的、反映历史变化的数据集合，用以支持管理决策。数据仓库是一种只读的、用于分析的数据库，它的数据来源可以是多个事务型数据库，也可以是文件,如图 4.18 所示。数据仓库从大量的历史数据中抽取面向主题决策分析需要的数据,并将其清理、转换为新的存储格式,其突出的特点是对海量数据的支持,满足决策分析需要。

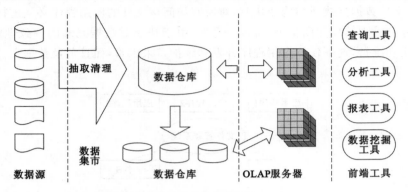

图 4.18　基于数据仓库的信息存储管理形式

与一般的数据库相比,数据仓库具有以下主要特性:

(1)面向主题:事务型数据库的数据组织面向事务处理任务,各个业务系统之间各自分离,而数据仓库中的数据是按照一定的主题域进行组织。主题是一个抽象的概念,是指用户使用数据仓库进行决策时所关心的重点方面,一个主题通常与多个事务型信息系统相关。例如车间生产调度系统的主要分析对象有订单数目、生产线数目、客户、生产制造人员等。

(2)数据集成:面向事务处理的操作型数据库通常与某些特定的应用相关,数据库之间相互独立,并且往往是异构的。而数据仓库中的数据是在对原有分散的数据库数据进行抽取、清理的基础上经过系统加工、汇总和整理得到的,必须消除源数据中的不一致性,以保证数据仓库内的信息是关于整个组织的一致的全局信息。

(3)数据稳定:事务型数据库中的数据通常实时更新,数据根据需要及时发生变化。数据仓库的数据主要供企业决策分析之用,所涉及的数据操作主要是数据查询,一旦某个数据进入数据仓库以后,一般情况下将被长期保留,也就是数据仓库中一般有大量的查询操作,但修改和删除操作很少,通常只需要定期地加载、刷新。

(4)反映历史变化:事务型数据库主要关心当前某一个时间段内的数据,而数据仓库中的数据通常包含历史信息,系统记录了组织从过去某一时刻(如开始应用数据仓库的时刻)到目前的各个阶段的信息,通过这些信息,可以对企业的发展历程和未来趋势做出定量分析和预测。

图 4.18 为数据仓库的信息存储管理形式,其各部分的功能如下:

(1)数据源:是数据仓库的数据来源,可以是多个事务型数据库,也可以是多个数据文件。

(2)数据仓库:是整个数据仓库系统的核心,可实现数据的存储与管理。数据仓库的组织管理方式决定了它有别于数据库,同时也决定了其对外部数据的管理形式。针对现有各业务系统的数据,进行抽取、清理并有效集成,按照主题进行组织。数据仓库按照覆盖范围可以分为数据仓库和数据集市。数据集市是数据仓库的子集,面向部门级业务。

(3)OLAP 服务器:是对分析需要的数据进行有效集成,按多维模型予以组织,以便进行多角度、多层次的分析,并发现趋势。基本数据和聚合数据可以存放于一般关系数据库或多维数据库中。

(4)前端工具:主要包括各种报表工具、查询工具、数据分析工具、数据挖掘工具以及各种基于数据仓库或数据集市的应用开发工具。其中,数据分析工具主要针对 OLAP 服务器,报表工具、数据挖掘工具主要针对数据仓库。

4.5 数字制造信息的组织使用方法

数字制造系统解决一个具体问题时,大致需要经过下列几个步骤:首先要从具体问题中抽象出一个适当的数学模型,然后设计一个解此数学模型的算法(Algorithm),最后编出程序、进行测试、调整直至得到最终解答。

寻求数学模型的实质是分析问题,从中提取操作的对象,并找出这些操作对象之间含有的关系,然后用数学的语言加以描述。当用计算机处理数值计算问题时,所用的数学模型是用数学方程描述的,所涉及的运算对象一般是简单的整型、实型和逻辑型数据,因此程序设计者的主要精力集中于程序设计技巧上,而不是数据的存储组织方法上。然而,数字制造系统涉及的具体应用领域更多是"非数值型计算问题",它们的数学模型无法用数学方程描述,而是用数据结构描述,解决此类问题的关键是设计出合适的数据结构,描述非数值型问题的数学模型是用线性表、树、图等结构来描述的。计算机算法与数据的结构密切相关,算法无不依附于具体的数据结构,数据结构直接关系到算法的选择和效率。运算是由计算机来完成的,这就要设计相应的插入、删除和修改的算法。也就是说,数据结构还需要给出每种结构类型所定义的各种运算的算法。因此,数据结构是数字制造信息的组织和使用的具体方法。

数据是信息的载体,是语法级的信息,是可以被计算机识别、存储并加工处理的描述客观事物的信息符号的总称。也是所有能被输入计算机中,且能被计算机处理的符号的集合,是计算机程序加工处理的对象。客观事物包括数值、字符、声音、图形、图像等,它们本身并不是数据,只有通过编码变成能被计算机识别、存储和处理的符号形式后才是数据,也是数字制造系统的语法级的信息。

数据元素是数据的基本单位,在计算机程序中通常作为一个整体考虑。一个数据元素由若干个数据项组成,数据项是数据结构中讨论的最小单位。有两类数据元素:若数据元素可再分,则每一个独立的处理单元就是数据项,数据元素是数据项的集合;若数据元素不可再分,则数据元素和数据项是同一概念,如整数"5",字符"N"等。例如描述一个职工的信息的数据元素可由 6 个数据项组成,其中的出生日期又可以由三个数据项即"年""月"和"日"组成,则称"出生日期"为组合项,而其他不可分割的数据项为原子项。关键字指的是能识别一个或多个数据元素的数据项。若能起唯一识别作用,则称之为"主"关键字,否则称之为"次"关键字。数据对象是性质相同的数据元素的集合,是数据的一个子集。数据对象可以是有限的,也可以是无限的。数据处理是指对数据进行查找、插入、删除、合并、排序、统计以及简单计算等的操作过程。

4.5.1 数据结构的定义

数据结构是指同一数据元素类中各数据元素之间存在的关系。数据结构分别为逻辑结构、存储结构(物理结构)和数据的运算。数据的逻辑结构是从具体问题抽象出来的数学模型,用于描述数据元素及其关系的数学特性,有时就把逻辑结构简称为数据结构[50]。

根据数据元素间关系的不同特性,通常有下列四类基本的结构:(1) 集合结构。该结构的数据元素间的关系是"属于同一个集合"。(2)线性结构。该结构的数据元素之间存在着一对一的关系。(3)树形结构。该结构的数据元素之间存在着一对多的关系。(4)图形结构。该结构的数据元素之间存在着多对多的关系,也称网状结构。从上面所介绍的数据结构的概念中可以知道,一个数据结构有两个要素:一个是数据元素的集合,另一个是关系的集合。在形式上,数据结构通常可以采用一个二元组来表示。

数据结构的形式定义为:数据结构是一个二元组,可表示为 Data_Structure＝(D,R),其中,D 是数据元素的有限集,R 是 D 上关系的有限集。线性结构的特点是数据元素之间是一种线性关系,数据元素"一个接一个地排列"。在一个线性表中数据元素的类型是相同的,或者说线性表是由同一类型的数据元素构成的线性结构。在实际问题中线性表的例子是很多的,如职工情况信息表是一个线性表:表中数据元素的类型为职工类型;一个字符串也是一个线性表:表中数据元素的类型为字符型,等等。

线性表是最简单、最基本也是最常用的一种线性结构。线性表是具有相同数据类型的 $n(n \geqslant 0)$ 个数据元素的有限序列,通常记为: $(a_1, a_2, \cdots a_{i-1}, a_i, a_{i+1}, \cdots a_n)$,其中 n 为表长,$n=0$ 时称为空表。它有两种存储方法:顺序存储和链式存储,它的主要基本操作是插入、删除和检索等。

数据结构在计算机中的表示(映象)称为数据的物理(存储)结构。它包括数据元素的表示和关系的表示。数据元素之间的关系有两种不同的表示方法:顺序映象和非顺序映象,并由此得到两种不同的存储结构:顺序存储结构和链式存储结构。

顺序存储方法:它是把逻辑上相邻的节点存储在物理位置相邻的存储单元里,节点间的逻辑关系由存储单元的邻接关系来体现,由此得到的存储表示称为顺序存储结构。顺序存储结构是一种最基本的存储表示方法,通常借助于程序设计语言中的数组来实现。

链式存储方法:它不要求逻辑上相邻的节点在物理位置上亦相邻,节点间的逻辑关系是由附加的指针字段表示的。由此得到的存储表示称为链式存储结构,链式存储结构通常借助于程序设计语言中的指针类型来实现。

索引存储方法:除建立存储节点信息外,还建立附加的索引表来标识节点的地址。

散列存储方法:就是根据节点的关键字直接计算出该节点的存储地址。

4.5.2 数据结构的常用结构类型

1) 数据结构数组

在程序设计中,为了处理方便,把具有相同类型的若干变量按有序的形式组织起来。这些按序排列的同类数据元素的集合称为数组。在 C 语言中,数组属于构造数据类型。一个数组可以分解为多个数组元素,这些数组元素可以是基本数据类型或是构造类型。因此按数组元素的类型不同,数组又可分为数值数组、字符数组、指针数组、结构数组等各种类别。

2) 数据结构栈

数据结构栈是只能在某一端插入和删除的特殊线性表。它按照先进后出的原则存储数据,先进入的数据被压入栈底,最后的数据在栈顶,需要读数据的时候从栈顶开始弹出数据,即最后一个数据被第一个读出来。

3) 数据结构队列

它是一种特殊的线性表,它只允许在表的前端(front)进行删除操作,而在表的后端(rear)

进行插入操作。进行插入操作的端称为队尾,进行删除操作的端称为队头。队列是按照"先进先出"或"后进后出"的原则组织数据的。队列中没有元素时,称为空队列。

4) 数据结构链表

数据结构链表是一种物理存储单元上非连续、非顺序的存储结构,它既可以表示线性结构,也可以表示非线性结构,数据元素的逻辑顺序是通过链表中的指针链接次序实现的。链表由一系列节点(链表中每一个元素称为节点)组成,节点可以在运行时动态生成。每个节点包括两个部分:一个是存储数据元素的数据域,另一个是存储下一个节点地址的指针域。

5) 数据结构树

数据结构树是包含 $n(n>0)$ 个节点的有穷集合 K,且在 K 中定义了一个关系 N,N 满足以下条件:

(1) 有且仅有一个节点 K_0,它对于关系 N 来说没有前驱,称 K_0 为树的根节点,简称为根(root)。

(2) 除 K_0 外,K 中的每个节点对于关系 N 来说有且仅有一个前驱。

(3) K 中各节点,对关系 N 来说可以有 m 个后继($m \geqslant 0$)。

6) 数据结构图

图是由节点的有穷集合 V 和边的集合 E 组成。其中,为了与树形结构加以区别,在图结构中常常将节点称为顶点,边是顶点的有序偶对,若两个顶点之间存在一条边,就表示这两个顶点具有相邻关系。

7) 数据结构堆

在计算机科学中,堆是一种特殊的树形数据结构,每个节点都有一个值。通常我们所说的堆的数据结构,是指二叉堆。堆的特点是根节点的值最小(或最大),且根节点的两个子树也是一个堆。

8) 数据结构散列表

若结构中存在关键字和 K 相等的记录,则必定在 $f(K)$ 的存储位置上。由此,无须比较便可直接取得所查记录。称这个对应关系 f 为散列函数(Hash Function),按这个思想建立的表为散列表。

4.5.3 数据结构的抽象表示与算法描述

1) 数据结构的抽象表示

抽象数据类型(ADT)是指一个数学模型以及定义在该模型上的一组操作。抽象数据类型实际上就是对该数据结构的定义。因为它定义了一个数据的逻辑结构以及在此结构上的一组算法。抽象数据类型可用以下三元组表示:(D, R, P)。D 是数据对象,R 是 D 上的关系集,P 是对 D 的基本操作集。ADT 的定义为:

ADT 抽象数据类型名:{数据对象:(数据元素集合),数据关系:(数据关系二元组集合),基本操作:(操作函数的罗列)};ADT 抽象数据类型名。抽象数据类型有两个重要特性:

(1) 数据抽象:用 ADT 描述程序处理实体时,强调的是其本质的特征、其所能完成的功能以及它和外部用户的接口(即外界使用它的方法)。

(2) 数据封装:将实体的外部特性和其内部实现细节分离,并且对外部用户隐藏其内部实现细节。

ADT 和数据类型实质上是一个概念。其区别是：ADT 的范畴更广，它不再局限于系统已定义并实现的数据类型，还包括用户自己定义的数据类型。

ADT 的定义是由一个值域和定义在该值域上的一组操作组成。包括定义、表示和实现三个部分。

ADT 的最重要的特点是抽象和信息隐蔽。抽象的本质是抽取反映问题本质的东西，忽略非本质的细节，使所涉及的结构更具有一般性，可以解决一类问题。信息隐蔽就是对用户隐蔽数据存储和操作实现的细节，使用者了解抽象操作或界面服务，通过界面中的服务来访问这些数据。

ADT 常用定义格式：

ADT〈抽象数据类型名〉{

　　　　数据对象：〈数据对象的定义〉

　　　　数据关系：〈数据关系的定义〉

　　　　基本操作 ：〈基本操作的定义〉

　　}ADT〈抽象数据类型名〉

其中，数据对象和数据关系的定义用伪码描述。基本操作的定义是：

〈基本操作名〉(〈参数表〉)

初始条件：〈初始条件描述〉

操作结果：〈操作结果描述〉

示例 1　给出自然数（Natural Number）的抽象数据类型定义。

ADT Natural_Number {

objects：一个整数的有序子集合，它开始于 0，结束于机器能表示的最大整数（MAX INT）

functions：对于所有的 x，y $\in$ Natural_Number；TRUE，FALSE $\in$ Boolean；＋，－，$<$，＝＝ ，＝等都是可用的服务

Zero ( )：Natural Number	返回 0
IsZero(x)：Boolean	if (x＝＝0) 返回 TRUE else 返回 FALSE
Add(x，y)：Natural Number	if (x＋y $<$ ＝ MAX INT) 返回 x＋y else 返回 MAX INT
Subtract(x,y)：Natural Number	if (x$<$y)返回 0 else 返回 x－y
Equal(x,y)：Boolean	if (x＝＝ y)返回 TRUE else 返回 FALSE
Successor(x) ：Natural Number	if (x ＝＝ MAX INT)返回 x else 返回 x＋1

} Natural_Number

2）算法描述

算法描述是对特定问题求解方法（步骤）的一种描述，是指令的有限序列，其中，每一条指令表示一个或多个操作。算法描述具有以下五个基本特性：

（1）有穷性：一个算法必须总是在执行有穷步之后结束，且每一步都在有穷时间内完成；

（2）确定性：算法中每一条指令必须有确切的含义，不存在二义性，且算法只有一个入口和一个出口；

（3）可行性：一个算法是能行的。即算法描述的操作可以通过已经实现的基本运算执行有限次来实现。

（4）输入：一个算法可以有零个或多个输入，这些输入取自于某个特定的对象集合。

（5）输出：一个算法可以有一个或多个输出，这些输出是同输入有着某些特定关系的量。

一个算法可以有多种方法描述，主要有：使用自然语言描述；使用形式语言描述；使用计算机程序设计语言描述。算法和程序是两个不同的概念。一个计算机程序是对一个算法使用某种程序设计语言的具体实现。算法必须可终止意味着不是所有的计算机程序都是算法。评价一个好的算法有以下几个标准：

（1）正确性：算法应满足具体问题的需求。

（2）可读性：算法应容易供人阅读和交流。可读性好的算法有助于对算法的理解和修改。

（3）健壮性：算法应该具有容错性处理。当输入非法或错误数据时，算法应能适当地作出反应或进行处理，而不会产生莫名其妙的输出结果。

（4）通用性：算法应具有一般性，即算法的处理结果对于一般的集合都成立。

（5）效率与存储量需求：效率指的是算法执行的时间；存储量需求指算法执行过程中所需要的最大存储空间。一般地，这两者与问题的规模有关。

算法执行时间需要通过依据该算法编制的程序在计算机上运行所消耗的时间来度量。其方法通常有两种：事后统计和事前分析。前者指计算机内部执行时间和实际占用空间的统计。该方法必须先运行依据算法编制的程序，它依赖软硬件环境，容易掩盖算法本身的优劣，没有实际价值。后者需求出该算法的一个事件界限函数。它撇开软硬件等有关因素，可以认为一个特定算法"运行工作量"的大小只依赖于问题规模的函数。

算法时间复杂度：是指算法中基本操作重复执行的次数，是问题规模 n 的某个函数，其时间量记为 $T(n) = O(f(n))$，称作算法的渐进时间复杂度，简称时间复杂度。一般地，常用最深层循环内的语句中的原操作的执行频度（重复执行的次数）来表示。式中，O 是指 $f(n)$ 是正整数 n 的一个函数，则 $O(f(n))$ 表示 $M \geqslant 0$ 时，使得当 $n \geqslant n_0$ 时，$|f(n)| \leqslant M|f(n_0)|$。

表示时间复杂度的阶有：

$O(1)$：常量时间阶；$O(n)$：线性时间阶；$O(\log n)$：对数时间阶；$O(n\log n)$：线性对数时间阶；$O(n_k)$：$k \geqslant 2$，k 次时间阶。

示例 2 两个 n 阶方阵的乘法。

```
for(i=1, i=<=n; ++i)
    for(j=1;j=<=n;++j)
        {c[i][j]=0;
            for(k=1;k=<=n;++k)
            c[i][j]+=a[i][k]*b[k][j];}
```

由于是一个三重循环，每个循环从 1 到 n，则总次数为：$n \times n \times n = n^3$，时间复杂度为 $T(n) = O(n^3)$。

空间复杂度：是指算法编写成程序后，在计算机中运行时所需的存储空间大小的度量。记作：$S(n) = O(f(n))$，其中，n 为问题的规模或大小。

该存储空间一般包括三个方面：指令常数变量所占用的存储空间；输入数据所占用的存储空间；辅助存储空间。一般地，算法的空间复杂度指的是辅助空间。如一维数组 $a[n]$：空间复杂度为 $O(n)$；二维数组 $a[n][m]$：空间复杂度为 $O(n*m)$。

3）算法描述示例

通过运用抽象数据类型和算法的定义，可以对各类问题的数据结构的算法进行描述。

示例 3　归并两个有序的线性表 La 和 Lb 为一个新的有序线性表 Lc。

算法思想：

① 初始化：置 Lc 为空表，设置变量 i,j，初值为 1，分别指向 La 和 Lb 的第一个 DE，k 表示 Lc 的长度，初值为 0。

② 当 $i<=$ LENGTH(La) AND　$j<=$ LENGTH(Lb) 时，判断：

若 i 所指的元素 $\leqslant j$ 所指的元素，则将 i 所指的元素插入在 Lc 的 $k+1$ 前，并且 i,k 的值分别加 1；

否则，将 j 所指的元素插入在 Lc 的 $k+1$ 前，并且 j,k 的值分别加 1。

③ 重复②直到某个表的元素插入完毕。

④ 将未插入完的表的余下的元素，依次插入在 Lc 后。

Void MergeList（List La, List Lb, List & Lc）{

//La 和 Lb 中元素依值非递减有序排列，归并得到的 Lc 中的元素仍依值非递减有序排列}

```
InitList(Lc);i=j=1; k=0;        //初始化
La _len= ListLength(La);Lb _len= ListLength(Lb);
while (i<= La_len)   && (j<= Lb_len) { //均非空
    GetElem(La,i,ai); GetElem(Lb,j,bj);
    if(ai<bj)  {ListInsert(Lc, ++k,ai); ++i;}
    else {ListInsert(Lc, ++k,bj); ++j;} }
while(i<= La _len){
    GetElem(La, i++,ai);ListInsert(Lc, ++k, ai);}
while(j<= Lb _len){
    GetElem(Lb, j++,bj);ListInsert(Lc, ++k, aj);}
} //mergelist
```

算法分析：

该算法中包含了三个 while 语句，其中，第一个处理了某一张表的全部元素和另一张表的部分元素；后两个 while 循环只可能有一个执行，用来完成将未归并到 Lc 中的余下部分元素插入到 Lc 中。

"插入"是估量归并算法时间复杂度的基本操作，其语句频度为：

$$\text{ListLength(La)} + \text{ListLength(Lb)}$$

该算法的时间复杂度为：

$$O(\text{ListLength(La)} + \text{ListLength(Lb)})$$

若 La 和 Lb 的元素个数为同数量级 n，则该算法的时间复杂度为 $O(n)$。

5 数字制造信息的传输与交换方法

5.1 基于现场总线的数字制造信息的传输与交换

5.1.1 现场总线技术概述

现场总线是数字制造系统的重要信息传输与交换技术,是20世纪80年代中期在国际上发展起来的一种崭新的工业控制技术。现场总线的出现引起了传统的可编程逻辑控制器(Programmable Logic Controller,简称PLC)和分布式控制系统(Distributed Control System,简称DCS)基本结构的革命性变化,它极大地简化了传统控制系统烦琐且技术含量较低的布线工作量,使其系统检测和控制单元的分布更趋合理。更重要的是,从原来的面向设备选择控制和通信设备转变成为基于网络选择设备。尤其是20世纪90年代现场总线技术进入中国以来,结合Internet和Intranet的迅猛发展,现场总线技术越来越显示出其无可替代的优越性。现场总线技术已成为工业控制领域中的一个热点。

现场总线技术实际上是采用串行数据传输和连接方式代替传统的并联信号传输和连接方式的方法,它依次实现了控制层和现场总线设备层之间的数据传输,同时在保证传输实时性的情况下实现信息的可靠性和开放性。一般的现场总线具有以下几个特点:① 布线简单;② 开放性;③ 实时性;④ 可靠性。

由于现场总线具有以上的特点,特别是现场总线系统结构的简化,使控制系统的设计、安装、投运到正常生产运行以及检修维护,都体现出优越性。其中包括:① 节省硬件数量与投资;② 节省安装费用;③ 节省维护开销;④ 用户具有高度的系统集成主动权;⑤ 提高了系统的准确性与可靠性等优点。

典型的现场总线包括:PROFIBUS、基金会现场总线(FF)、CAN(Controller Area Network)、WorldFIP、Devicenet、INTERBUS等,上述总线的原理与应用方法已有大量文献进行阐述与探讨[51-55]。下面以PROFIBUS和CAN总线为代表,对数字制造系统中信息传输与交换的原理和方法进行介绍。

5.1.2 PROFIBUS和CAN总线介绍

1) PROFIBUS

PROFIBUS是1987年联邦德国科技部集中了13家公司的5个研究所的力量,按ISO/OSI参考模型制定的现场总线的德国国家标准,其主要支持者是德国西门子公司,并于1991年4月在DIN19245中发表,正式成为德国标准。开始只有PROFIBUS-DP和PROFIBUS-FMS,

1994 年又推出了 PROFIBUS-PA,它引用了 IEC 标准的物理层(IEC1158-2,1993 年通过),从而可以在有爆炸危险的区域(EX)内连接本质安全型通过总线馈电的现场仪表,这使得 PROFIBUS 更加完善。PROFIBUS 已于 1996 年 3 月 15 日被批准为欧洲标准(EN50170 的第 2 卷)[51]。

（1）PROFIBUS 的组成

PROFIBUS 由三个部分组成:① PROFIBUS-FMS(Field Message Specification),主要是用来解决车间级通用性通信任务,可用于大范围和复杂的通信,总线周期一般小于 100 ms。② PROFIBUS-DP(Decentralized Periphery),是一种经过优化的高速和便宜的通信总线,是专门为自动控制系统与分散的 I/O 设备级之间进行通信而设计的。总线周期一般小于 10 ms。③ PROFIBUS-PA(Process Automation),是专门为过程自动化设计的,它可使传感器和执行器接在一根共用的总线上,甚至在本质安全领域也可接上。根据 IEC61158-2 标准, PROFIBUS-PA 用双线进行总线供电和数据通信。

（2）PROFIBUS 的协议结构

PROFIBUS 协议结构根据 ISO 7498 国际标准以 OSI 作为参考模型,但省略了 3～6 层,同时又增加了服务层。

PROFIBUS-DP 使用了第一层(物理层),第二层(数据链路层)和用户接口,第三层到第七层未加以描述。这种结构确保了数据传输的快速和有效进行,直接数据链路映象(DDLM)为用户接口,易于进入第二层。用户接口规定了用户系统以及不同设备可调用的应用功能,并详细说明了各种不同 PROFIBUS-DP 设备的设备行为,还提供了传输用的 RS485 传输技术或光纤传输技术。

PROFIBUS-FMS:对第一层、第二层和第七层(应用层)均加以定义。

PROFIBUS-PA:采用了扩展的 DP 协议。另外还使用了描述现场设备行为的 PA 规约。根据 IEC61158-2 标准,这种传输技术可确保其本质的安全性并通过总线给现场设备供电。使用分段式耦合器,PROFIBUS-PA 设备能很方便地集成到 PROFIBUS-DP 网络上。 PROFIBUS-DP 和 PROFIBUS-FMS 系统使用了同样的传输技术和统一的总线访问协议,因而这两套系统可在同一根电缆上同时操作。

（3）PROFIBUS 的传输技术

PROFIBUS 提供了三种类型的传输:用于 DP 和 FMS 的 RS485 传输,用于 PA 的 IEC 61158-2 传输,以及光纤传输技术。

RS485 传输是 PROFIBUS 最常用的一种传输技术,这种技术通常称为 H2。采用屏蔽双绞铜线,共用一根导线对。线性总线结构允许站点增加或减少,而且系统的分步投入也不会影响到其他站点的操作。后增加的站点对已投入运行的站点没有任何影响,传输速率在 9.6 Kbps 和 12 Mbps 之间可选。站点数按分段进行管理,每分段 32 个站,不带中继器;带中继器可多达 127 个站。传输距离与波特率有关,其关系如表 5.1 所示。

表 5.1　波特率与传输距离的关系

波特率(Kbps)	9.6	19.2	93.75	187.5	500	1500	12000
距离/段(m)	1200	1200	1200	1000	400	200	100

IEC61158-2 传输技术是一种位同步协议,可进行无电流的连续传输,通常称为 H1。传输

速率:31.25 Kbps,为电压式。站点数设置为每段最多为 32 个,总数最多为 126 个。传输距离与通信介质有关,采用双绞线电缆时,传输距离可达 1900 m。

PROFIBUS 系统在电磁干扰很大的环境下应用时,可使用光纤导体以增加高速传输的最大距离。许多厂商提供专用总线插头,可将 RS485 信号转换成光信号和将光信号转换成 RS485 信号,这样就为 RS485 和光纤传输技术在同一系统上使用提供了一套开关控制十分简便的方法。

（4）PROFIBUS 的应用情况

PROFIBUS 是一种用于工厂自动化车间级监控和现场设备层数据通信与控制的现场总线技术,可实现现场设备层到车间级监控的分散式数字控制和现场通信网络,从而为实现工厂综合自动化和现场设备智能化提供可行的解决方案。目前应用包括加工制造自动化、过程自动化等。

2) CAN(Controller Area Network)

CAN 是由 Robert Bosch 公司为汽车制造工业而开发的,是开放的通信标准,包括 ISO/OSI 模型的第一层和第二层,由不同的制造者扩展第七层,CIA(CAN in Automation)组织发展了一个 CAN 应用层(CAL)并由此规定了器件轮廓,以联网相互可操作的以 CAN 为基础的控制器件,或使 EIA 模块相互可操作[53]。

CAN 目前已由 ISO/TC22 技术委员会批准为国际标准 ISO11898(通信速率<1 Mbps)和 ISO11519(通信速率≤125 Kbps),在现场总线中,目前是唯一被批准为国际标准的现场总线。但 IEC 下面的 TC22 是分管电力电子的技术委员会,而工业自动化的现场总线则是由 IEC 的 TC65 所分管,须经 TC65 的批准才行。

（1）CAN 的协议结构

采用 ISO/OSI 模型的第一层、第二层和第七层。在报文传输时,不同的帧具有不同的传输结构,下面将分别介绍四种传输帧的结构,只有严格按照该结构进行帧的传输,才能被节点正确接收和发送。

① 数据帧由七种不同的位域(Bit Field)组成:帧起始(Start of Frame,简称 SOF)、仲裁域(Arbitration Field)、控制域(Control Field)、数据域(Data Field)、CRC 域(CRC Field)、应答域(ACK Field)和帧结尾(End of Frame)。数据域的长度可以为 0~8 个字节。

● 帧起始(SOF):帧起始(SOF)标志着数据帧和远程帧的起始,仅由一个"显性"位组成。在 CAN 的同步规则中,当总线空闲时(处于隐性状态),才允许站点开始发送信号。所有的站点必须同步于首先开始发送报文站点的帧起始前沿,该方式称为"硬同步"。

● 仲裁域:仲裁域由标识符和 RTR 位组成,标准帧格式与扩展帧格式的仲裁域格式不同。标准格式里,仲裁域由 11 位标识符和 RTR 位组成,标识符位有 ID28~ID18。扩展帧格式里,仲裁域包括标识符(29 位)、SRR 位、IDE(Identifier Extension,标志符扩展)位、RTR 位。其标识符为 ID28~ID0。为了区别标准帧格式和扩展帧格式,CAN1.0~1.2 版本协议的保留位 r1 现表示为 IDE 位。IDE 位为显性,表示数据帧为标准格式;IDE 位为隐性,表示数据帧为扩展帧格式。在扩展帧中,替代远程请求(Substitute Remote Request,简称 SRR)位为隐性。仲裁域传输顺序为从最高位到最低位,其中最高的 7 位不能全为零。RTR 的全称为"远程发送请求(Remote Transmission Request)"。RTR 位在数据帧里必须为"显性",而在远程帧里必须为"隐性"。它是区别数据帧和远程帧的标志。

● 控制域:由 6 位组成,包括 2 个保留位(r0、r1 同于 CAN 总线协议扩展)及 4 位数据长度码,允许的数据长度值为 0~8 字节。

● 数据域:发送缓冲区中的数据按照长度代码指示长度发送。对于接收的数据,同样如此。它可为 0~8 字节,每个字节包含 8 位,首先发送的是 MSB(最高位)。

● CRC 校验码域:它由 CRC 域(15 位)及 CRC 边界符(一个隐性位)组成。CRC 计算中,被除的多项式包括帧的起始域、仲裁域、控制域、数据域及 15 位为 0 的解除填充的位流给定。此多项式被下列多项式 $X15+X14+X10+X8+X7+X4+X3+1$ 除(系数按模 2 计算),相除的余数即为发至总线的 CRC 序列。发送时,CRC 序列的最高有效位被首先发送/接收。之所以选用这种帧校验方式,是由于这种 CRC 校验码对于少于 127 位的帧是最佳的。

● 应答域:由发送方发出的两个(应答间隙及应答界定)隐性位组成,所有接收到正确的 CRC 序列的节点将在发送节点的应答间隙上将发送的这一隐性位改写为显性位。因此,发送节点将一直监视总线信号并确认网络中至少一个节点正确地接收到所发信息。应答界定符是应答域中第二个隐性位,由此可见,应答间隙两边有两个隐性位:CRC 域和应答界定位。

● 帧结束域:每一个数据帧或远程帧均由一串七个隐性位的帧结束域结尾。这样,接收节点可以正确检测到一个帧的传输结束。

② 错误帧由两个不同的域组成:第一个域是来自控制器的错误标志;第二个域为错误分界符。

● 错误标志:有两种形式的错误标志。

a. 激活(Active)错误标志。它由 6 个连续显性位组成。

b. 认可(Passive)错误标志。它由 6 个连续隐性位组成。

● 错误界定:错误界定符由 8 个隐性位组成。传送了错误标志以后,每一站就发送一个隐性位,并一直监视总线直到检测出 1 个隐性位为止,然后就开始发送其余 7 个隐性位。

③ 远程帧也有标准格式和扩展格式,而且都由 6 个不同的位域组成:帧起始、仲裁域、控制域、CRC 域、应答域、帧结尾。与数据帧相比,远程帧的 RTR 位为隐性,没有数据域,数据长度编码域可以是 0~8 个字节的任何值,这个值是远程帧请求发送的数据帧的数据域长度。当具有相同仲裁域的数据帧和远程帧同时发送时,由于数据帧的 RTR 位为显性,所以数据帧获得优先。发送远程帧的节点可以直接接收数据。

④ 过载帧由两个区域组成:过载标识域及过载界定符域。下述三种状态将导致过载帧发送:

● 接收方在接收一帧之前需要过多的时间处理当前的数据(接收尚未准备好);

● 在帧空隙域检测到显性位信号;

● 如果 CAN 节点在错误界定符或过载界定符的第 8 位采样到一个显性位节点就会发送一个过载帧。

(2) CAN 的特点

① 废除了传统的站地址编码而代之以对通信数据块进行编码。

② 采用双绞线,通信速率高达 1 Mbps/40 m,直接传输距离最远可达 10 km/5 Kbps。可挂设备最多可达 110 个。

③ 信号传输采用短帧结构,每一帧有效字节数为 8 个,因而传输时间短,受干扰的概率低。当节点严重错误时,具有自动关闭的功能,以切断该节点与总线的联系,使总线上的其他节点及其通信不受影响,具有较强的抗干扰能力。

④ CAN 支持多主站方式,网络上任何节点均可在任何时刻主动向其他节点发送信息,支持点对点、一点对多点和全局广播方式接收/发送数据。CAN 采用总线仲裁技术,当出现几个节点同时在网络上传输信息时,优先级高的节点继续发送数据,而优先级低的节点则主动停止发送,从而避免总线冲突。

⑤ CAN 不能用于防爆区。

(3) CAN 的应用情况

CAN 目前主要用于汽车、公共交通车辆、机器人、液压系统及分散型 I/O 五大行业。此外,Allen-Bradley 以及 Honeywell、Micro Switch 在 CAN 基础上发展了特殊的应用层,组成了 AB 公司的 Devicenet 和 Honey Well 公司的 SDS(智能分散系统)现场总线。由于 CAN 的帧短,速度快,可靠性强,比较适合用于开关量控制的场合,故 CAN 的销量在增加。

5.2　基于无线自组网的数字制造信息的传输与交换

由于有线通信方式对应用范围的限制,人们发明了无线移动通信。近几年,无线网络在支持移动性方面的发展非常迅速,得到了大量深入的研究[56-57]。但一般来说,移动无线通信网络通常以蜂窝移动通信网络或无线局域网方式出现,使移动网络仍然需要以通信基站或接入点为基础。在蜂窝移动通信网络中,移动终端和固定基站互相通信,移动终端不具备路由功能,移动交换机负责路由和交换功能,同时充当网关,通过有线方式接入固定网。在无线局域网中,配备有无线局域网网卡的移动节点通过无线接入访问点连接到现有的固定网络。无线网桥可以连接两个距离较远并且不方便进行网络布线的局域网,无线局域网设备通常是工作在数据链路层和物理层,完成桥接和信号中继的功能,对网络层是透明的,在网络层协议看来,无线局域网是一个单跳网络。

"自组网"最初是应用于军事领域的,它的研究起源于 TCP/IP 协议族,是 20 世纪 70 年代美国国防部高级研究计划局(Defense Advanced Research Project Agency,简称 DARPA)资助研究的、在战场环境下采用分组无线网(Packet Radio Net,简称 PRNET)进行数据通信的项目中产生的一种新型的网络构架技术。其后,又由 DARPA 资助,于 1983 年和 1994 年进行了具有抗毁性的自适应网络(Survivable Adaptive Network,简称 SURAN)和全球移动信息系统(Global Mobile Information Systems,简称 GloMo)项目的研究。ad hoc 技术就是吸取了 PR-NET、SURAN 以及 GloMo 等项目的组网思想,从而产生的一种新型的网络构架技术。目前 ad hoc 网络继承和发扬了 DARPA 资助无线分组数据网的思想,特别是 PRNET。PRNET 强调的是在一个广阔的区域实现多跳的无线通信,基于这种多跳的无线信道特点,PRNET 面临着诸如介质接入、寻址、路由、网络初始化和控制等难题。但 PRNET 所倡导的系统自组织(self-organizing)特性使得 PRNET 网络系统组建灵活,网络的抗破坏性强。

由于无线移动通信和移动终端技术的高速发展,自组网不但在军事领域中得到了充分发展,而且也为民用移动通信服务奠定了技术基础。此外,在某些特殊工作环境下,比如所在的工作场地没有可利用的设备,或者由于某种因素的限制(如费用、安全及政策等)不能使用已建好的网络通信基础设施,但用户之间的信息交流和协同工作又是必需的,这时利用自组网就能提供可立即部署使用的途径,满足用户对移动数据通信的需求。因此,自组网在民用环境下也开始得到重视。

5.2.1 无线自组网的基本概念

无线自组网是一种无基础设施的移动网络,即 ad hoc Network,也被称为多跳无线网(Multi hop Wireless Network)。无线自组网由一组带有无线通信收发装置的移动终端节点组成,是一个多跳的临时性无中心网络,可以在任何时刻、任何地点快速构建起一个移动通信网络,并且不需要现有信息基础网络设施的支持,网中的每个终端可以自由移动,地位相等。

ad hoc 网络是一种移动通信和计算机网络相结合的网络,是移动计算机通信网络的一种类型,后者是指用户终端可以在网内随意移动的计算机网络,所以 ad hoc 网络是移动通信和计算机网络的交叉。一方面,网络的信息交换采用了计算机网络中的分组交换机制,而不是电话交换网中的电路交换机制;另一方面,用户终端是可以移动的便携式终端,如笔记本计算机、PDA、掌上型计算机、车载机等,并配置有相应的无线收发设备,并且用户可以随意移动或处于静止状态。在自组网中每个用户终端不仅能移动,而且都兼有路由器和主机两种功能。一方面,作为主机,终端需要运行各种面向用户的应用程序,比如编辑器、浏览器等;另一方面,作为路由器,终端需要运行相应的路由协议,根据路由策略和路由表完成数据的分组转发和路由维护工作。在部分通信网络遭到破坏后,这种分布式控制和无中心的网络要确保重要的通信指挥畅通,因而具有很强的鲁棒性和抗毁性。

作为一种无中心分布控制网络(Infrastructureless Network),自组网是一种自治的无线多跳网,整个网络没有固定的基础设施,可以在不能利用或不便利用现有网络基础设施的情况下,提供一种通信支撑环境,拓宽了移动网络的应用场合。自组网中也没有固定的路由器,所有节点都是移动的,并且都能以任意方式动态地保持与其他节点的联系。在这种环境中,由于终端的无线覆盖范围的有限性,两个无法直接进行通信的用户终端可以借助于其他节点进行分组转发。每个节点都可以是一个路由器,它们要能完成发现和维持到其他节点路由的功能。典型例子有交互式的讲演、可以共享信息的商业会议、战场上的信息中继以及紧急通信需要等。ad hoc 网络中的信息流采用分组数据格式,传输采用包交换机制,基于 TCP/IP 协议族。若干个移动终端组成一个独立的网络,与固定的互联网并行,需要时也可与固定的互联网互联;根据底层采用的无线通信技术而有所不同,快的可在数秒钟内完成,慢的也可在几个小时内完成,有效通信距离通常在 30～50 km 范围内。

5.2.2 无线自组网的特点

1) 动态变化的网络拓扑结构

网络的拓扑结构是指从网络层角度来看的物理网络的逻辑视图。在自组网中,由于用户终端的随机移动、节点的随时开机和关机、无线发信装置发送功率的变化、无线信道间的互相干扰以及地形等综合因素的影响,移动终端间通过无线信道形成的网络拓扑结构随时可能发生变化,而且变化的方式和速度都是不可预测的,具体的体现就是拓扑结构中代表移动终端的顶点的增加或消失、代表无线信道的有向边的增加和消失、网络拓扑结构的分割和合并等。

在高动态的网络中,管理路由的任何方案都需要灵活地适应网络的 3 个不断变化而且难以预测的基本特征:网络中移动节点的总体密度、节点到节点的拓扑以及网络的使用模式。系统的目标必须是即使规则变化了也能够提供最优化的服务。为了处理网络的动态性问题,可以采用三种方式:非集中式管理、多跳路由和移动软件代理。

对于常规网络而言,网络拓扑结构通常表现得较为稳定,不会出现大的网络拓扑结构变化。而 ad hoc 网络在工作过程中,可能会形成若干分群,潜在的频繁网络分群会对网络的连接性造成影响。常规路由协议是为有线固定网络设计的,通常没有考虑动态变化的网络拓扑结构,产生的后果就是在自组网环境中,当网络拓扑结构变化后,常规路由协议需要花费很长的时间才能达到收敛状态,而此时拓扑结构可能在达到收敛状态之前又发生了变化。因此,如果在自组网中直接运行常规的有线路由协议,当拓扑结构发生变化后,协议需要花费很长的时间和很大的代价才能达到收敛状态,有些情况下甚至无法收敛。可能造成这样的一种情况:自组网主机在花费了很大的代价(如网络带宽、能源和 CPU 资源等)之后,得到了网络的临时拓扑结构,而由于动态变化的拓扑结构导致这个结果中的大部分内容变得陈旧,协议状态始终处于不收敛状态。

2)无中心网络的自组性

自组网没有严格的控制中心,所有的节点地位平等,是一个对等式网络。节点可以随时加入和离开网络,任何节点的故障不会影响整个网络的运行,具有很强的抗毁性。

自组网相对于常规通信网络而言,最大的区别就是可以在任何时间、任何地点不依赖现有信息基础网络设施(包括有线和无线网络)的支持,节点通过分层协议和分布式算法协调各自的行为,节点开机后就可以快速实现一个移动通信网络的自主构建、自主组织和自主管理。这也是个人通信的一种体现形式。

3)多跳组网方式

如图 5.1 所示,当自组网中的节点要与其覆盖范围之外的节点进行通信时,需要通过中间节点的多跳转发,所以自组网是一个多跳的移动计算机网络,多跳是研究自组网路由协议的前提。与固定网络的多跳路由不同,自组网中的多跳路由由普通的网络节点完成,而不是由专用的路由设备完成。

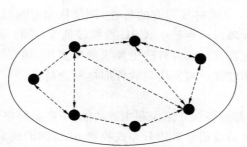

图 5.1　ad hoc 的多跳组网方式

不通过某些技术手段来扩大每个节点的通信范围,从而将多跳网络简化为一跳网络的主要原因有:其一,扩大通信覆盖范围,主要是通过加大发射功率、加高天线的高度等手段。这种方式对于许多移动终端而言,在功耗、电磁屏蔽、便携性、灵活性和设计成本等方面都是巨大的挑战。在多跳的情况下,由于收端和发端的节点都可以使用比两者直接通信小得多的功率进行通信,因此大大节约了电池能量的消耗。即使从全局的角度看,多跳传输情况下收发两端节点的能量消耗加上从中间转发节点"借"来的能量,其对电池能量的利用还是比直接通信情况下的效率高。其二,当所有的终端都同处于一个通信覆盖域中,共享的无线信道将变得更加拥挤,信号碰撞的概率将加大,信道的有效利用率将急剧下降。在自组网环境中,可以通过中间节点参与分组转发,从而有效地降低对无线传输设备的设计难度和成本,同时也扩大了自组网的覆盖范围。当然,自组网中并不是没有大功率的无线传输设备。多跳路由使通信对带宽的占用在地理区域上本地化了,可带来对整个系统的重要资源——通信带宽在空间上使用效率的提高,但是,它是以延长占用带宽的时间为代价的,因为多跳路由在距离上是直接通信情况下的若干倍。

在 ad hoc 网络中,节点的覆盖范围有限,一方面,较短的传输距离使路由的更新跟不上移动所带来的拓扑结构的变化,但是另一方面,过多的中继又可能使路由变得很脆弱。因此,需要对网络的拓扑进行控制,选取适合应用环境的节点发射功率。

4)有限的无线传输带宽

由于自组网采用无线传输技术作为底层通信手段,无线信道本身的物理特性决定了它所能提供的网络带宽比有线信道的要低得多,再加上竞争共享无线信道产生的碰撞、信号衰减、噪声干扰及信道间干扰等多种因素,因此移动终端可得到的实际带宽远远小于理论上的最大带宽值。

5)移动终端的自主性和局限性

自组网中的移动终端具有自主性,不同于通常的移动计算机网络中的移动终端。在计算机网络中,主机和路由器是两个完全不同的物理设备,承担了不同的功能角色。主机主要是运行面向用户的应用程序,提供用户使用网络的人机接口。路由器作为网络互联设备,运行相应的路由协议,进行分组转发和路由维护工作。在自组网中,移动终端需要同时承担这两个角色,这将意味着参与自组网的移动终端之间存在某种协同工作的关系,这种关系使得每个终端都将承担为其他终端进行分组转发的义务。

通常的移动计算机网络中的移动终端主要承担主机的角色,有关信息交换的智能性主要体现在移动路由器。与台式机相比,自组网中的移动终端(如笔记本电脑、手持终端等)具有灵巧、轻便、移动性好等优点,但同时其固有的特性,例如依靠电池这样的可耗尽能源提供电源(车载终端的电源比较有保障)、内存较小、CPU 性能较低等,给自组网环境下的应用程序设计开发带来一定的难度,因此在设计软件算法上要求简单实用,如程序代码要求短小精悍,需要考虑如何节省电源等,而不能像一般路由器软件那样复杂精巧。

6)分布式控制网络

自组网中的用户终端都兼备独立路由和主机功能,不需要网络中心控制点,用户终端之间的地位是平等的,网络路由协议通常采用分布式控制方式,因而比采用集中式控制的网络具有更强的鲁棒性和抗毁性。在常规通信网络中,存在基站、网控中心或路由器这样一类的集中控制设备,用户终端与它们所处的地位是不平等的。

7)安全性差的网络

自组网是一种特殊的无线移动网络,由于采用无线信道、有限电源、分布式控制等技术和方式,所以更加容易受到被动窃听、主动入侵、拒绝服务、剥夺“睡眠”(终端无法进入睡眠模式)、伪造等各种网络攻击,即无线链路使 ad hoc 网络容易受到链路层的攻击,包括被动窃听和主动假冒、信息重放和信息破坏;节点在敌意环境(如战场)漫游时缺乏物理保护,使网络容易受到已经泄密的内部节点(而不仅仅是外部节点)的攻击;网络的拓扑和成员经常改变,节点间的信任关系经常变化,与移动 IP 相比,ad hoc 网络没有值得信任的第三方证书的帮助;网络中包含成百上千个节点,需要采用具有扩展性的安全机制。

5.2.3 无线自组网的分类

根据节点是否移动,可以将无线 ad hoc 网络分为传感器网络和移动 ad hoc 网络。

1) 传感器网络

在传感器网络中,各个无线节点静态地随机分布在某一区域。传感器负责收集区域内的声音、电磁或地震信号等多种信息,将它们发送到网关节点。网关具有更大的处理能力,能够进一步处理信息;或有更大的发送范围,可以将信息送往某个大型网络,使远程用户能够检索到该信息。

一个传感器节点由 4 个基本部分组成,即感应单元、处理单元、收/发单元和电源。此外,还可能包括与应用相关的其他部分,比如定位系统、动力系统等。其中处理单元通常带有一个小型存储器,它的主要功能是与其他传感器节点协作,执行指派的感知任务以及管理内部程序。

传感器网络(接收器和传感器节点)的协议栈主要由物理层、数据链路层、网络层、传输层、应用层、电源管理协议、移动管理协议、任务管理协议组成。物理层采用简单可靠的收发调制技术;网络层进行网络的自组织和数据的路由转发;传输层根据传感器网络的需要进行数据流维护;应用层则根据感知任务建立不同类型的应用软件。

另外,电源管理协议管理传感器节点如何使用它的能量;移动管理协议检测、记录传感器节点的移动,从而可以维护路由,同时传感器节点可以感知相邻的传感器节点,有效均衡它们的能量和任务;任务管理协议可以均衡和规划一个特定区域传感器节点的感知任务,比如,一些传感器节点根据它们的电源能量完成比其他传感器节点更多的任务,这样传感器节点能够用一种能量高效使用的方式进行任务分发、协同工作,共享它们之间的资源。因此,电源、移动和任务管理协议能够使传感器节点协同执行感知任务,并降低网络的能耗。

传感器网络与移动 ad hoc 网络的主要区别在于:传感器网络中的传感器节点数量多,传感器的节点分布稠密,传感器的网络拓扑经常变化,传感器节点通信主要采用广播或组播两种方式,传感器节点的能量、极端能力和存储空间有限,传感器节点的标识不规范。

2) 移动 ad hoc 网络

在移动 ad hoc 网络中,各个节点都是可以自由移动的。网络中所有节点的地位平等,无须设置任何的中心控制节点。网络中的节点不仅具有普通移动终端所需的功能,而且具有报文转发能力。

ad hoc 网络的前身是分组无线网(Packet Radio Network)。对分组无线网的研究源于军事通信的需要,并已经持续了近 20 年。早在 1972 年,美国 DARPA(Defense Advanced Research Project Agency)就启动了分组无线网(Packet Radio Network,简称 PRNET)项目,研究分组无线网在战场环境下数据通信中的应用。项目完成之后,DARPA 又在 1993 年启动了高残存性自适应网络(Survivable Adaptive Network,简称 SURAN)项目。研究如何将 PR-NET 的成果加以扩展,以支持更大规模的网络,还要开发能够适应战场快速变化环境下的自适应网络协议。1994 年,DARPA 又启动了全球移动信息系统(Global Mobile Information Systems,简称 GloMo)项目。在分组无线网已有成果的基础上对能够满足军事应用需要的、可快速展开、高抗毁性的移动信息系统进行全面深入的研究,并一直持续至今。1991 年成立的 IEEE 802.11 标准委员会采用了"ad hoc 网络"一词来描述这种特殊的对等式无线移动网络。

在 ad hoc 网络中,节点具有报文转发能力,节点间的通信可能要经过多个中间节点的转发,即经过多跳(MultHop),这是 ad hoc 网络与其他移动网络最根本的区别。节点通过分层的网络协议和分布式算法相互协调,实现了网络的自动组织和运行。因此,它也被称为多跳无线网(MultiHop Wireless Network)、自组织网络(Self Organized Network)或无固定设施的网络(Infrastructureless Network)。

5.3 基于 TCP/IP 的数字制造信息的传输与交换

TCP/IP(Transmission Control Protocol/Internet Protocol),中译名为传输控制协议/因特网互联协议,又名网络通信协议,是 Internet 最基本的协议,是 Internet 国际互联网络的基础,由网络层的 IP 协议和传输层的 TCP 协议组成。TCP/IP 定义了电子设备如何连入 Internet,以及数据如何在它们之间传输的标准。协议采用了四层的层级结构,每一层都呼叫它的下一层所提供的协议来完成自己的需求。通俗而言:TCP 负责发现传输的问题,一有问题就发出信号,要求重新传输,直到所有数据安全正确地传输到目的地,而 IP 是给 Internet 的每一台联网设备规定一个地址。

5.3.1 TCP/IP 协议族的体系结构

图 5.2 给出了 OSI 七层模型与 TCP/IP 协议族之间的对应关系,它的右边是 TCP/IP 的体系结构,左边是 OSI 七层模型[58]。

传统的开放式系统互联参考模型,是一种通信协议的七层抽象的参考模型,其中每一层执行某一特定任务。该模型的目的是使各种硬件在相同的层次上相互通信。这七层是:物理层、数据链路层、网络层、传输层、会话层、表示层和应用层。而 TCP/IP 通信协议采用了四层的层级结构,这些协议从高到低分四层,分别规定了满足网络用户需求的应用层协议、信息传输层协议、网络互联层协议以及面向物理链路的网络接口层协议,它的每一层都呼叫下一层所提供的网络来完成自己的需求。可见 TCP/IP 协议并不完全符合 OSI 的七层参考模型,还可以看出 TCP/IP 不是一个单独的协议,而是由多个协议组成的协议族。

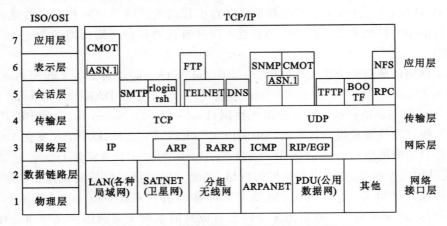

图 5.2 TCP/IP 体系结构与 OSI 体系结构对比图

1) 网络接口层

网络接口层把数据链路层和物理层放在一起,对应 TCP/IP 概念模型的网络接口。对应的网络协议主要是:Ethernet、FDDI 和能传输 IP 数据包的任何协议。

2) 网络层

网络层对应图 5.2 中 TCP/IP 概念模型的网际层,网络层协议管理离散的计算机间的数据传输,如 IP 协议为用户和远程计算机提供了信息包的传输方法,确保信息包能正确地到达目的机器。这一过程中,IP 和其他网络层的协议共同用于数据传输,如果不使用一些监视系统进程的工具,用户将不能看到在系统里的 IP。网络嗅探器 Sniffers 是能看到这些过程的一个装置,它可以是软件,也可以是硬件,它能读取通过网络发送的每一个包,即能读取发生在网络层协议的任何活动,因此网络嗅探器 Sniffers 会对安全造成威胁。重要的网络层协议包括 ARP(地址解析协议)、ICMP(Internet 控制消息协议)和 IP 协议(网际协议)等。

3) 传输层

传输层对应 TCP/IP 概念模型的传输层。传输层提供应用程序间的通信。其功能包括:格式化信息流;提供可靠传输。为实现后者,传输层协议规定接收端必须发回确认信息,如果分组丢失,必须重新发送。传输层包括 TCP(Transmission Control Protocol,传输控制协议)和 UDP(User Datagram Protocol,用户数据报协议),它们是传输层中最主要的协议。TCP 建立在 IP 之上,定义了网络上程序到程序的数据传输格式和规则,提供了 IP 数据包的传输确认、丢失数据包的重新请求、将收到的数据包按照它们的发送次序重新装配的机制。TCP 协议是面向连接的协议,类似于打电话,在开始传输数据之前,必须先建立明确的连接。UDP 也建立在 IP 之上,但它是一种无连接协议,两台计算机之间的传输类似于传递邮件:消息从一台计算机发送到另一台计算机,两者之间没有明确的连接。UDP 不保证数据的传输,也不提供重新排列次序或重新请求的功能,所以说它是不可靠的。虽然 UDP 的不可靠性限制了它的应用场合,但它比 TCP 具有更好的传输效率。

4) 应用层

应用层、表示层和会话层对应图 5.2 TCP/IP 概念模型中的应用层。应用层位于协议栈的顶端,它的主要任务是应用。一般是可见的,如利用文件传输协议(FTP)传输一个文件,请求一个和目标计算机的连接,在传输文件的过程中,用户和远程计算机交换的一部分是能看到的。常见的应用层协议有:HTTP,FTP,Telnet,SMTP 和 Gopher 等。应用层是网络设定最关键的一层。服务器的配置文档主要针对应用层中的协议。

5.3.2　TCP/IP 协议族的主要协议

当应用程序用 TCP 传送数据时,数据被送入协议栈中,然后逐个通过每一层直到被当作一串比特流送入网络。其中每一层对收到的数据都要增加一些首部信息(有时还要增加尾部信息),TCP 传给 IP 的数据单元称作 TCP 消息段或简称为 TCP 段(TCP Segment)。IP 传给网络接口层的数据单元称作 IP 数据报(IP Datagram)。通过以太网传输的比特流称作帧(Frame)。数据进入协议栈时的封装过程如图 5.3 所示。

封装过程中主要协议的含义如下:

(1) IP

网际协议 IP 是 TCP/IP 的心脏,也是网络层中最重要的协议。IP 层接收由更低层(网络

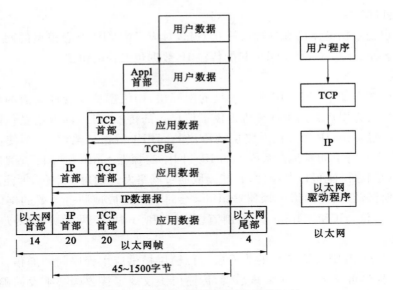

图 5.3 数据进入协议栈时的封装过程

接口层例如以太网设备驱动程序)发来的数据包,并把该数据包发送到更高层——TCP 或
UDP 层;相反,IP 层也把从 TCP 或 UDP 层接收来的数据包传送到更低层。IP 数据包是不可
靠的,因为 IP 并没有做任何事情来确认数据包是按顺序发送的或者没有被破坏。IP 数据包
中含有发送它的主机的地址(源地址)和接收它的主机的地址(目的地址)。高层的 TCP 和
UDP 服务在接收数据包时,通常假设包中的源地址是有效的。也可以这样说,IP 地址形成了
许多服务的认证基础,这些服务相信数据包是从一个有效的主机发送来的。IP 确认包含一个
选项,叫作 IP source routing,可以用来指定一条源地址和目的地址之间的直接路径。对于一
些 TCP 和 UDP 的服务来说,使用了该选项的 IP 数据包好像是从路径上的最后一个系统传递
过来的,而不是来自于它的真实地点。这个选项是为了测试而存在的,说明了它可以被用来欺
骗系统来进行平常被禁止的连接。那么,许多依靠 IP 源地址进行确认的服务将产生问题并且
会被非法入侵。

(2) TCP

如果 IP 数据包中有已经封好的 TCP 数据包,那么 IP 将把它们向"上"传送到 TCP 层。
TCP 将包排序并进行错误检查,同时实现虚电路间的连接。TCP 数据包中包括序号和确认,
所以未按照顺序收到的包可以被排序,而损坏的包可以被重传。TCP 将它的信息送到更高层
的应用程序,例如 Telnet 的服务程序和客户程序。应用程序轮流将信息送回 TCP 层,TCP 层
便将它们向下传送到 IP 层、设备驱动程序和物理介质,最后到接收方。面向连接的服务,例如
Telnet、FTP、rlogin、X Windows 和 SMTP 等,需要高度的可靠性,所以它们使用了 TCP。
DNS 在某些情况下使用 TCP(发送和接收域名数据库),但使用 UDP 传送有关单个主机的
信息。

(3) UDP

UDP 与 TCP 位于同一层,但它不管数据包的顺序、错误或重发。因此,UDP 不被应用于
那些使用虚电路的面向连接的服务,UDP 主要用于那些面向查询-应答的服务,例如 NFS。
相对于 FTP 或 Telnet,这些服务需要交换的信息量较小。使用 UDP 的服务包括 NTP(网络

时间协议)和 DNS(DNS 也使用 TCP)。欺骗 UDP 包比欺骗 TCP 包更容易,因为 UDP 没有建立初始化连接(也可以称为"握手",因为在两个系统间没有虚电路),也就是说,与 UDP 相关的服务面临着更大的危险。

(4) ICMP

ICMP 与 IP 位于同一层,它被用来传送 IP 的控制信息。它主要是用来提供有关通向目的地址的路径信息。ICMP 的"Redirect"信息通知主机通向其他系统的更准确的路径,而"Unreachable"信息则指出路径有问题。另外,如果路径不可用了,ICMP 可以使 TCP 连接"体面地"终止。PING 是最常用的基于 ICMP 的服务。

(5) TCP 和 UDP 的端口结构

TCP 和 UDP 服务通常有一个客户/服务器的关系,例如,一个 Telnet 服务进程开始在系统上处于空闲状态,等待着连接。用户使用 Telnet 客户程序与服务进程建立一个连接。客户程序向服务进程写入信息,服务进程读出信息并发出响应,客户程序读出响应并向用户报告。因而,这个连接是双工的,可以用来进行读写。

两个系统间的多重 Telnet 连接相互确认并协调一致,是通过 TCP 或 UDP 连接唯一地使用每个信息中的如下四项来进行的确认:源 IP 地址发送包的 IP 地址;目的 IP 地址接收包的 IP 地址;源端口(源系统上的连接端口);目的端口(目的系统上的连接端口)。

端口是一个软件结构,被客户程序或服务进程用来发送和接收信息。一个端口对应一个 16 bit 的数。服务进程通常使用一个固定的端口,例如,SMTP 使用 25、X Windows 使用 6000。这些端口号广为人知,因为在建立与特定的主机或服务的连接时,需要这些地址和目的地址进行通信。

5.3.3　IP 地址及其分类

众所周知,Internet 是由几千万台计算机互相连接而成的。而我们要确认网络上的每一台计算机,靠的就是能唯一标识该计算机的网络地址,这个地址就叫作 IP(Internet Protocol 的简写)地址,即用 Internet 协议语言表示的地址。

IP 地址是一个 32 位的二进制地址,为了便于记忆,将它们分为 4 组,每组 8 位,由小数点分开,用四个字节来表示,而且,用点分开的每个字节的数值范围是 0~255,如 202.116.0.1,这种书写方法叫作点数表示法。IP 地址可确认网络中的任何一个网络和计算机,而要识别其他网络或其中的计算机,则是根据这些 IP 地址的分类来确定的。IP 地址总共分为 A~E 五类。

A 类地址的表示范围为:1.0.0.1~126.255.255.255,默认网络屏蔽为 255.0.0.0,A 类地址分配给规模特别大的网络使用。A 类网络用第一组数字表示网络本身的地址,后面三组数字作为连接于网络上的主机的地址。分配给具有大量主机(直接个人用户)而局域网络个数较少的大型网络,例如 IBM 公司的网络。127.0.0.0 到 127.255.255.255 是保留地址,用作循环测试用的。0.0.0.0 到 0.255.255.255 也是保留地址,用作表示所有的 IP 地址。一个 A 类 IP 地址由 1 个字节(每个字节是 8 位)的网络地址和 3 个字节的主机地址组成,网络地址的最高位必须是"0",即第一段数字范围为 1~127。每个 A 类地址理论上可连接 16777214(256 * 256 * 256-2)台主机(-2 是因为主机中要用去一个网络号和一个广播号),Internet 有 126 个可用的 A 类地址。A 类地址适用于有大量主机的大型网络。

B 类地址的表示范围为:128.0.0.1~191.255.255.255,默认网络屏蔽为:255.255.0.0,B

类地址分配给一般的中型网络。B 类网络用第一、二组数字表示网络的地址,后面两组数字代表网络上的主机地址。169.254.0.0 到 169.254.255.255 是保留地址。如果 IP 地址是自动获取,而在网络上又没有找到可用的 DHCP 服务器时,将会从 169.254.0.0 到 169.254.255.255 中临时获得一个 IP 地址。一个 B 类 IP 地址由 2 个字节的网络地址和 2 个字节的主机地址组成,网络地址的最高位必须是"10",即第一段数字范围为 $128\sim191$。每个 B 类地址可连接 $65534(2^{16}-2$,因为主机号的各位不能同时为 0、1)台主机,Internet 有 $16383(2^{14}-1)$个 B 类地址(因为 B 类网络地址 128.0.0.0 是不指派的,而可以指派的最小地址为 128.1.0.0)。

C 类地址的表示范围为:$192.0.0.1\sim223.255.255.255$,默认网络屏蔽为 255.255.255.0,C 类地址分配给小型网络,如一般的局域网,可连接的主机数量最少,采用把所属的用户分为若干的网段进行管理。C 类网络用前三组数字表示网络的地址,最后一组数字作为网络上的主机地址。一个 C 类地址是由 3 个字节的网络地址和 1 个字节的主机地址组成,网络地址的最高位必须是"110",即第一段数字范围为 $192\sim223$。每个 C 类地址可连接 254 台主机,Internet 有 2097152 个 C 类地址段(32 * 256 * 256),有 532676608 个地址(32 * 256 * 256 * 254)。RFC1918 留出了 3 块 IP 地址空间(1 个 A 类地址段,16 个 B 类地址段,256 个 C 类地址段)作为私有的内部使用的地址。在这个范围内的 IP 地址不能被路由到 Internet 骨干网上;Internet 路由器将丢弃该私有地址。

D 类地址不分网络地址和主机地址,它的第 1 个字节的前四位固定为 1110。D 类地址范围为:224.0.0.1 到 239.255.255.254。D 类地址用于多点播送,被称为广播地址,供特殊协议向选定的节点发送信息时使用。

E 类地址保留给将来使用。

另外,还有几类特殊的 IP 地址:

(1) 广播地址。目的端为给定网络上的所有主机,一般主机段全为 1。

(2) 单播地址。目的端为指定网络上的单个主机地址。

(3) 组播地址。目的端为同一组内的所有主机地址。

(4) 环回地址。地址为 127.0.0.1,在环回测试和广播测试时会使用。

5.3.4 TCP 的通信过程

TCP 通信过程包括三个步骤:建立 TCP 连接通道,传输数据,断开 TCP 连接通道。如图 5.4所示,给出了 TCP 通信过程的示意图。

图 5.4 主要包括三部分:建立连接、传输数据、断开连接。建立 TCP 连接很简单,通过三次握手便可建立连接;建立好连接后,开始传输数据;TCP 数据传输牵涉到的概念很多:超时重传、快速重传、流量控制、拥塞控制等;断开连接的过程也很简单,通过四次握手完成断开连接的过程。

1) 三次握手建立连接

第一次握手:客户端发送 SYN 包(seq=x)到服务器,并进入 SYN_SENT 状态,等待服务器确认;

第二次握手:服务器收到 SYN 包,必须确认客户的 SYN(ACK=x+1),同时自己也发送一个 SYN 包(seq=y),即 SYN+ACK 包,此时服务器进入 SYN_RCVD 状态;

第三次握手:客户端收到服务器的 SYN+ACK 包,向服务器发送确认包 ACK(ACK=

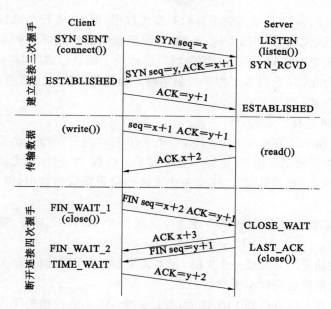

图 5.4　TCP 三次握手四次挥手示意图

y+1),此包发送完毕,客户端和服务器进入 ESTABLISHED 状态,完成三次握手。

握手过程中传送的包里不包含数据,三次握手完毕后,客户端与服务器才正式开始传送数据。理想状态下,TCP 连接一旦建立,在通信双方中的任何一方主动关闭连接之前,TCP 连接都将被一直保持下去。

2)传输数据过程

(1)超时重传

超时重传机制用来保证 TCP 传输的可靠性。每次发送数据包时,发送的数据包都有 seq 号,接收端收到数据后,会回复 ACK 进行确认,表示某一 seq 号数据已经收到。发送方在发送了某个 seq 包后,等待一段时间,如果没有收到对应的 ACK 回复,就会认为报文丢失,会重传这个数据包。

(2)快速重传

接收数据一方发现有数据包丢失了,就会发送 ACK 报文告诉发送端重传丢失的报文。如果发送端连续收到标号相同的 ACK 包,则会触发客户端的快速重传。比较超时重传和快速重传,可以发现超时重传是发送端在等待超时,然后触发重传;而快速重传则是接收端主动告诉发送端数据没收到,然后触发发送端重传。

(3)流量控制

这里主要说明 TCP 滑动窗流量控制。TCP 头里有一个字段叫 Window,又叫 Advertised Window,这个字段是接收端告诉发送端自己还有多少缓冲区可以接收数据。于是发送端就可以根据这个接收端的处理能力来发送数据,而不会导致接收端处理不过来。滑动窗可以是提高 TCP 传输效率的一种机制。

(4)拥塞控制

滑动窗用来做流量控制。流量控制只关注发送端和接收端自身的状况,而没有考虑整个网络的通信情况;拥塞控制则是基于整个网络来考虑的。考虑一下这样的场景:某一时刻网络上的延时突然增加,那么,TCP 做出的应对只有重传数据,但是,重传会导致网络的负担更重,于是会导致更大的延迟以及更多的丢包,于是,该现象就会恶性循环并被不断地放大。可见,如果一个网络内有成千上万的 TCP 连接都这样运行,马上就会形成"网络风暴",TCP 协议就会拖垮整个网络。为此,TCP 引入了拥塞控制策略。拥塞策略算法主要包括:慢启动,拥塞避免,拥塞发生,快速恢复。

3) 四次握手断开连接

第一次握手:主动关闭方发送一个 FIN,用来关闭主动关闭方到被动关闭方的数据传送,也就是主动关闭方告诉被动关闭方:已经不发数据了。当然,在 FIN 包之前发送出去的数据,如果没有收到对应的 ACK 确认报文,主动关闭方依然会重发这些数据,但此时主动关闭方还可以接收数据。

第二次握手:被动关闭方收到 FIN 包后,发送一个 ACK 给对方,确认序号为收到序号+1,与 SYN 相同,一个 FIN 占用一个序号。

第三次握手:被动关闭方发送一个 FIN,用来关闭被动关闭方到主动关闭方的数据传送,告诉主动关闭方,数据发送完后不再发数据了。

第四次握手:主动关闭方收到 FIN 包后,发送一个 ACK 给被动关闭方,确认序号为收到序号+1,至此,完成四次握手。

图 5.5 给出了 TCP 通信过程中的状态转移图,该图进一步说明了 TCP-IP 通信的执行过程。各状态的说明如下:

(1) CLOSED:起始点,在超时或者连接关闭时进入此状态。

(2) LISTEN:服务端在等待连接的状态,服务端为此要调用 socket,bind,listen 函数,就能进入此状态。此状态称为应用程序被动打开(等待客户端来连接)。

(3) SYN_SENT:客户端发起连接,发送 SYN 给服务器端。如果服务器端不能连接,则直接进入 CLOSED 状态。

(4) SYN_RCVD:跟(3)对应,服务器端接收到客户端的 SYN 请求,服务器端由 LISTEN 状态进入 SYN_RCVD 状态。同时服务器端要回应一个 ACK,同时发送一个 SYN 给客户端;另外一种情况,客户端在发起 SYN 的同时接收到服务器端的 SYN 请求,客户端就会由 SYN_SENT 状态进入 SYN_RCVD 状态。

(5) ESTABLISHED:服务器端和客户端在完成 3 次握手后进入此状态,说明已经可以开始传输数据。

以上是建立连接时服务器端和客户端产生的状态转移说明。下面针对连接关闭时候的状态转移说明,关闭需要进行 4 次双方的交互,还包括要处理一些善后工作(TIME_WAIT 状态)。注意,这里主动关闭的一方或被动关闭的一方不是特指服务器端或者客户端,是相对于谁先发起关闭请求而言。

(6) FIN_WAIT_1:主动关闭的一方,由状态(5)进入此状态。具体的动作是发送 FIN 给对方。

(7) FIN_WAIT_2:主动关闭的一方,接收到对方的 FIN-ACK(即 FIN 包的回应包),进入此状态。

(8) CLOSE_WAIT:接收到 FIN 以后,被动关闭的一方进入此状态。具体动作是接收到 FIN,同时发送 ACK。

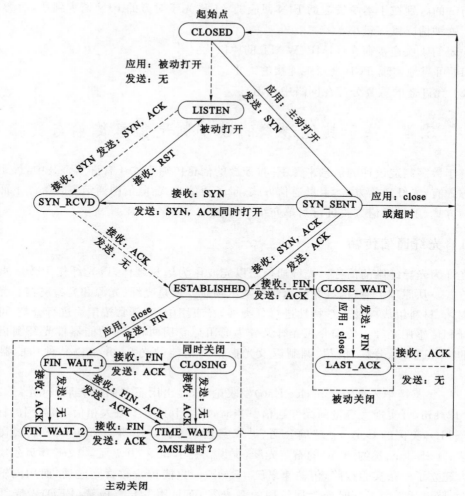

图 5.5 TCP 状态转移图

（9）LAST_ACK：被动关闭的一方，发起关闭请求，由状态（8）进入此状态。具体动作是发送 FIN 给对方，同时在接收到 ACK 时进入 CLOSED 状态。

（10）CLOSING：两边同时发起关闭请求时，会由 FIN_WAIT_1 进入此状态。具体动作是接收到 FIN 请求，同时响应一个 ACK。

（11）TIME_WAIT：从状态图上可以看出，有如下 3 个状态可以转化成此状态：

① 由 FIN_WAIT_2 进入此状态：在双方不同时发起 FIN 的情况下，主动关闭的一方在完成自身发起的关闭请求后，接收到被动关闭一方的 FIN 后进入的状态。

② 由 CLOSING 状态进入：双方同时发起关闭，都做了发起 FIN 的请求，同时接收到了 FIN 并做了 ACK 的情况下，由 CLOSING 状态进入。

③ 由 FIN_WAIT_1 状态进入：同时接收到 FIN（对方发起），ACK（本身发起的 FIN 回

应),与②的区别在于本身发起的 FIN 回应的 ACK 先于对方的 FIN 请求到达,而②是 FIN 先到达。这种情况概率最小。

关闭的 4 次连接存在 TIME_WAIT 的原因为:

(1) 可靠地实现 TCP 全双工连接的终止。

(2) 允许老的重复分节在网络中消逝。

5.4   基于其他形式的数字制造信息传输与交换

由于数字制造设计的信息来源不同,涉及的信息传输方式还有许多。其中,远距离的典型通信方式有:光纤通信方式、卫星通信方式、量子通信方式、电信网通信方式等。下面主要对光纤通信方式、卫星通信方式进行简单介绍[59-60]。

5.4.1   光纤通信传输

光纤为光导纤维的简称。光纤通信是以光波作为信息载体,以光纤作为传输媒介的一种通信方式。从原理上看,构成光纤通信的基本物质要素是光纤、光源和光检测器。光纤除了按制造工艺、材料组成以及光学特性进行分类外,在应用中,光纤常按用途进行分类,可分为通信用光纤和传感用光纤。传输介质光纤又分为通用与专用两种,而功能器件光纤则指用于完成光波的放大、整形、分频、倍频、调制以及光振荡等功能的光纤,并常以某种功能器件的形式出现。

1966 年英籍华人高锟(Charles Kao)发表论文,提出用石英制作玻璃丝(光纤),其损耗可达 20 dB/km,可实现大容量的光纤通信。当时,世界上只有少数人相信,如英国的标准电信实验室(STL),美国的 Corning 玻璃公司、贝尔实验室等。1970 年,Corning 玻璃公司研制出损失低达 20 dB/km、长约 30 m 的石英光纤,据说花费了 3000 万美元。1976 年贝尔实验室在亚特兰大建立了一条实验线路,传输速率仅 45 Mb/s,只能传输数百路电话,而用同轴电缆可传输 1800 路电话。因为当时尚无通信用的激光器,而是用发光二极管(LED)做光纤通信的光源,所以速率很低。1984 年左右,通信用的半导体激光器研制成功,光纤通信的速率达到 144 Mb/s,可传输 1920 路电话。1992 年一根光纤传输速率达到 2.5 Gb/s,相当于 3 万余路电话。1996 年,各种波长的激光器研制成功,可实现多波长多通道的光纤通信,即所谓"波分复用"(WDM)技术,也就是在 1 根光纤内,传输多个不同波长的光信号,于是光纤通信的传输容量倍增。在 2000 年,利用 WDM 技术,一根光纤的传输速率达到 640 Gb/s。事实上,从以上光纤发展史可以看出,尽管光纤的容量很大,没有高速度的激光器和微电子仍不能发挥光纤超大容量的作用。电子器件的速率才达到吉比特/秒量级,各种波长的高速激光器的出现使光纤传输达到太比特/秒量级(1 Tb/s=1000 Gb/s),人们才认识到"光纤的发明引发了通信技术的一场革命"。

光纤通信光波分复用(Wavelength Division Multiplexing,简称 WDM)技术是指使用多束激光在同一条光纤上同时传输多个不同波长的光波技术。它能够极大地提高光纤传输系统的传输容量。目前,1.6 Tb/s 的 WDM 系统已经大规模商用化。为了进一步提高光纤传输的容量,1995 年后 DWDM(Dense Wavelength Division Multiplexing)基础成为国际上主要的研究对象,朗讯贝尔实验室认为商用的 DWDM 系统容量最高能够达到 100 Tb/s。目前,以

10 Gb/s为基础的DWDM已在我国多个运营商中逐渐成为核心网主流。DWDM系统除了波长数和传输容量不断增加外,光传输距离也从600 km增加到了2000 km以上。除此之外,粗波分复用CWDM(Coarse Wavelength Division Multiplexing)也在城域光传送网扩展中应运而生,具有超大容量、短距离传输和低成本等优势。研究人员还发现,将多个光时分复用OT-DM信号进行波分复用能够大大提高传输容量。只要适当结合就能够实现吉比特/秒量级以上的传输,实验室中大多数超过3 Tb/s的传输实验都是采取这种方式实现的,因此,它也成为未来光纤通信的发展方向。

当今,光纤已成为通信中主要的传输方式。其优点表现为:

(1) 通信容量大、传输距离远。一根光纤的潜在带宽可达20 THz,光纤的损耗极低,在光波长为1.55 μm附近,石英光纤损耗可低于0.2 dB/km,无中继传输距离可达几十甚至上百千米。

(2) 信号干扰小、保密性能好。

(3) 抗电磁干扰、传输质量佳。

(4) 光纤尺寸小、重量轻,便于铺设和运输。

(5) 材料来源丰富,环境保护好,有利于节约有色金属铜。

(6) 无辐射、难以窃听,因为光纤传输的光波不能跑出光纤以外。

(7) 光缆适应性强,寿命长。

光纤通信也有不足之处:

(1) 质地脆,机械强度差;

(2) 光纤的切断和接续需要一定的工具、设备和技术;

(3) 分路、耦合不灵活;

(4) 光纤光缆的弯曲半径不能过小(>20 cm)。

5.4.2　卫星通信方式

卫星通信是指地球上(包括地面和低层大气中)的无线电通信站间利用卫星作为中继而进行的通信。卫星通信系统由卫星和地球站两部分组成。卫星通信的特点是:通信范围大,即只要在卫星发射的电波所覆盖的范围内,任何两点之间都可进行通信;可靠性高,即不易受陆地灾害的影响;开通电路迅速,即只要设置地球站电路即可开通;多址特点,即可在多处接收,能经济地实现广播、多址通信;多址连接,即电路设置非常灵活,可随时分散过于集中的话务量,同一信道可用于不同方向或不同区间。

人造地球卫星根据对无线电信号放大的有无转发功能,分为有源人造地球卫星和无源人造地球卫星。由于无源人造地球卫星反射下来的信号太弱而无实用价值,于是人们致力于研究具有放大、变频转发功能的有源人造地球卫星——通信卫星来实现卫星通信。其中绕地球赤道运行的周期与地球自转周期相等的同步卫星具有优越性能,利用同步卫星的通信已成为主要的卫星通信方式。不在地球同步轨道上运行的低轨卫星多在卫星移动通信中应用。

同步通信卫星是在地球赤道上空约36000 km的太空中围绕地球的圆形轨道运行的通信卫星,其绕地球运行周期为1恒星日,与地球自转同步,因而与地球之间处于相对静止状态,故称为静止卫星、固定卫星或同步卫星,其运行轨道称为地球同步轨道(GEO)。

在地面上用微波接力通信系统进行的通信,因系视距传播,平均每 2500 km 假设参考电路要经过每跨距约为 46 km 的 54 次接力转接。如利用通信卫星进行中继,地面距离长达 1 万多千米的通信,经通信卫星 1 跳即可连通(由地至星,再由星至地为 1 跳,含两次中继),而电波传输的中继距离约为 4 万千米,卫星通信采用多址连接方式。多址连接的意思是同一个卫星转发器可以连接多个地球站,多址技术是根据信号的特征来分割信号和识别信号,信号通常具有频率、时间、空间等特征。卫星通信常用的多址连接方式有频分多址连接(FDMA)、时分多址连接(TDMA)、码分多址连接(CDMA)和空分多址连接(SDMA),另外频率再用技术亦是一种多址方式。

在微波频带,整个通信卫星的工作频带约有 500 MHz 宽度,为了便于放大和发射及减少变调干扰,一般在卫星上设置若干个转发器。每个转发器的工作频带宽度为 36 MHz 或 72 MHz。卫星通信多采用频分多址技术,不同的地球站占用不同的频率,即采用不同的载波。它对于点对点大容量的通信比较适合,现已逐渐采用时分多址技术,即每一地球站占用同一频带,但占用不同的时隙,它比频分多址有一系列优点,如不会产生互调干扰,不需用上下变频把各地球站信号分开,适合数字通信,可根据业务量的变化按需分配,可采用数字话音插空等新技术,使容量增加 5 倍。另一种多址技术是码分多址(CDMA),即不同的地球站占用同一频率和同一时间,但用不同的随机码来区分不同的地址。它采用了扩展频谱通信技术,具有抗干扰能力强、较好的保密通信能力、可灵活调度话路等优点。其缺点是频谱利用率较低。它比较适合于容量小、分布广,有一定保密要求的系统使用。

卫星通信的主要优点为:

(1) 通信距离远:在卫星波束覆盖区域内,通信距离最远为 13000 km;

(2) 不受通信两点间任何复杂地理条件的限制;

(3) 不受通信两点间任何自然灾害和人为事件的影响;

(4) 通信质量高,系统可靠性高,常用于海缆修复期的支撑系统;

(5) 通信距离越远,相对成本越低;

(6) 可在大面积范围内实现电视节目、广播节目和新闻的传输和数据交互;

(7) 机动性大,可实现卫星移动通信和应急通信;

(8) 信号配置灵活,可在两点间提供几千甚至上万条话路和中高速的数据通道;

(9) 易于实现多地址传输;

(10) 易于实现多种业务功能。

卫星通信的主要不足为:

(1) 传输时延大:500~800 ms 的时延;

(2) 高纬度地区难以实现卫星通信;

(3) 为了避免各卫星通信系统之间的相互干扰,同步轨道的星位是有一点限度的,不能无限制地增加卫星数量;

(4) 太空中的日凌现象和星食现象会中断和影响卫星通信;

(5) 卫星发射的成功率为 80%,卫星的寿命为几年到十几年;发展卫星通信需要长远规划和承担发射失败的风险。

5.4.3　量子通信传输

　　量子通信是指利用量子纠缠效应进行信息传递的一种新型的通信方式,是近 20 年发展起来的新型交叉学科,是量子论和信息论相结合的新的研究领域。

　　光量子通信主要基于量子纠缠态的理论,使用量子隐形传态(传输)的方式实现信息传递。根据实验验证,具有纠缠态的两个粒子无论相距多远,只要一个发生变化,另外一个也会瞬间发生变化,利用这个特性实现光量子通信的过程如下:事先构建一对具有纠缠态的粒子,将两个粒子分别放在通信双方,将具有未知量子态的粒子与发送方的粒子进行联合测量,则接收方的粒子瞬间发生坍塌(变化),坍塌(变化)为某种状态,这个状态与发送方的粒子坍塌(变化)后的状态是对称的,然后将联合测量的信息通过经典信道传送给接收方,接收方根据接收到的信息对坍塌的粒子进行幺正变换(相当于逆转变换),即可得到与发送方完全相同的未知量子态。

　　与光量子通信相比较,经典通信的安全性和高效性都无法与光量子通信相提并论。首先,光量子通信绝不会"泄密"。其一,体现在量子加密的密钥是随机的,即使被窃取者截获,也无法得到正确的密钥,因此无法破解信息;其二,分别在通信双方手中具有纠缠态的 2 个粒子,其中一个粒子的量子态发生变化,另外一方的量子态就会随之立刻变化,并且根据量子理论,宏观的任何观察和干扰,都会立刻改变量子态,引起其坍塌,因此窃取者由于干扰而得到的信息已经被破坏,并非原有信息。其次是高效。被传输的未知量子态在被测量之前会处于纠缠态,即同时代表多个状态,例如一个量子态可以同时表示 0 和 1 两个数字,7 个这样的量子态就可以同时表示 128 个状态或 128 个数字:0～127。光量子通信的这样一次传输,就相当于经典通信方式的 128 次。可以想象,如果传输带宽是 64 位或者更高,那么效率之差将是惊人的。

　　由于量子通信具有传统通信方式所不具备的绝对安全特性,因此,在国家安全、金融等信息安全领域有着重大的应用价值和前景,一旦其远距离通信获得成功,将带来通信传输的革命性变化,因此是当前各国的研究热点。

6 数字制造信息的集成方法

6.1　数字制造信息集成的实现技术

信息集成的主要目的是实现企业不同的应用系统之间的数据共享和集成,这些系统包括产品数据管理(Product Data Management,PDM)、企业资源计划(Enterprise Resources Planning,ERP)、制造执行系统(Manufacturing Execution System,MES)、供应链管理(Supply Chain Management,SCM)等。信息集成的实现涉及企业内部不同信息系统之间的集成,如PDM与ERP,PDM与MES、ERP与SCM等;信息系统内不同模块之间的集成,如现场总线之间、现场总线与工业以太网、工业以太网与管理系统的集成等;不同系统之间的数据转换,如不同自动化系统之间或不同CAD/CAM之间数据转换;企业内部信息系统与企业间信息系统的集成,如ERP与CRM和SCM及电子商务平台的集成;软件系统与硬件系统的集成,如ERP与条形码系统、ERP与自动立体仓库的集成,ERP系统与工业自动化系统的集成。上述集成涉及的主要问题是不同系统间的数据库信息的集成。为了解决不同系统间的异构信息的集成问题,必须首先解决异构信息的转换,然后,在统一数据格式的条件下完成系统的信息集成。针对上述实现理论和实现技术,已有大量文献进行了相关研究[26,61-70]。为此,本节先讨论信息集成的通用实现技术,为6.2节和6.3节的信息集成方法提供基础。

(1) 为了建立完整的数字制造信息模型,必须使用STEP标准的建模方法进行应用系统的信息分析,并用EXPRESS语言来描述最终的信息模型。再根据EXPRESS信息模型建立相应的数据存储模型,并据此建立数字制造信息的数据库。

STEP是在初始图形交换规范(IGES)和产品数据交换规范(PDES)的基础上,可以对产品生命周期中的物理和功能特征提供无二义且计算机可识别的描述,使得产品信息能够以数字格式表达并共享整个产品生命周期中的计算资源。除了支持几何信息外,它还支持全面的非几何数据,如性能、公差规范、材料性质和表面加工规范。

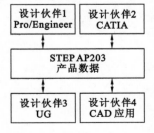

图 6.1　应用 AP203 在 CAD
系统之间的数据交换

STEP作为产品数据交换的中性格式,它允许通过标准数据操作界面(SDAI)来动态地在不同的系统之间共享数据。STEP已经开发了几种应用协议(APs),用于支持不同类型的工程应用。当前,使用最广泛的应用协议是AP203,它是一种用来表示设计和配置管理信息的方式。许多CAD/CAM系统都支持STEP的AP203。在图6.1中,四个设计者使用各自所擅长的CAD系统来完成同一个产品的不同部件的设计任务。这些应用系统之间所发生的数据交换和数据共享,可通过统一的AP203数据来实现。

基于 STEP 标准的间接交换方式要求企业使用能够识别和生成 STEP 格式文件的应用系统,企业间交流与共享的信息为 STEP 中性文件,通过第三方完成满足 STEP 不同应用协议的数据格式间的转换。该方法可实现企业间异构信息的交流与共享。

(2) 适应信息化制造要求的信息表示和交换机制需要采用 Internet 技术和 XML,因此需要将用 STEP 建立的制造信息模型表示为网络交换所需要的形式。

基于 Internet 的产品数据共享不仅要求实现产品数据内部信息之间的交互与共享,还要求实现与产品数据以外的信息的交互与共享,这些需要有一种网络通用的标准语言来对 STEP 进行表达与描述。此外,一些电子商务要求运行在不同操作平台上的公司能够进行无缝连接和通信,而许多企业也希望能充分利用系统后端的数据,这就促成了 XML 的产生和发展。

XML 是一种元语言,即可以让用户定义自己的标记语言,从而在 XML 文件中描述并封装数据。XML 的出现为实现 STEP 数据的网络传输扫清了障碍。首先,XML 是一种结构化并且支持对象的文档表示方式,因此可以完整地表示产品数据交换涉及的各种对象,很好地满足产品信息表达的多样性。其次,XML 具有标记可定义及格式可约定的特点,很容易在不同企业间建立产品数据交换的具体内容的约定。最后,XML 文档很容易被计算机处理,极大地简化了对用 XML 表达的产品信息的处理工作。

近年来,基于 XML 的网上信息交换和系统集成技术发展很快。将 STEP 的统一机制与 XML 语言的表达能力和信息传递机制有机地结合,就能较好地解决网上产品结构数据(如三维模型数据)的传送和处理问题。具体实施时,产品几何模型可利用 STEP 标准的 EXPRESS 语言建立,在此基础上通过附加有关语义信息,转换成为 XML 文件在网上发布,被合作伙伴的应用系统共享。通过行业用户间的协调,可以建立一个模型独立的 DTD。网络设计系统使用者可以通过互联网来取得由 CAD 软件产生的产品信息,从而实现产品信息的共享和重用。

实现 STEP 文件的 XML 表达是为了实现数据的网上传输,而数据传输中最重要的问题就是保证数据的严格定义,XML 是通过一致性检测来实现这一点的。XML 文档可以用两种定义方式——文档类型定义 DTD 和文档模式定义 Schema。DTD 是早期文档类型定义模式,经过长时间的实践,已具有稳定的结构,并得到许多应用的支持。然而由于其文档定义能力有限,很多具体的约束不能很好地表达,而且采用另外一种语法规则,自成一体,不便于扩充。Schema 是一种刚刚兴起的定义方法,它采用与 XML 统一的语法格式,便于扩展,而且其定义功能也得到了大大的加强,具有大量的数据类型,支持用户自定义数据类型。

ISO 于 1999 年推出的名为"EXPRESS 驱动数据的 XML 表示模型"的 ISO 1030328 (STEP Part 28)标准,为 STEP 的 XML 实现提供了理论基础。根据该标准给定一个描述产品信息的 EXPRESS Schema,在定义 XML DTD 时,可以为这些信息提供两种不同的方法,这两种方法是前期绑定和后期绑定。前期绑定 DTD 为所有的 EXPRESS Schema 提供同一种方式,并不特别为某一种 Schema 定义结构。而后期绑定 DTD 是建立在指定的 Schema 基础上,并且包含一些特殊的元素,在后期绑定 DTD 中用于表示数据的元素,还可以用来作为定义前期 DTD 的基本结构。比较而言,前期绑定 DTD 方式下,对 EXPRESS 中的每一个实体和属性都需要进行定义,并且其格式与 XML 并不完全一致,所以是一种直观但容易产生组合爆炸的方法。后期绑定 DTD 方式所形成的 Schema 结构,与 XML 完全一致,更适合对 EXPRESS 的转化。图 6.2 所示为将 EXPRESS 转化为 Schema,从而实现 STEP 到 XML 的转化。

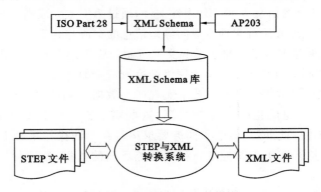

图 6.2 STEP 与 XML 的转换

当前常用的 CAD 系统都支持 STEP 标准应用协议的子集(如 AP203、AP214 等),为了实现 STEP 向 XML 的转换,首先必须将相关的 EXPRESS 转换为 XML Schema 结构。在具体应用中,向转换系统输入 STEP 文件,系统根据对应的 EXPRESS 表达,从 XML Schema 库中调用合适的 Schema,将 STEP 文件转换为 XML 文件。

将所有的 EXPRESS 中的实体都对应地形成 XML Schema,就建立了 XML Schema 库。只要存在 EXPRESS 和 XML Schema 库的对应结构,就可以通过转换机构实现逆向转换。STEP 模型向 XML 转换的主要步骤如下:

① STEP 物理文件的 XML DTD 的制定

在将 STEP Part 21 文件转换为 XML 文件之前,必须对文档的类型(DTD)进行定义。它校核所有 XML 文档实例是否有效。定义文档类型的目的是建立基于 XML 的 STEP 数据表示模型。要建立该模型,先要利用 STEP 标准应用解释模型(AIM)的 EPPRESS 说明,确定与 STEP Part 21 文件各实例相对应的数据模型的 EPPRESS 描述;再按照一定的映射规则,用 XML 标记直接与该数据模型的对象和属性相对应;最后再基于这些 XML DTD,定义 XML 文档的数据结构和使用的标记。

XML 标记与 STEP 数据模型的映射规则为:

● EXPRESS 中的实体映射为 XML 中的元素;

● EXPRESS 实体的属性(标示符、描述文本)映射为 XML 中相应元素的属性;

● EXPRESS 实体中的引用实体映射为 XML 中相应元素的子元素。

② 通过 Java SDAI 实现对 STEP 数据的操作

制定 DTD 后,需将 STEP 产品数据用 XML 来表示,前提是提取出这些产品数据的信息。STEP Part 22 文件定义了标准数据访问接口 SDAI 规范,它由一组操作和管理 STEP 产品数据的接口组成。SDAI 为所有 STEP 应用,如 CAD、CAM、PDM 提供标准、统一的数据存储接口。

SDAI 只有和特定程序语言联编才能支持应用系统开发。LKSOFT 公司的 JSDAI 能够很好地把 Java 和 SDAI 绑定起来,它将 SDAI 指令与 Java 联编构成 SDAI 实现函数,通过对这些函数的操作来读写 STEP 物理文件。在将 STEP 文件读入 SDAI 之前,先要建立两者相关概念间的相互映射,在实现以上映射的基础上,导入 STEP 文件,再通过操作一系列的函数把 STEP Part 21 文件中的相关产品数据提取出来，最终将这些数据赋给中间变量保存起来。

③ 基于 DOM 构建 XML 文档

在提取 STEP 产品数据的基础上，可利用 DOM 工具将上一步所保存的中间变量值构建成 XML 文档。DOM 是由 W3C 提出的跨平台、跨语言的一个接口标准，提出了一系列显示文档的标准界面，以及访问与操纵文档的标准方法，并可在 Java、C、C++、VB 等多种语言上得到实现。利用 DOM 的对象，开发人员可以对文档进行读取、搜索、修改、添加和删除。当使用 DOM 对 XML 文本文件进行操作时，它首先解析文件，将文档中的元素、属性、注释、处理指令都看作节点，然后在内存中以节点树的形式创建 XML 的文件表示。对 DOM 来说，每个项目都是特定形态的节点，都继承自 Node 接口。常见的节点有 Document、Text、Element 和 Attribute 等，这些节点都可以有子节点。

（3）设计制造软件系统要使它的实现语言能理解制造信息的 STEP 模型，从而使软件系统之间能相互理解制造语义，当要求软件系统之间能实现互操作时，应采用 CORBA 规范。

在图 6.3 的一种数字制造信息集成的实现方式中，数据访问使用 Web 服务器和浏览器的接口机制，访问与提供数字制造信息的双方构成客户/服务器结构，它们交换的数据应当符合 STEP 的语义，它们的互操作应当符合 CORBA 规范[61]。其中各个部件的功能如下：

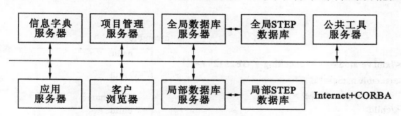

图 6.3　数字制造信息集成实现方式

全局 STEP 数据库和全局数据库服务器存储和管理数字制造信息全局数据库，其中不但包含了产品数据模型数据，也包含了数字制造过程信息；局部 STEP 数据库和局部数据库服务器存储和管理制造信息的局部数据库，如设计信息、工艺信息和装配信息等。

客户浏览器提供了使用各种信息和工具的能力。它包含指向数字制造信息和软件工具的各种链接，通过客户浏览器，既可实现用户使用工具和访问数字制造信息，还可以用于定位和搜索 STEP 产品模型和其他数字制造信息，允许用户通过 Internet 访问存在于某个成员公司内部的信息。

应用服务器是可以提供服务的大型数字制造软件系统，如 CAD、CAPP、FEM 等系统；公共工具服务器提供了一般操作工具集，使用其中工具的方法是通过 CORBA 的激活调用，也可以是基于移动代码技术（如 Java Applet 的下载使用）。与应用服务器的服务功能相比，公共工具服务器提供了小巧和灵活的工具，如基于浏览器的信息访问接口。

项目管理服务器负责管理、使用制造项目的应用，包括工程项目建立、运行控制和访问数字制造信息的控制数据；信息字典服务器的功能是维护数字制造信息的数据字典，提供管理和访问数字制造信息的控制数据。

6.2 基于 XML 的信息集成方法

6.2.1 基于 XML 的应用信息描述

XML 的兴起,源于网络数据传输的需要,目前已经扩展到众多领域,已成为许多应用系统数据存储与传输的主要形式。当前,XML 技术得到了众多软件公司的支持,促使 XML 语言与各种开发平台有机地结合到一起,并且与各主流数据库越来越紧密地衔接。由于 XML 信息表达能力强、信息结构约束能力强,非常适合信息的描述。尤其是 XML 具有平台无关性和语言无关性,适合分布式异构系统间的数据交换和互操作。另外,XML 还允许为特定的应用领域制定特殊的数据格式,在领域内各系统间通过传递格式化数据实现数据的交换与共享。因此,XML 技术已经迅速成为数据交换和信息共享的一种标准[62]。

图 6.4 为基于 XML 描述的一个装配信息的例子,左边为 XML 格式文档,右边为该 XML 文档代表的树结构信息。XML 的基本语法结构的含义见 3.4 节。XML 文档通过层级的元素节点、内容和属性来进行信息描述。由于近似于“树结构”,XML 文档的信息描述能力非常强大。并且由于其标记是可定义的,人们也很易于理解 XML 文档,因此很适合人机之间的信息交流。

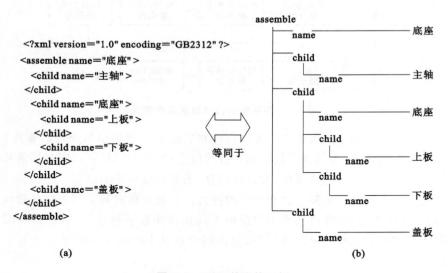

图 6.4 XML 的文档示例

XML 还提供了有效而灵活的信息约束,可以约定某一类 XML 文档的具体结构和内容,使得符合约定的为合法文档,不符合约定的即为非法文档。当信息双方开始约定好某种信息的结构后,则以后信息发送方发送的信息就只能是合法信息,而信息接收方接收信息时,只需要进行合法性判别,只接收合法的信息。而且合法的信息,也是接收方可以理解的信息。如当 CAPP 系统与 PDM 系统需要传递的信息都用 XML 技术进行信息结构约定,而且成为大家都遵守的规则,那么任何一种 CAPP 产品的集成信息都可以很容易为一种 PDM 产品接收和理解;反之亦然。因此,应用 XML 技术有利于促进信息表达的标准化。

文件类型定义(Document Type Definition,简称 DTD)是一套关于标记符的语法规则,它告诉你可以在文档中使用哪些标记符,它们应该按什么次序出现,哪些标记符可以出现于其他标记符中,哪些标记符有属性等。XML Schema 技术更是在 DTD 的基础上,大大提高了 XML 的结构约束能力,而且它本身也是一个 XML 文档,满足 XML 文档的所有优点,因此迅速成为一种国际标准。

① 基本约束——XML Schema 首先能对 XML 文档进行一些基本的约束。这样的约束有:对 XML 的具体属性约束,其数据类型支持整型、字符串、布尔型、日期型等一些常见的数据类型;对 XML 属性内容和元素内容约束其具体的内容,可以约定内容的长度、大小、范围、前后缀、默认值等;对 XML 的各子单元的存在性约束,可以约定一种元素必须包含哪些属性,必须包含哪些子元素,包含的数量等。

② "与"约束——该约束规定如果出现 A,则必须出现 B,A 和 B 必须同时顺序出现。A 和 B 可以代表 XML 元素或元素属性。

③ "选择"约束——该约束规定 A 和 B 只能出现一个,或选择 A,或选择 B。A 和 B 代表 XML 元素。

④ "all"约束——该约束规定 A、B 和 C 无序出现,也可以指定其中的一些无序出现,其余的有序出现,如 A 的顺序任意,则 B、C 有序。A、B 和 C 代表 XML 元素。

图 6.5 所示的各种约束可互相包容,组合使用,可以实现强大的内容约束和结构约束。XML Schema 还具有支持互相引用、嵌套,支持命名空间技术,支持数据库的异构等优点。因此,在 CAPP/PDM/ERP 集成实现中,可采用 XML 技术进行信息建模,充分利用它的强大的信息描述能力和信息约束能力,让 XML 成为信息的载体,完成信息的传递。

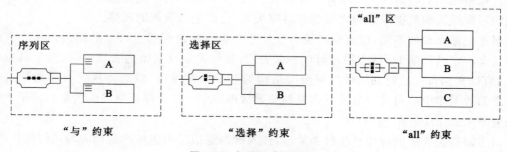

图 6.5　各种约束示意图

6.2.2　制造信息集成规范

XML Schema 作为 W3C 国际组织推荐的标准,用于约束和规范 XML 文件的格式,通过 XML Schema 语言定义基于 XML 的数据交换的格式和内容,可以在集成双方建立统一的交互模型,称为集成规范[63]。

基于 XML Schema 的数字制造信息集成规范就是一组有序组合在一起的 XML Schema 语言文档,其中定义了数字制造信息在不同软件系统间交互的通用标记以及数据格式。遵循该规范的异构应用系统,可通过一致的接口进行动态的信息集成。所以,基于 XML Schema 的数字制造信息集成规范的研究,主要是基于制造企业中不同应用系统间数据交换的需要,面向企业集成自动化,制定出一种易于扩展和推广的数据交换标准体系。

基于 XML 的数字制造信息集成框架如图 6.6 所示。在由多个企业组成的分布式制造系统中,各数字制造成员按共同制定的 XML 标准通过网络来传输需要采集的数字制造信息,包括基本配置数据和实时的状态数据等,所有的 XML 文档信息通过 XML 数据解析器集中存入中心数据库,对各制造成员的制造信息进行集成和共享,以实现分布式制造系统的远程监控和远程决策。

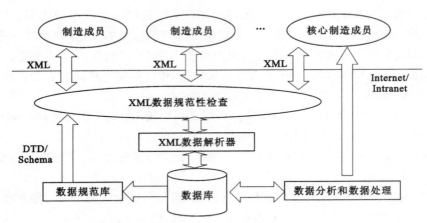

图 6.6 基于 XML 的数字制造信息集成框架

基于 XML 文档的制造信息经 XML 数据解析器最终集成到中心数据库,以利于进行统一的数据分析和数据处理,因此 XML 和数据库的数据模式之间的映射是实现制造信息有效集成的关键之一。XML 与数据库之间的数据转换有两种实现方式:样板驱动映射和模式驱动映射。样板驱动的映射通过一些命令样板来实现;模式驱动的映射使用某种数据模型在 XML 文档的层次结构和数据库结构之间建立对应关系,进而进行数据的转移。

根据数据模型的不同,模式驱动映射分为基于表的映射和基于对象的映射。基于表的映射将具有特定结构的 DTD 文档理解成一张表,直接与关系数据库的表相对应;基于对象的映射将 DTD 文档首先映射到同样具有层次结构的若干个对象树,然后将这些对象树映射到面向对象的数据库中或通过对象关系映射到关系数据库中。基于样板驱动的映射和基于表的模式映射不大适用于复杂的 DTD。

由于制造企业中的应用系统种类繁多,涉及的制造信息既包括产品相关的几何拓扑信息、产品结构信息等,还包括制造过程中的订单、计划、工艺、资源、加工能力及进度信息等,所以制造信息集成规范的建立,应该根据制造企业应用集成的实际状况,遵循以下原则:

① 兼容性——对已普及使用的标准,应参照该标准建立与该标准描述语言间的匹配关系。

② 实用性——数据交换需求来源于 CAD、CAPP、CAM、CAE、PDM、ERP、SCM 和 MES 的主要软件厂商,将来的集成规范也将直接应用于这些厂商的产品,以保证集成规范的实用性。数字制造信息集成规范的体系结构如图 6.7 所示。

③ 通用性——抽象出制造企业中的共性信息,满足一般制造企业应用软件集成的需要。

④ 可扩展性——新技术、新产品不断出现,对制造信息交换的需求也千变万化,建立的集成规范不可能满足所有的需要,所以必须具有好的扩展性;在统一的文档规范基础上,能够容易、迅速地扩展,以满足特定应用场景下的要求。

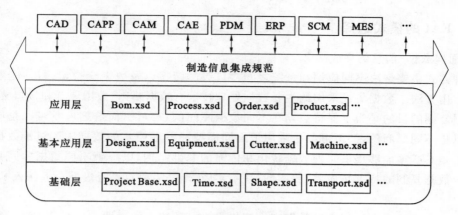

图 6.7 数字制造信息集成规范的体系结构

⑤ 标准性——只有制定的规范获得行业的共识和一致认可,才能真正起到作用。所以,规范的制定需要国家标准化部门的直接指导和参与。

利用面向对象的设计思想和 XML Schema 中的扩展技术,确保集成规范良好的可扩展性。值得注意的是:产品数据交换规范和制造过程数据交换规范的建立应采取不同的策略。前者以基于 STEP 的映射和转换得到;后者则采取重新定义新标记的方法,并借鉴已有规范的内容和思想。

6.3 基于 EAI 的信息集成方法

由于历史的原因,企业在信息系统架构方面存在诸多的问题,如多种孤立的、不兼容的遗留系统;不兼容的硬件系统和设备;异构平台,无法彼此通信;不兼容的、无法移植的开发语言;不兼容的数据格式;异构网络;不同供应商的成套应用程序等。因此,企业在新的市场竞争环境与决策机制中,迫切需要一种构架信息资源中心的工具,EAI 方法和技术的出现,为实现基于各种平台、用不同方案建立的异构应用集成成为可能。它已成为当前一个技术关键和热点,而 EAI 的核心技术就是通过中间件完成跨平台的应用集成。

EAI 的集成可以在三个层次即数据级、应用级和过程级上进行[64]。数据级的集成负责实现现有系统数据共享,最好还能够屏蔽数据的分布性、复杂性、异构性和不统一性;应用级的集成使得企业的各种应用系统之间(如 PDM 和 ERP 系统之间)能够进行相互的调用;过程级的集成使得分布式的企业应用系统之间的协作成为可能。从这三个层次上来看,首先要解决的是系统之间的相互通信和数据交换问题,从某种角度看企业应用的集成就是信息集成。

EAI 的目的是将企业内的应用彼此连接起来。EAI 主要包括两个方面:企业内部应用集成(Intra-EAI),也称 A2A 集成(Application to Application);企业间应用集成(Inter-EAI),也称 B2B 集成(Business to Business)。B2B 集成不是企业内所有的系统都需要实现企业之间的信息集成,而是只需要集成一些与企业之间的业务过程有关的信息和系统,因此,B2B 集成是一种有选择的集成。A2A 集成是 B2B 集成的基础和前提条件。

6.3.1　EAI 的模式选择

1）面向数据/信息的集成

这种方式主要解决不同应用和系统之间接口级的转换以及数据交换,是目前企业内集成应用的常用方法。数据集成采用的主要数据处理技术有数据复制、数据聚合和接口集成。

数据复制的目的是为了保持数据在不同数据库间的一致性,而数据库既可以是同一厂商的也可以是不同厂商的,甚至可以是采用了不同模型和管理模式的数据库。对于数据复制的基本要求是其必须能够提供一种数据转化和传输的基础结构,以屏蔽不同数据库间数据模型的差异。数据复制的特点是简单、成本低,易于实施,但是需要对系统内部业务深入了解,应用固定。

数据聚合是将多个数据库和数据库模型集成为一种统一的数据库视图的方法。数据聚合体可以认为是一种虚拟的企业数据库,它包括多个实体的物理数据库。其方法是在分布的数据库和应用之间放置一个中间件层,该层与每一个后台的数据库自带的接口相连,并将分布的数据库映射为一种统一的虚拟数据库模型,而这种虚拟模型只在中间件中存在。应用可以利用该虚拟数据库去访问需要的信息,同时,该数据聚合软件也可以通过将相关数据映射和导入实体数据库,进行数据库更新。

接口集成方法利用良好定义的应用接口可实现企业的 PDM、ERP、SCM 等系统的集成,是目前应用非常广泛的集成方法。在面向接口的集成中,具体实现是通过集成代理使用适配器。这些适配器可以是基于消息的中间件(MOM)、文件系统等。接口集成方法的不足是缺乏明晰的过程模型,也缺少面向服务的框架结构,使其应用受到了限制。

2）面向过程的集成

面向过程的集成是按一定的顺序实现过程间的协调并实现数据在过程间的传输,通过企业相关业务过程的协调和协作,实现业务活动的价值最大化。实现过程集成的方法,目前较流行的是使用过程代理。

过程代理可视作消息代理的扩展,它除了处理消息代理中的格式化的应用会话外,在过程代理中还封装了与各个应用系统相连的过程逻辑。当所有的过程逻辑都封装在过程代理中时,就可以建立一个过程库对过程进行统一管理,并且使用可视化的图形界面对过程进行设计、在线监控和调整,这种可视化的过程设计界面可减少过程设计的复杂性,使不同层次的人都能参与到过程设计中,提高过程设计的效率和过程的合理性。

3）面向服务的集成

基于服务的集成允许动态的应用集成和具有公共业务逻辑的大规模伸缩性,可以通过 Internet 或者分布式服务器、中心服务器提供访问的方法。传统的 EAI 集成思路是组件封装和虚拟组件,虚拟组件是构建模块,基于模块来进行集成。这种传统的集成方法最初并没有考虑到和企业外部信息系统的共享,所以对电子商务的支持较差。由于面向信息和面向过程的集成的局限性,在 EAI 开发领域提出了 Web 服务技术的“面向服务的集成方法”,它是通过整合业务层服务来实现的,具体体现为一种对共享对象上“方法”的调用。这种“方法”通过一些基础设施服务为多个系统所共享,而且这种“方法”可以位于集中服务器、分布式服务器、Internet 上,并以标准的“Web 服务”机制来提供。

6.3.2 Web Service 技术

传统的 EAI 是一个紧耦合问题,主要采用点对点系统的集成,一旦需要共享的应用系统增多,代码开发的工作量会呈几何级数增加,而且对于环境或需要的改变,缺乏灵活性。因此传统的 EAI 比较适用于那些对性能要求较高的、需要多种层次集成的应用集成系统。XML和 Web Service 的出现使得构建基于 Internet 的灵活的 EAI 系统成为可能。

根据 W3C 的定义,所谓 Web Service 就是指支持网络上计算机之间互操作的软件系统。Web Service 主要包括 Web 服务描述语言 WSDL(Web Service Description Language),简单对象访问协议 SOAP(Standard Object Access Protocol)和统一描述、发现和集成 UDDI(Universal Description Discovery and Integration)注册中心。其中,WSDL 是一个模板/接口,用来定义应用程序如何互相交互;SOAP 负责调用应用程序;UDDI 注册中心负责完成服务注册、查询、发现、检索、交换、管理等功能。

Web Service 有一个可以由计算机识别的接口(即使用 WSDL 描述的)。其他的系统与Web Service 使用 SOAP 消息中描述的方式进行互动,这些 SOAP 消息在使用其他相关 Web标准进行 XML 串行化之后一般通过 HTTP 协议在网络上传输。Web Service 是一种标准化的松耦合集成模式,比较适用于那些需要更大的灵活性、改动频繁的应用集成系统。

Web Service 的概念协议栈可以用图 6.8 的五个层次来描述,在底层,Web Service 使用HTTP、FTP 等协议,可以轻松穿越网络上的防火墙。另外,采用这些协议使得 Intranet 和Internet 的服务开发可以使用统一的编程模型。

工作流	WSFL			
服务发现,集成	UDDI	管理	服务质量	安全
服务描述	WSDL			
消息	SOAP			
传输	HTTP, FTP, SMTP			

图 6.8 Web Service 的概念协议栈

UDDI 是一套基于 Web 的、分布式的规范,它包含一组使企业能将自身提供的 Web 服务注册,以便别的企业能够发现访问协议的实现标准。UDDI 登记系统可以是逻辑上集中、物理上分布,由多个根节点组成,相互之间采用 P2P(对等网络)架构,按一定规则进行数据同步。当一个企业在一个 UDDI 登记系统注册后,其注册信息会被自动复制到其他 UDDI 根节点,于是可以"一次注册、分布发现",从而实现了真正意义上的 B2B 应用服务集成。

在网络层之上,Web Service 使用基于 XML 的消息协议 SOAP。SOAP 由三部分组成:一个使用 XML 信封来描述消息内容的机制、一组编码各种类型数据的编序规则和一个提供远程过程调用(RPC)和响应的机制。基于 XML 的 WSDL 描述了服务的实现和接口。在服务发现、集成层次上使用 UDDI 进行描述。UDDI 提供一种发布和查找服务描述的方法。UDDI数据实体提供对定义业务和服务信息的支持。WSDL 中定义的服务描述信息是 UDDI 注册中心信息的补充。WSFL 是协议栈顶层的服务工作流标准,WSFL 针对商务流程建模和工作流描述了 Web Service 在工作流中如何相互作用以及它们如何处理服务的协同和通信的问题。

基于 Web Service 的 EAI 集成框架如图 6.9 所示。其中,应用系统既可以是已有的应用系统,也可以是新开发的 Web Service 应用。当服务请求者选择了一个服务时,它使用 WSDL 描述来找出访问该服务的方法,用 SOAP 消息向注册中心发出查询请求,注册中心将该服务的 WSDL 描述返回服务请求者。服务请求者得到的 WSDL 描述便被用来生成发送给应用服务器的 SOAP 请求消息,应用服务器担任服务提供者的角色,SOAP 请求被作为一条 HTTPPOST请求发出。穿过防火墙后的 SOAP 请求消息由 HTTP 服务器处理,HTTP 服务器分析 HTTP 头信息并找到 SOAP 路由器组件的名称,请求消息被传递到指定的 SOAP 路由器。SOAP 路由器分析 HTTP 头信息,找到某个 Web Service 适配器的位置并将该请求传递到所请求的适配器。对于每个 SOAP 服务请求,Web Service 适配器调用一个后端应用。后端请求的组合结果被合并成一个 SOAP 响应,这个 SOAP 响应接着被回传给服务请求者。

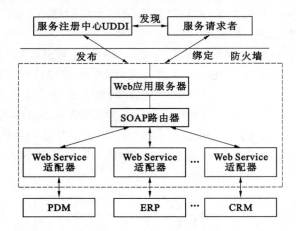

图 6.9　基于 Web Service 的 EAI 集成框架

使用 Web Service,通过松散的应用集成,一个企业可以仅仅实现 EAI 的一个子集,即能取得实效。Web Service 能够快速、低代价地开发、发布、发现和动态绑定应用。结合了 Web Service 的 EAI 系统实现了一种面向服务层的松耦合的企业应用集成系统,可以最大限度地同时满足性能和灵活性的要求。

Web Service 具备以下特征[65]:

(1) 完好的封装性。Web Services 是一种部署在 Web 上的对象,具备对象的良好封装性。对于使用者而言,它能且仅能看到该对象提供的功能列表。

(2) 松散耦合。这一特征源于对象/组件技术,当一个 Web Service 的实现发生变更时,调用者不会感觉到。对调用者而言,只要 Web Service 的调用接口不变,Web Service 实现的任何变更对他们来说都是透明的,甚至当 Web Service 的实现平台从 J2EE 迁移到 .NET 或者反向迁移时,用户都可以对此一无所知。对于松散耦合而言,需要有一种适合 Internet 环境的消息交换协议,而 XML/SOAP 正是目前最为适合的消息交换协议。

(3) 使用协约的规范性。① 作为 Web Service,对象界面所提供的功能应当使用标准的描述语言来描述;② 由标准描述语言描述的服务界面应当是能够被发现的,这一描述文档需要被存储在私有的或公共的注册库里面;③ 安全机制对于松散耦合的对象环境很重要,需要对授权认证、数据完整性、消息源认证以及事务的不可否认性等运用规范的方法进行描述、传输和交换;④ 所有层次上的处理都应当是可管理的,需要对管理协约运用同样的机制。

(4) 使用标准协议规范。作为 Web Service,其所有公共协约完全需要使用开放的标准协议进行描述、传输和交换。这些标准协议具有完全免费的规范,以便由任意方进行实现。

(5) 高度可集成能力。由于 Web Service 采取简单、易理解的标准 Web 协议作为组件界面描述和协同描述规范,完全屏蔽了不同软件平台的差异,因此,无论是 CORBA、DCOM 还是 EJB,都可以通过这种标准的协议进行互操作,实现了在当前环境下最高的可集成性。

6.3.3　中间件技术

中间件是指介于操作系统、网络等底层软件或环境与应用软件之间的独立的基础软件或服务程序,它能使应用成分之间进行跨网络的互操作,这时允许各应用成分之下所涉及的通信协议、系统结构、操作系统、数据库和其他应用服务各不相同。中间件技术是信息系统集成方法的高级阶段,它具有标准的程序接口和协议,通过这些标准的程序接口和协议,系统可以实现不同硬件和操作系统平台上的数据共享和应用互操作。

按照 IDC 的分类方法,中间件可分为 6 类:终端仿真/屏幕转换中间件、数据访问中间件、远程过程调用中间件、消息中间件、交易中间件、对象中间件。但中间件的应用范围十分广泛,目前对于不同的应用需求已开发出许多各具特色的中间件产品,如安全中间件、工作流中间件等[66-67]。

中间件系统是指严格遵循各种相关的工业标准和规范,综合了各类中间件技术的、作为构建分布式多层应用的中间核心平台。它具有可移植性、开放性、快速开发、安全性、面向对象等特性。中间件系统已成为中间件技术的发展方向,其主流标准/规范主要有 J2EE(Java 2 Enterprise Edition)和. NET 等,因此中间件技术的出现、发展,为企业应用集成提供了盼望已久的整合工具。

随着 Internet 分布式组件技术的逐步发展与完善,可根据中间件的技术特点,基于 XML 建立数据交换标准,构造出基于中间件系统的应用系统集成框架,如图 6.10 所示。该框架是一个 4 层结构,以通用中间件系统作为应用集成的核心,通过应用适配器将各种应用集成起来,并通过 Web Service,建立电子商务及 B2B 的 Web 应用。该框架主要分为以下几个层次:

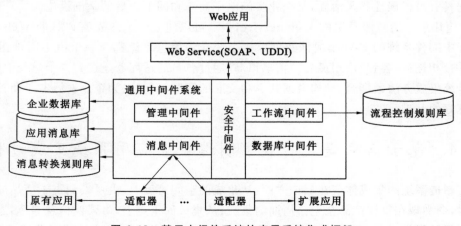

图 6.10　基于中间件系统的应用系统集成框架

（1）底层。应用适配器是一种可配置的软件组件，可实现把数据或查询从一种模式转变成另一种模式。应用适配器还提供了 XML 数据格式的封装功能，将预定义的 XML 验证脚本转化成 XML 消息，并将生成的消息发送给消息中间件。它负责与应用交互并操作应用数据，并提供了与消息中间件的应用接口。应用适配器使应用能够访问消息中间件。一个应用适配器映射消息中间件的应用级接口到由下面消息中间件支持的异步消息传递机制中，还可在应用和消息中间件之间提供额外的功能。应用适配器是一个对应于相应具体应用的专用适配器，当具体应用发生改变时，就只需要修改适配器的实现，使集成系统具备了良好的松耦合性。

（2）中间层。通用中间件系统主要包括一些通用的中间件并提供相应的中间件管理机制以及一些系统服务功能。通用的中间件包括数据库中间件、消息中间件、工作流中间件、安全中间件、管理中间件等。各中间件采用软件组件的形式实现：① 数据库中间件适用于应用程序与数据源之间的互操作，客户端使用面向数据库的应用程序接口，以便直接访问和更新基于服务器的数据源，数据源可以是关系型、非关系型和对象型。这类中间件大都基于 SQL 语句，采用同步通信方式。此类中间件的使用可简化应用系统的开发。② 消息中间件负责与所有的应用适配器通信，并负责消息的存储。所有的应用适配器所产生的消息都送到消息中间件，消息中间件根据预先定义好的应用消息转换机制将消息转换成目标应用需要的数据并存到应用消息库中，并由它通知目标应用的应用适配器提供相应的消息。③ 工作流中间件的作用是定义以事件序为主的应用过程，用来支持系统建模和运行过程的自动化。工作流中间件实现了对流程的管理，包括流程的定义、解释、交互、修改等。它需要将集成应用系统的应用逻辑与业务过程逻辑分开，业务过程的改变不会引起应用系统的改变，因而实现了一种松耦合的应用集成。④ 安全中间件引擎对来自接口处于数据转换过程中的消息进行身份验证、授权和防抵御处理。

（3）服务层。Web Service 是企业发展电子商务和 B2B 集成的接口，是一个自包含的、模块化的应用逻辑，可以用标准的 Internet 协议来访问。其目标是解决不同中间件平台上的服务之间的互操作性。只要用户能创建并使用为 Web Service 接口定义的消息，就可以使用任何语言在任何平台上调用 Web Service。企业可以利用消息代理积累起来的企业应用数据并根据已有的业务设计新的 Web 服务，对一些接口有效地扩展集成，将原有的数据提供给新的应用。它具有可扩展性和灵活性，是企业实施电子商务和网上交易的基础设施。

（4）应用层。通过服务层的 Web Service，企业可以建立电子商务及 B2B 的 Web 应用。

基于中间件系统的 EAI 集成框架可以将企业众多信息系统都与一个由中间件组成的底层基础平台相连接，各种“应用孤岛”“信息孤岛”通过各自的适配器连接到一个总线上，很好地解决了传统集成方法紧耦合、异构数据共享和交互的问题，同时它为企业发展电子商务和 B2B 提供了良好的基础。

6.4　基于信息集成的数字制造企业应用系统集成过程

数字制造系统的集成体现在三个方面：从集成的空间跨度上，由过去侧重于产品的设计和制造过程，变为现在重视产品全生命周期的集成；从集成的重点上，由强调信息共享，发展到信息集成再到过程集成及企业集成；从集成的关键技术上，由单元技术产品通过集成平台，形成企业的信息集成平台系统。

　　CAPP、PDM 和 ERP 是制造型企业中常见的系统,它们的集成是目前制造企业关注的热点。作为工具系统的 CAPP,以及作为管理系统的 PDM 和 ERP,它们之间的集成既包含了信息集成,又包含了过程集成。信息集成是实现 CAPP/PDM/ERP 有效集成的基础,为过程集成提供了统一和完善的信息共享平台和环境。随着信息共享实时性的提高,人们要求在更高的层次上来考察应用集成,因此,过程集成已经成为企业应用集成的发展方向和趋势。目前,在 CAPP/PDM/ERP 集成实施中,一般都只考虑了它们的信息集成,而很少去实现它们的过程集成管理。而作为数字制造系统的标准集成模式,需要研究和实现数字制造型企业中的 CAPP、PDM 和 ERP 系统之间的基于 EAI 的 CAPP/PDM/ERP 集成。具体而言,需要实现基于 CORBA 和 XML 的 CAPP/PDM 紧密集成,基于 Web Service 的 PDM/ERP 松散集成以及基于企业应用门户的 CAPP/PDM/ERP 过程集成的实现。这些需求都可采用 6.1 节和 6.2 节的集成方法。

6.4.1　基于 EAI 的 CAPP/PDM/ERP 集成

　　CAPP 系统工作时,需要从 CAD 系统中获取产品设计 BOM 和工艺资源信息,其工艺设计结果信息(包括产品制造 BOM 和工艺文件信息等)需提供给 CAM 系统。而 PDM 系统管理与产品相关的各种信息,成为各种 CAx 系统的信息集成平台,各种 CAx 系统成为 PDM 系统的数据来源。

　　ERP 系统是目前企业中最核心的信息系统,它涵盖了客户需求、企业内部制造活动及供应商的制造资源等,对订单、采购、库存、计划、生产制造、质量控制、财务、成本控制、人力资源等环节进行管理,ERP 系统等可以通过 PDM 系统获得所需信息。PDM 与 ERP 在功能和应用领域上相辅相成,只有实现 PDM 与 ERP 的集成,才能更好地发挥它们的作用,朝着实现 CIMS 所期待的目标靠近。目前,PDM 与 ERP 的无缝集成已经成为数字制造企业必须进行的一项工作,是数字制造企业提升竞争力的有效途径之一。

　　1) 集成需要解决的问题

　　实现基于 EAI 的 CAPP/PDM/ERP 集成,是一项复杂的工程,需要解决如下问题:

　　(1) 开放式、系统化和通用化的 EAI 总体框架建设

　　企业应用系统可以是基于不同的操作系统、基于不同开发语言、基于不同的总体框架,甚至是基于不同的数据库管理系统和不同接口模式等。这些不同的应用系统,有极少部分可能考虑要与新的系统或平台集成,要用新的信息系统替代,大部分则已经在企业中被充分使用,或者已有很多数据积累,难以迁移,或者已被企业人员接受,习惯了它的使用,总之很难被抛弃而用新的系统替代。因此,企业 EAI 体系应该将这些传统的系统纳入进去。由于企业事务的不同,对各种集成的需求也不尽相同,有些只是简单的、个别的、偶然的数据传递,而有些则是大量的、经常性的数据传递;有的只是需要在数据层面上的集成,而有的则需要在方法层面上、业务过程层面上的集成。如何满足企业现有的各种不同的集成需求和将来可能出现的集成需求,是构建 EAI 体系必须考虑的重要内容。

　　(2) 在 EAI 总体框架下实现 CAPP/PDM/ERP 之间的信息集成

　　CAPP、PDM 和 ERP 系统之间需要传递的信息种类很多,数据结构比较复杂。而且由于目前这三类系统实际应用中的产品种类较多,这给它们之间的集成带来了巨大的难度。由于各种产品的同一信息的描述格式不一致,对外接口也不尽相同,而且,还存在对功能划分理解

不同,集成的两系统间功能模块重叠和冲突,如有的 CAPP 系统也包含了数据管理模块,有些 PDM 系统还希望管理企业的库存信息等。这些都使具体的集成实现更为复杂。因此,在进行信息集成时,首先必须明确需要集成的信息种类和内容,并且要为这些集成的信息制定统一的描述标准,为双方所认可和遵守,对于已有的系统不符合标准的,需要提供一致的转换解决方案。

（3）在 EAI 总体框架下实现 CAPP/PDM/ERP 之间的过程集成

实施应用系统之间的过程集成,有助于大大提高企业的运作效率,但实现起来却并非易事。过程集成首先是建立在信息集成的基础之上的,只有充分实现了信息集成,过程集成中的过程控制信息和过程内容才可以被顺利地传输。过程集成与企业运作模式息息相关,而企业随着业务的变更,其运作模式是经常变化的。因此,过程集成也应该能很好地满足企业运作的变更需求,随时改变过程模型。由于很多过程是跨系统的,如何让多个系统像一个整体一样一致、协调地运作,是过程集成中的难点之一。

2）信息建模

（1）工艺信息建模

CAPP 与 PDM 集成的重要内容之一是工艺信息集成,CAPP 与 PDM 有效集成,不仅是 CAPP 产生的工艺文件要保存到 PDM 系统中,由 PDM 系统统一管理,而且其工艺信息还需要以数据的形式提取出来,传递给 PDM 系统,以便于 PDM 系统对工艺信息更有效地管理和应用。

工艺信息模型是对 CAPP 系统各个设计阶段（如工艺决策、工序尺寸链计算、工时确定、工序图生成、刀具路径规划、数控程序生成、工艺文件格式化输出等）的中间结果和最后结果的描述和表达,也是各个设计阶段之间信息交换的依据。

工艺种类包括冲压、焊接、涂装、总装等,产生的主要工艺文件类型为工艺过程卡、工序卡、工装清单、刀具清单、工时定额表格等。由于工艺文件的种类繁多,不同类别的工艺文件所包含的格式和内容大不相同,如何用一个统一的信息模型表示,是一个比较关键的问题。因此在工艺信息建模前,应先对它进行分类,将包含相同格式和内容的工艺文件归为一类,先针对这一类工艺文件建立其对应的 XML 结构模型,然后利用 XML 的选择约束功能,将各类工艺文件的 XML 结构模型组合起来,组成图 6.11 所示的开放型工艺信息模型。

当且仅当满足其中的一个种类的模型约束时,即为合法的工艺文件信息。工艺文件种类繁多,而且不同性质的企业包含的种类不同,可以根据图 6.11 所示模型,建立行业标准,而不同企业,只需根据自身的需要,满足其中的几个类别,同样适用于行业标准。各个类型的工艺文件需要根据自身的特点,建立自身对应的 XML 模型。

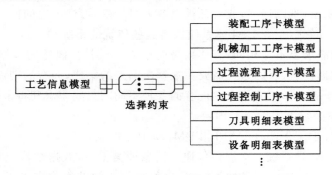

图 6.11　开放型工艺信息 XML 结构模型示意图

图 6.12 是对典型工艺文件装配工序卡应用 XML 技术建立的对应模型,装配工序卡信息包括基本信息、子零部件信息和工序信息三类,分别对应于模型上的"基本属性"、"子零部件"和"工序信息"。其中基本属性主要包括文件图号、文件名称、文件编号、工序号、工序名称等内容;子零部件则包含该装配所对应的子零部件及其图示代号、图号、名称、数量等内容;工序信息对应装配的工序信息,包含各个工序和它们的各种属性,如工序号、工序内容、备注等。同时,模型还对元素出现次数进行了详细的约束。在信息中必须包含有基本信息、子零部件信息和工序信息,其中,子零部件下必须有一个以上的子零部件信息,而工序信息下也必须有一个以上的工序信息。

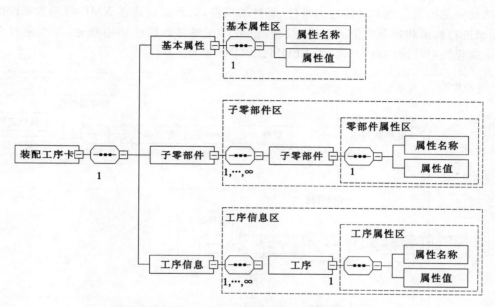

图 6.12   装配工序卡工艺信息 XML 结构模型示意图

其他的工艺文件类型也可以据此建立相应的 XML 模型,然后组合就可以得到完整的工艺信息整体 XML 模型。只有建立好了工艺信息模型,在 PDM 系统中才能确定工艺信息的保存方式,建立对应的数据存储结构。当 CAPP 系统给 PDM 系统传递工艺信息时,PDM 系统首先根据工艺信息 XML 模型来判别是否为合法工艺信息,如果是,再获取它的工艺文件类型,然后根据具体类型的对应结构进行信息解析,并存入相应的数据存储结构中,完成 CAPP 系统向 PDM 系统工艺信息的传递工作。

(2) BOM 信息建模

BOM 是一种反映产品结构的信息,它描述了产品与零部件间的层次关系,包括构成父件的所有子件及其原料信息、有关产品及其零部件的编码、规格、材料等信息。在制造系统中,各部门都要从 BOM 文件中获取特定的数据,以指导生产。因此,BOM 信息对企业具有重要的意义。BOM 不仅反映组成产品各物料间的从属关系,它还直接影响有关产品信息管理计算机系统的效率和功能发挥。

BOM 表达的语义十分丰富,按在制造过程中的不同应用存在着多种结构、多种视图,如 EBOM、PBOM、MBOM 等。从整个数据流程看,从 EBOM 到 PBOM 再到 MBOM 的过程是一个动态的、相互影响的过程,BOM 信息的传递贯穿了整个 CAPP、PDM 和 ERP 系统,成为它们集成的一个重要纽带。

　　应用 XML Schema 技术,可设计出图 6.13 所示的 BOM 信息的 XML 结构模型。图中模型中组件的附件区包括零件集、子部件集和产品集,分别对应于该组件下包含的零部件和产品。在该结构中,其零件数、产品数和子部件数都是从 0 到无穷,可以没有,也可以有很多,数目是不定的,各个零件和产品的属性种类也是可以不确定的,而且它们的属性也是可以互不相同的,每个子部件同样包含一个附件区,该附件区即对应该子部件下所包含的零部件和产品,这样,多级的产品结构树下的所有附件信息都可以采用这种 XML 文件结构来表示,一直可以递归到最终的零件和产品。而且只有满足这种结构才视为合法的 BOM 信息,充分显示了 XML 描述信息的规范性和灵活性。组件、部件的属性,则可以包含在 XML 的元素属性中,用属性项来进行约束和定制,其中 BOM 类型,也可以在组件的属性项中描述,并可通过 XML Schema 内容约束功能约束为只能为 EBOM、PBOM 和 MBOM 中的一种。

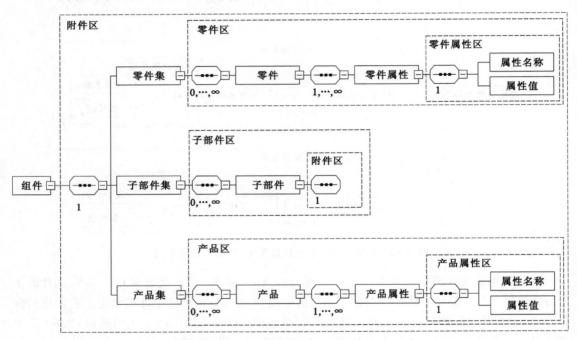

图 6.13　BOM 信息的 XML 结构模型示意图

　　其他的集成信息,如生产计划信息、工艺资源信息等,也可以类比这两种信息的建模方式建立起自己的 XML 信息模型。当采用了 XML 建模方式,只有满足对应模型的信息才被视为合法的信息,信息输出方必须保证输出的都是合法的,信息输入方则在接收时首先进行信息的合法性验证,若为非法信息则弃之,若为合法信息,则可以根据对应的模型进行解析,任意提取数据。这样,接口双方可以很容易地实现信息的交换和流通。

　　3)信息集成的实现手段

　　(1) 基于 CORBA 和 XML 的 CAPP/PDM 集成

　　工具系统 CAPP 和管理系统 PDM 是产品设计/制造阶段的两个重要信息系统,PDM 用来管理所有与产品相关的信息和过程,而 CAPP 系统则是辅助工艺设计人员完成产品、零件的工艺设计,二者之间需要进行紧密集成。

　　目前,实现这类紧密集成的分布式技术主要有:OMG 组织提出的 CORBA 规范、微软公司的 COM＋规范和 Windows DNA 平台,另一种是 SUN 公司的 EJB 规范和 J2EE 平台。COM＋规范虽然也支持跨系统和跨语言,但实际应用中主要用于 Windows 平台,其主要的开发语言是 VC,对企业的现有遗产系统的继承性无法保证。EJB 规范具有很好的支持异构性和可移植性,它的远程对象调用是 Java 的 RMI 规范和 CORBA 规范共同实现的,与 CORBA 服务兼容,但从市场的使用情况看,J2EE 运行效率不高,并且各种基于 J2EE 平台产品都对 EJB 规范进行了自己的扩展,其互相之间可移植性不能达到 100%。CORBA 规范是一种通用的分布式标准,可实现平台无关性和语言无关性,并对新的系统没有开发语言上的约束。而且,CORBA 技术也可以很好地支持 XML 技术。它是为了实现分布式计算而引入的基于面向对象的技术,很好地解决了远程对象之间的互操作问题。CORBA 总体框架如图 6.14 所示。

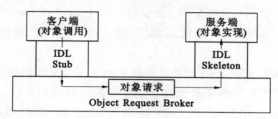

图 6.14　CORBA 总体框架

　　IDL 是 CORBA 的接口定义语言,IDL 将被映射为某种程序设计语言,如 C＋＋或者 Java,并且分成两份,在客户端叫 IDL Stub(桩),在服务端叫 Skeleton(骨架),两者可以采用不同的语言。服务器在 Skeleton 的基础上编写对象实现,客户端通过客户桩访问服务器上的方法。两端通过对象请求代理 ORB(Object Request Broker)总线通信。在解决异构平台的数据通信问题时,可以在客户端编写数据请求代码,在服务端实现数据的提取,以此来实现系统间的信息集成。

　　基于 CORBA 和 XML 的 CAPP/PDM 集成的实现方案是:利用 CORBA 的语言无关性,通过系统间对象的互操作,实现两系统间的数据通信,而系统之间的信息传输,则采用具有强大信息描述能力的 XML 文档,它可弥补 CORBA 技术数据信息传递性差的缺陷,而且 CORBA技术可以很好地支持 XML 的传递,因此,同时利用 XML 和 CORBA 技术,是实现紧密集成的一种很好的解决方案。图 6.15 是基于 CORBA 和 XML 技术的 CAPP/PDM 系统集成框架。

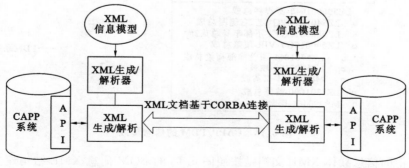

图 6.15　基于 CORBA 和 XML 技术的 CAPP/PDM 系统集成框架

图中系统之间经由 CAPP 和 PDM 系统提供的应用编程接口 API(Application Programming Interface),将系统所需要传输的信息导入或导出,通过 XML 生成器可将信息转换成 XML 文档在 CORBA 建立的连接中传输,在传输的另一端,通过 XML 解析器对 XML 文档进行解析,就可以获得所需的信息,完成信息的传递。

在系统进行 XML 生成与解析时,都将用信息对应的 XML 模型进行校验,以保证生成合法信息,待解析的信息为可理解的信息,XML 模型则是在最初确定,在两系统中都有其对应的拷贝。由于在 CAPP/PDM 集成中,CAPP 系统是处于主动地位的,PDM 系统是处于被动地位的,因此,CAPP 系统设计为 CORBA 的客户端,PDM 系统则设计为 CORBA 的服务端。

XML 生成/解析器是指一组用来实现 XML 操作和 XML 技术与各种编程语言集成的功能库,目前主要的 XML 生成/解析器有 Apache 组织的 Xerces、IBM 公司的 XML4C、SUN 公司的 JAXP 和 Microsoft 公司的 MSXML,支持与 C++语言和 Java 语言的集成开发。它们都支持 XML Schema 技术,可以很好地实现 XML 的结构约束,从而保证集成信息的顺利传递。

由于 CORBA 和 XML 都具有语言无关性和平台无关性,可很好地支持各种不同系统的紧密集成需求,是解决工具系统集成和管理系统集成的一种通用途径。

在 CAPP/PDM 的信息集成中,图 6.16 给出了在 CAPP 中产生的工艺 BOM 信息通过"XML 文档Ⅰ"将完成的工艺 BOM 传递给 PDM 系统的过程,PDM 通过产品结构编辑模块操作 BOM 信息。

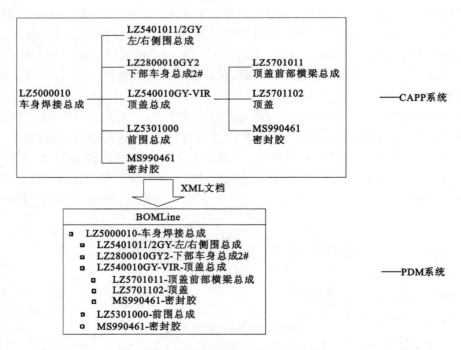

图 6.16 CAPP/PDM 的信息集成

图 6.16 中的信息载体 XML 文档是按照图 6.13 的 BOM 信息 XML 结构建立的,通过该结构进行约束。XML 文档的部分内容如下:

```
〈? xml version="1.0"  encoding="GB 2312"?〉
〈组件 xmlns:xsi="http://www.w3.org/2001/XML Schema-instance"
    xsi:noNamespaceSchemaLocation="BOM 信息.xsd"
    名称:"车身焊接总成"图号="LZ5000010"〉
        〈零件集〉
                〈零件〉
                        〈零件属性〉
                                〈属性名称〉名称〈/属性名称〉
                                〈属性值〉密封胶〈/属性值〉
                        〈/零件属性〉
                        〈零件属性〉
                                〈属性名称〉图号〈/属性名称〉
                                〈属性值〉MS990461〈/属性值〉
                        〈/零件属性〉
                〈/零件〉
        〈/零件集〉
        〈子部件集〉
                〈子部件  名称="顶盖前部横梁总成"图号="LZ5701011"/〉
                〈子部件  名称="顶盖"图号="LZ5701102"/〉
                〈子部件  名称="下部车身总成2#"图号="LZ2800010GY2"/〉
                〈子部件  名称="左/右侧围总成"图号="LZ5401011/2GY"/〉
                〈子部件  名称="前围总成"图号="LZ5301000"/〉
        〈/子部件集〉
〈/组件〉
```

（2）基于 Web Service 的 PDM/ERP 集成

PDM/ERP 集成属于管理系统间的松散集成。松散集成采用的是 SOA 结构模式,基于 XML 技术的 Web Service 技术能很好地实现 SOA 结构模式,进而实现 PDM/ERP 集成。Web Service 是一种部署在 Web 上的对象/组件,其总体框架如图 6.17 所示。

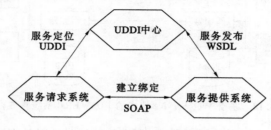

图 6.17　Web Service 总体框架

在 Web Service 中,企业应用对外以 Web 服务的形式发布,通过 Web 服务描述语言 WSDL描述服务相关信息及数据接口;服务请求方通过服务代理的统一搜索、描述和集成 UDDI功能查找到相应的 Web 服务及接口,进而与服务提供者建立连接,以简单对象访问协议

SOAP 为载体进行通信。

根据基于 EAI 的数字制造系统的框架,需要引入"企业信息代理服务中心"来实现管理系统间的松散耦合。因此,PDM/ERP 集成前需要建立起"企业信息代理服务中心",而 Web Service 技术中的 UDDI 中心恰好具有这一功能。

UDDI 中心有公用和私有两种:公用的是面向全球的信息代理服务,而私有的可以视需要在一个局部单位内实施。企业实施 EAI 时,应先建立起企业私有 UDDI 中心,作为"企业信息代理服务中心"为整个企业提供信息代理服务。企业内的管理系统将自己对外提供的信息以 Web 服务的形式提供,在企业内私有 UDDI 中心发布并部署。当某个系统需要申请该服务时,只需向 UDDI 中心发出申请,即可与服务方建立连接,获得服务。

因此,PDM/ERP 集成的实现方案是:通过发布 Web 服务于企业私有 UDDI 中心,利用申请、绑定建立两系统间的连接,通过 Web 服务方式,实现两系统间的数据通信;系统之间的信息传输,同样采用具有强大信息描述能力的 XML 文档,使用 SOAP 标准通信。

图 6.18 是基于 Web Service 技术的 PDM/ERP 系统集成框架。其中,企业建立私有 UDDI 服务中心作为"企业信息服务代理中心",企业已经建立的 PDM 系统和 ERP 系统往往没有对外提供 Web 服务,需要为其分别设计一个适配器。其功能是把 PDM 或 ERP 系统对外提供的信息按对应 XML 信息模板,生成 SOAP 包,再以 Web 服务的形式对外提供。适配器与源系统间仍然是一种紧密集成的关系,可根据源系统的构架,选择在源系统基础上直接开发,或者利用 CORBA 和 XML 技术实现连接。两系统的对外 Web 服务首先都要注册到企业私有 UDDI 服务中心。当一方系统需要获取另一方系统的服务时,需先向 UDDI 服务中心申请,如图 6.18 虚线所示,PDM 系统向 UDDI 服务中心申请 ERP 系统提供的 Web 服务。如果申请的服务已有注册,则会返回服务方地址(即 ERP 系统地址)和服务描述格式,这时 PDM 系统可根据返回的信息建立与 ERP 系统的连接,获取 ERP 系统的服务,称之为绑定服务。服务完成后,可自动解除绑定,下一次服务还是按照该流程重新进行。同样,若 ERP 系统需要 PDM 系统提供的服务,也是通过同样的流程进行,即可获得服务。

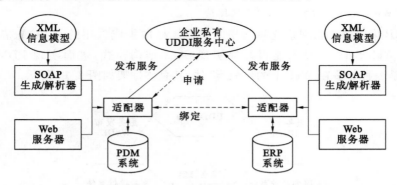

图 6.18 基于 Web Service 技术的 PDM/ERP 系统集成框架

在基于 Web Service 技术的集成体系中,所有系统提供的对外 Web 服务都是在 UDDI 服务中心注册的,并非面向哪个具体对象发布的,任何一个其他系统需要申请该项服务,只要通过安全认证,都可以与服务方建立服务绑定,从而获取服务。在系统初始,不分服务方和客户方,任何一个系统都可以成为服务方,也都可能成为客户方,系统与系统间不存在集成关系,处于一种松散的状态。只有当具体某一服务建立时,才能确定哪一个系统为服务方,哪一个系统为客户方，而当该次服务完成后，服务方和客户方的关系自动解除，重新回到初始松散状态。在基于 Web Service 技术的集成体系下，集成两个系统与集成多个系统在实现上难度差不多，而且在已有的成型体系的基础上，出现了新的系统集成需求：一是原有系统有新的集成信息需求，则增加该系统相应的 Web 服务即可；二是添加新的应用系统，只需发布它的对外 Web 服务，通过向服务中心申请，同样可以很方便地获取到已有系统的对外 Web 服务，从而与整个集成体系融为一体。Web Service 技术也具有语言无关性和平台无关性，因此，基于 Web Service 技术的集成体系，非常适合管理系统间的松散耦合。

6.4.2　CAPP/PDM/ERP 过程集成

所谓过程是指为完成企业某一目标（或任务）而进行的一系列逻辑相关的跨越时间的活动的有序集合。过程集成是将毫无关联的信息交换放在业务模型的实际环境中去考察，在人们面前呈现出与企业运作相吻合的信息流。

过程集成首先是建立在信息集成的基础之上的，只有充分实现了信息集成，过程集成中的过程控制信息和过程内容才可以被顺利地传输。过程集成是通过过程的并行执行和以多功能项目组为核心的扁平化组织，对企业过程进行重组和优化，实现企业过程中的资源、组织和信息的集成。

1）过程集成的条件和内容[68]

实施过程集成所需要的前提条件主要包括：

（1）目标一致是集成的前提，过程各权益相关者在过程中的利益不同，导致对过程评价标准的不同，过程集成应以总体目标为最终的共同目标。

（2）互通是集成的基础，过程与过程之间必须在物理上或逻辑上建立通信联系，做到必要的信息共享。

（3）语义一致，应保证过程之间交换的数据格式、术语和含义的一致。

（4）互操作。过程的结构必须是开放结构。过程应该能够根据周边环境的变化和其他过程的要求，改变过程的结构；同时过程也可以根据需要，对其他相关过程给出指令，启动其运行，以实现总体目标的优化。

过程集成可分为横向集成与纵向集成：横向集成表现为并行过程之间的集成，如协同设计等；纵向集成表现为上下游过程之间或时间上先后的过程之间的集成，如设计与工艺、工艺与制造等。在实际的过程集成中，横向集成和纵向集成是交织在一起的。

从企业信息系统的角度来看，企业的过程集成被分为系统内的和企业级的。由于企业内一个个孤立系统的存在，很多系统往往提供了支持企业过程管理的功能，实现局部的过程集成管理。但企业是一个整体，很多过程都是跨多个系统的，需要调用多个系统中的资源，并统一考虑，才有可能协作完成整个过程。

过程集成的工作主要包括：① 过程定义。针对过程集成的需要，分析过程集成所需解决的问题，明确各过程的权益相关者、过程之间的关系和运行中的约束条件，然后进行优化，通过分析模拟，消除冗余、资源冲突等问题，确定过程管理解决方案。② 过程建模。根据已制定的过程解决方案，利用信息系统提供的过程建模功能，通过添加一个个工作任务，定义任务的触发顺序和触发条件，明确任务内容，制定完整的过程集成模型。③ 过程运行。通过实例化过程集成模型，使整个过程成为一个有机系统，协调地工作。④ 过程管理。过程管理在技术层次上完成过程创建、删除、活动的执行与控制,完成工作流的定义和管理,按照预先定义好的过程逻辑推进过程实例的执行。⑤ 过程结果分析。过程的运行往往不可能一开始就达到最优效果,需要不断地优化改进。过程运行是进行分析优化的对象,它必然是一个不断反复完善的过程。

过程集成主要完成企业各经营过程的优化与协作,按照过程定义、过程建模、过程运行、过程管理、过程结果分析的工作思路,它对企业信息体系提出了以下要求:

（1）完成经营过程的计算机化定义

利用建模技术,将实际的经营过程转化为计算机可处理的形式化定义,得到的定义称为过程模型。过程建模是经营过程分析与经营过程重组的重要基础。目前许多建模工作主要是从直觉出发,以图形语言或文本语言来定义过程,这种定义方法对用户较为理想,但不利于实际系统的实现,也无法对过程的本质进行深刻的描述,影响后一阶段对过程的分析与评价。所以,选用合适的过程建模工具是非常重要的。

（2）开发过程管理系统

在完成对过程模型的评价优化后,所生成的过程模型将由过程管理系统创建实例并控制其执行过程,实现在模型定义的经营过程与现实世界中实际过程之间的连接。过程管理系统还承担对工作流进行控制的任务,保持企业范围内各工作过程之间固有的顺序关系,并控制过程实例与活动实例的状态转换。

（3）提供性能可靠的信息流通和共享机制

过程集成须建立在信息集成的基础上,才能实现跨模块、跨系统之间的集成。

2）过程集成的解决方案

企业内的各管理系统都提供了针对自己领域的过程建模、过程优化和工作流管理功能,利用紧密封装相关的工具系统,补充局部领域的资源来源和应用来源,因而获得完备的过程实施资源,确保过程的顺畅进行。图 6.19 为基于管理系统平台的过程集成解决方案的示意图。设计人员定义过程后,让系统管理人员在管理系统的流程管理模块中进行过程建模;业务人员在管理系统中启动一个过程实例,过程执行则有可能在某个工具系统中或者在管理系统中进行;在过程运行中,系统管理员可以通过管理系统对过程进行监控;经过多次过程实例完成,过程设计人员可在管理系统中进行结果分析,对过程进行进一步的优化、完善。管理系统平台通过紧密集成相关工具系统,增强支持与工具系统相关的业务过程,可很好地解决局部领域的相关过程的管理与执行。

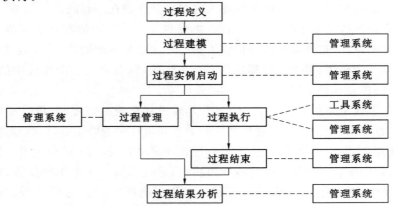

图 6.19　基于管理系统平台的过程集成解决方案示意图

对于跨多管理系统的过程集成,可通过企业应用门户来协调解决。企业应用门户通过企业"过程管理引擎",支持过程建模和过程控制,与"企业信息服务代理中心"一起实现与各管理系统的交互与协作。为了充分利用现有系统的资源,对于跨多管理系统的过程建模,首先在企业应用门户中整体建模,主要细分到管理系统级,管理系统内的子过程再到相应的管理系统中进行建模,通过"企业信息代理服务中心"调用和衔接各管理系统的业务流程管理功能,从而连接到所有资源,来完成跨系统的企业级的过程集成。

图 6.20 为基于企业应用门户的跨多管理系统过程集成解决方案的示意图。在过程定义后的过程建模任务不在一个系统中完成,需要在企业应用门户和相关的管理系统中同时进行,协调完成,在企业应用门户建立整体的过程模型,在相关的管理系统中建立子过程模型,一个个子过程组合起来构成整个过程。整个过程的启动、中间子过程的衔接和结束都是由企业应用门户控制进行,子过程的执行控制则由对应管理系统完成。在过程最开始,业务人员在企业应用门户启动该过程,过程启动则会自动激发第一个子过程的启动,第一个对应管理系统进行子过程执行控制;第一个子过程完成,管理系统提交完成信息给企业应用门户,门户自动激发下一个子过程的启动,重复此过程,一直到过程结束。通过如此途径,完成跨系统的过程管理与实现。企业门户只负责过程的整体管理控制和各子过程的衔接,具体的子过程则均在各管理系统中得以实现。

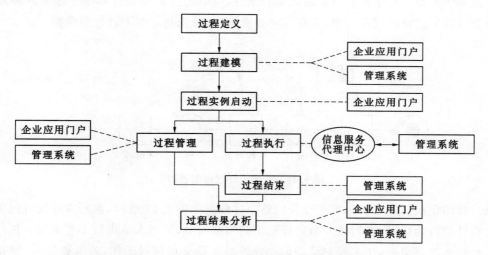

图 6.20 基于企业应用门户的跨多管理系统过程集成解决方案示意图

3) 过程集成的实现

(1) CAPP/PDM 过程集成

由于 PDM 系统提供了完整的过程集成管理功能,因此,只要将 CAPP 有效地集成在 PDM 系统中,充分利用 PDM 的过程管理功能,就可以实现 CAPP 相关的过程集成管理,这种实现模式是一种"紧密封装式"的过程集成模式。具体步骤如下:

① 在 PDM 系统上有效集成 CAPP 系统,紧密封装,对 CAPP 系统的启动、运行、权限等进行有效的控制。这样,CAPP 相关的过程集成都可以在以 PDM 为平台的管理中完成。

② 对 CAPP 系统相关的过程集成进行分析、定义,如工艺设计流程、工艺更改流程等,完成过程图的编制。

③ 利用 PDM 系统的过程管理模块,完成这些过程模型的建设。

④ 在 PDM 中进行模型实例化,启动过程,并提供各任务的人机界面,包括启动 CAPP 进行工艺编辑、查看等,控制任务不断往下运行直至过程结束。

⑤ 运用 PDM 系统的查看文档状态等功能监控工艺设计任务运行的状态,以便控制产品的整体开发速度和质量,同时方便工艺设计人员对工艺设计任务及时做出调整。实现集成时,首先采用工作流网描述过程图模型,进行过程定义。在工作流网中,用圆圈表示库所即条件,用方框表示变迁即事件,库所中的小黑点表示托肯,代表该条件成立。工作流网是在 Petri 网的基础上提出的概念,其定义为[69]:

一个 Petri 网 PN＝(P,T,F)被称为工作流网,当且仅当它满足下面的两个条件:

① PN 有两个特殊的库所:i 和 o。库所 i 是一个起始库所,即 i＝Φ;库所 o 是一个终止库所,即 o＝Φ。

② 如果在 PN 中加入一个新的变迁 t,使 t 连接库所 o 与 i,即 t＝{o},t＝{i},这时所得到的 PN 是强连接。

由以上定义可知,条件①确保工作流网必须有一个起始点和终止点,进入起始库所的托肯代表着一个过程实例的开始,进入终止库所的托肯则意味着一个过程实例的结束;条件②则确保工作流网中不存在处于孤立状态的活动和条件,所有的活动与条件都位于起始点和终止点的通路上。以工艺设计过程为例,根据实际企业情况,首先建立如下过程图模型。

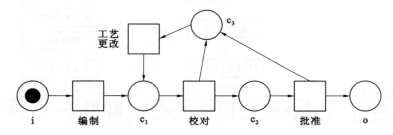

图 6.21　工艺设计过程图模型

该过程图模型规定了实际工艺设计的整个过程。如图 6.21 所示,起始库的托肯代表了一个工艺设计项目的启动,流程最开始进行到工艺编制人员,编制人员进行工艺编制。执行完成提交后托肯将被移至 c_1,工艺校对活动启动。校对人员进行校对工作,若未通过时,则托肯将被移至 c_3,工艺文件回到编制人员处进行工艺更改工作;若通过,则托肯将被移至 c_2,工艺批准活动启动。若批准未通过,托肯同样被移至 c_3,返回由编制人员修改;若批准通过,则流程结束,该工艺设计工作完成。

根据图 6.21 过程图模型,可利用 PDM 系统提供的过程建模功能,在 PDM 中建立工艺设计过程模型,并将各种触发条件、权限变更、执行人员等固化在模型中,则过程运行时将会按照规定的程序逐一进行。起始过程由工艺编制人员启动,当他在 CAPP 中完成工艺编制并将信息集成到 PDM 系统后,可以在 PDM 中选中对应过程模型,实例化一个工艺设计过程。编制人员需要指定下一步任务的校对人员,完成该操作后,编制人员对工艺文件的写权限将自动被收回,即不能再启动 CAPP 进行工艺文件修改,而指定的校对人员将会获得系统发出的任务通知,同时拥有该过程对象的校对权限。当校对通过时,编制人员指定下一步批准人员,校对人员权限收回,指定的批准人员获得系统消息,拥有批准权限;若校对否决,返回给编制人员,同时权限也返回给编制人员,这时编制人员才能启动 CAPP 重新进行编制。其他任务以此类推,PDM 就是这样通过将 CAPP 紧密封装,控制它的启动和权限,来实现 CAPP 相关的过程管理。

（2）CAPP/PDM/ERP 过程集成

由于 PDM、ERP 系统集成属于松散集成,涉及这两系统的过程集成,不能简单地采用"紧密封装式"的集成模式。PDM、ERP 都具有局部领域的过程管理功能,需要通过企业应用门户,充分利用起它们各自的过程管理功能,协调、统一运作。具体思路如下:

① 对集成过程进行分析、定义,分析哪些过程是在 PDM 中完成的,哪些是在 ERP 中完成的,建立一个总体过程图模型。以系统划分为单位,并编制出单个系统内所涉及的所有子过程的过程图模型。

② 根据总体过程图模型,在企业应用门户建立整个过程的模型。该模型主要确定子过程分段,各段的执行系统、执行目的和如何衔接等问题。

③ 在 PDM 和 ERP 中建立各子过程的流程模型。同时,管理系统需要提供相应的 Web 服务,确保过程衔接中的信息传递工作,如子过程的完成提交、过程中相关信息的共享实现等。

④ 企业流程管理中心实现过程的整体控制,由企业应用门户负责流程的启动和各子过程的衔接、运行状态的查询等。

⑤ 各子过程的具体运作过程则由管理系统独立控制,管理系统需随时提供状态查询、过程完成提交和过程共享信息的传递。

在 CAPP、PDM 和 ERP 系统集成中,有一个很重要的过程集成,即在实际企业运行中,产品的研发设计任务产生于 ERP 系统,ERP 系统将产品设计任务书下发给 PDM 系统,PDM 系统通知设计人员进行产品设计,设计完成后通知工艺人员完成产品工艺设计,完成后通知 ERP 系统,ERP 系统从 PDM 系统中获取工艺信息和 PBOM,综合考虑各方面因素,设计出最终的 MBOM,返回给 PDM 系统并最终开始生产。

将上述过程进行适当的简化,使用工作流网描述过程模型,对该过程建立了图 6.22 所示的工作流模型,图 6.22(a)为产品研发过程的总体过程图,图 6.22(b)为 PDM 系统里关于产品研发的子过程图,图 6.22(c)为 ERP 系统里关于产品生产决策的子过程图。启动过程从(a)开始,当托肯进入(a)中的 c_1 库所,在激活"设计完成"事件时,(b)子过程同时在 PDM 中启动。(b)子过程在 PDM 中控制完成后,(a)中的"设计完成"事件才结束,托肯进入 c_2 库所,同时激活"确定生产"事件和在 ERP 中(c)子过程启动。同样,(c)在 ERP 中控制完成后,"确定生产"事件才结束,从而整个过程完成。

根据图 6.22 的产品研发过程图模型,该过程要经历 PDM 和 ERP 两系统的过程管理,需首先在企业应用门户的建模功能模块中建立图 6.22(a)所示的过程整体模型,然后分别在 PDM 和 ERP 中建立图 6.22(b)、图 6.22(c)所示的子过程模型。整个过程的启动由业务人员在应用门户中实例化启动,完成"下达设计任务"子任务后,PDM 中的"产品设计工艺子过程"将被实例化启动,同时,应用门户的过程执行将处于等待状态。PDM 中的子过程执行将完全由 PDM 系统独立控制完成,实现过程与前面讲述的 CAPP/PDM 过程集成相同。PDM 子过程执行完成后,将通知应用门户。应用门户接到完成通知,"设计完成"子任务完成,进入"确定生产"子任务。同样,此时 ERP 中"产品生产决策"子过程将被实例化启动,应用门户过程再次处于等待状态。ERP 控制完成子过程,通知应用门户,应用门户接到完成通知,完成"确定生产"子任务,过程结束。

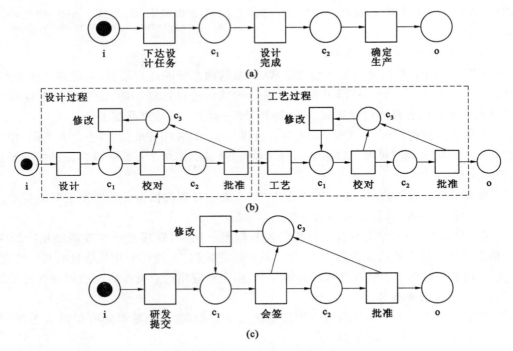

图 6.22　产品研发过程图模型

(a) 产品研发过程整体建模;(b) 产品设计工艺子过程建模;(c) 产品生产决策子过程建模

在整个过程中,企业应用门户通过"过程管理引擎"主要起到整体过程建模、整体过程控制和各子过程的衔接激发的作用,而各子过程的完成则都是由对应管理系统自己独立完成,因此达到充分利用现有资源的目的,保证大部分的业务人员保持在原来熟悉的系统上进行自己负责的企业业务。在门户与各管理系统间的协同运作,即激发流程启动和提交完成信息,主要有两种实现方式[70]:

① 在基于 EAI 的信息化制造系统体系中建立一套过程消息机制,用来传递过程中的相关信息,如过程激活信息、过程提交信息、过程状态查询信息等。每个管理系统需要提供专门的过程服务接口,以便接受应用门户的统一调度和状态查询;应用门户系统提供过程服务提交接口,供各管理系统完成过程提交使用。应用门户通过过程激活、过程提交和过程状态查询管理、运作各管理系统,达到完成过程执行中的应用门户与各管理系统间的协同运作。

② 较为简单的方法,可以考虑暂时采用人工的方式替代。让每个系统中都有对应的人员账户存在于企业应用门户系统中。这样,应用门户中的整个流程主要集中在这些对应的人员上,当需要进入管理系统子过程时,由对应人员在该管理系统中手动启动相应流程,管理系统完成子过程,同样由对应人员在应用门户中手工完成提交的过程,即实现了门户与各管理系统间的协同运作。

7 基于 NGGPS 的数字制造信息集成共享管理方法

7.1 基于 NGGPS 的数字制造特征信息共享管理模型

产品几何技术规范与认证(Dimensional and Geometrical Product Specification and Verification,简称 GPS)是一套覆盖几何产品从宏观到微观的几何特征,包括尺度、几何形状和位置以及表面形貌等方面的标准,涉及几何产品设计、制造、验收、使用以及维修、报废等产品生命周期全过程的技术标准体系。应用 GPS 技术,可以减少 10%图样设计中几何技术规范的修订成本,降低 20%制造过程中材料的浪费,缩减 20%检测过程中仪器、测量与评估的成本,并缩短 30%产品开发周期。随着 GPS 理论与技术的不断发展,GPS 将会成为进行产品合格评定的依据和工程领域技术交流的重要技术规范,更是国际上签订生产合约、承诺质量保证、履行贸易合同的重要基础。新一代 GPS(NGGPS)标准体系将着重于提供一个适宜于 CAx 集成环境的、更加清晰明确的、系统规范的集合公差定义和数字化设计、计量规范体系,其突出特点是:系统性、科学性、并行性强;理论性、规律性、可描述性强;应用性、可操作性强;与 CAx 的信息继承性强。新一代 NGGPS 标准体系的建立与应用,对于加速制造业信息化的进程,提升产品集合技术规范(GPS)及应用领域的技术水平,促进产品几何技术规范领域的自动化、智能化及信息的集成化有重要的意义。

在第 1 章已分析数字制造信息的特征,包括信息共享的特点。若将 NGGPS 应用于数字制造信息共享管理中,将 NGGPS 和数字制造信息特征结合,利用特征操作实现信息提取,应用 NGGPS 的标准与规范统一产品生命周期内的信息,从而在充分利用现有技术的条件下达到制造过程信息统一的目的。但是基于 NGGPS 的数字制造特征信息共享的实现必须要解决以下问题:① NGGPS 将特征作为一个高层次的设计概念,为数字制造过程特征分类与描述提供保证,这为制造信息的统一打下良好基础。为实现技术人员的有效信息交流,如何用统一的语言规范集成 NGGPS 标准体系? ② NGGPS 利用对偶操作实现产品设计和检验的统一,在设计阶段必须全面考虑检测要求。如何开发 CAx 集成系统,使 NGGPS 能应用并指导产品设计、制造和检测信息的统一? ③ NGGPS 重新规范产品信息,为 CAx 的全周期集成提供保障。但如何准确地传输和共享 CAx 数据,实现数据的实时更新及版本跟踪等全周期管理?作为上述问题的解决方案,可采用一种基于 NGGPS 的数字制造特征信息共享平台总体框架[71],如图 7.1所示。

该平台主要由基于 NGGPS 数字制造特征信息统一的 CAx 集成系统、应用 SOA 的数字制造信息系统和系统功能扩展接口等三个部分所构成。其中基于 NGGPS 数字制造特征信息统一的 CAx 集成系统是实现几何产品制造信息统一的关键,它基于 NGGPS 理论应用研究,将 NGGPS 集成于 CAx 中；应用 SOA(Service-Oriented Architecture)的数字制造信息系统是通过使用面向服务架构技术实现 CAx 数据准确传输、数据实时更新和版本跟踪等全周期管理功能；系统功能扩展接口是通过定义公用的接口和数据格式标准，提供授权权限访问、数据和功能等扩展界面。

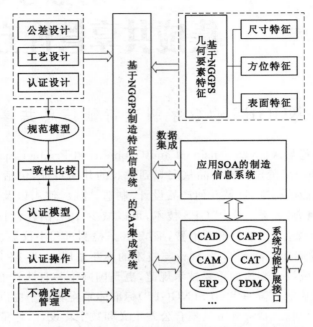

图 7.1　基于 NGGPS 的数字制造特征信息共享平台总体框架

（1）基于 NGGPS 的数字制造特征信息统一的 CAx 集成系统模块涉及两方面内容的理论工作，即 NGGPS 基础理论体系以及探讨 NGGPS 与 CAx 的关联图。图 7.2 为 NGGPS 基础理论体系结构图。

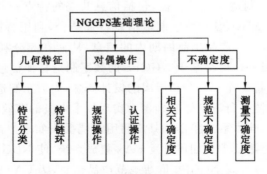

图 7.2　NGGPS 基础理论体系结构图

基于 NGGPS 的数字制造特征信息统一的 CAx 集成系统需要对几何特征、对偶操作和不确定度等 NGGPS 基础理论进行研究。其中几何特征主要涉及 NGGPS 特征分类、特征链环等内容，在几何特征分类的基础上，特征链环必须明确其 NGGPS 特征信息或特征值，这是NGGPS 统一数字制造信息实现共享的基础[72]；对偶操作包括 NGGPS 规范操作、认证操作，通过对偶操作得到产品 NGGPS 设计特征及检验特征的数学评价依据——特征值（点），并建立 NGGPS 设计特征与认证特征的量值传递及对应关系,是 NGGPS 统一与共享数字制造信息的核心[73];不确定度涉及 NGGPS 相关不确定度、规范不确定度和测量不确定度等内容,基于相同的理论基础——不确定度得到客观、统一、可比较的 NGGPS 特征值的置信区间值,是 NGGPS 统一制造信息的重要工具[74-76]。

图 7.3 为 NGGPS 与 CAx 的关联图。将 NGGPS 标准应用并集成于与设计、制造和检验阶段相关的 CAx 系统中从而完善产品的几何信息,利用对偶关系实现 CAx 系统中设计与检验 NGGPS 几何特征信息特征值的量值统一[77,49]。NGGPS 可为 CAx 提供完整的信息模型标准,为各 CAx 子系统提供统一的标准规范,为 CAx 提供及时的反馈信息。NGGPS 应用中与 CAx 间的联系如图 7.4 所示。

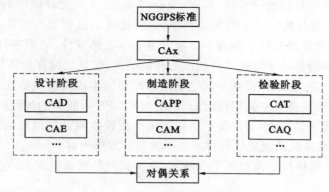

图 7.3　NGGPS 与 CAx 的关联图

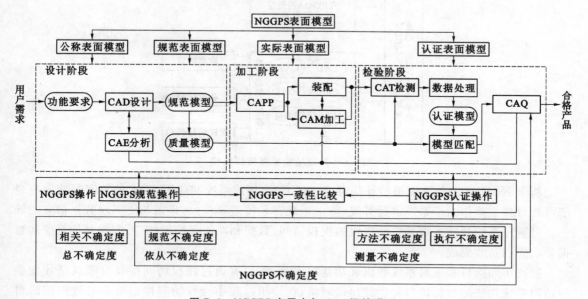

图 7.4　NGGPS 应用中与 CAx 间的联系

从图 7.4 可见 NGGPS 是 CAx 各子系统信息联系的重要纽带,应用 NGGPS 标准抽取产品各个阶段所需的 NGGPS 特征信息,并通过一系列 NGGPS 操作建立统一的产品模型信息[78-79]。研究开发基于 NGGPS 的 CAx 集成方法,实现不同 CAx 之间的信息传输和共享,是实现 CAx 集成的基础。

(2) 应用 SOA 的数字制造信息系统结构如图 7.5 所示,信息系统依据主流的 SOA 技术标准实现,由信息集成和功能集成两个主要功能构成。

图 7.5　应用 SOA 的数字制造信息系统结构

与传统的纯文档型或数据型信息系统不同,应用 SOA 的数字制造信息系统的信息集成与协同共享包括产品信息的统一存储、检索、更新等功能,其所能存储的信息包含 NGGPS 特征信息、CAx 信息以及与数字制造相关的其他信息,这些信息根据产品数据构成的逻辑完整性、独立性可划分为文件级与特征级两个层次。由于存在标准件、通用零件,实际产品信息一般可认为是由一系列特征或子零件文件构成的树状结构,信息之间存在各种层次的包含、引用或变形等复杂联系。应用 SOA 的数字制造信息系统功能集成提供制造功能的集成与协同共享环境,实现制造相关功能统一调用(操作)界面。NGGPS 功能中的规范操作、认证操作对产品数据信息有特殊要求,在数字制造信息系统中工作流程控制及其信息的正确传输亦是应用 SOA 的数字制造信息系统功能集成与协同共享实现的重要内容。

(3) 系统功能扩展接口结构如图 7.6 所示,它提供与外部系统联系的授权访问、数据和功能等扩展接口。

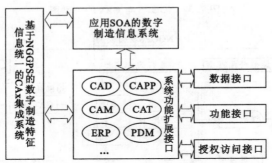

图 7.6　系统功能扩展接口结构

基于 NGGPS 的数字制造特征信息统一的 CAx 集成系统和应用 SOA 的数字制造信息系统可相对独立地作为子系统进行开发,但由于现存系统差异较大,难以与之实现数据信息的统一。可通过系统功能扩展接口所提供的授权访问、数据和功能等扩展接口,实现异构系统间数据和功能的高效集成。

授权访问接口实现对系统数据和功能权限管理,只有通过授权访问接口权限认证才能获得访问系统功能的数据接口和功能接口对象;在使用过程中授权访问接口对象对数据接口对象或功能接口对象的操作进行合法性判断,以保证共享平台的安全性。数据接口为外部系统和内部系统提供统一的数据交换机制和数据格式,并提供数据完整性、一致性等数据检查功能[80]。数据接口还提供 SOAP 消息交换和 XML 数据交换机制。功能接口提供外部系统使用内部系统功能的定义和调用机制,为适应 NGGPS 发展及可数学建模的特点,功能接口还提供基于数学的 NGGPS 扩展功能。

7.2 基于 NGGPS 的数字制造特征信息共享平台功能需求与流程分析

图 7.1 是从系统组成结构来讨论基于 NGGPS 的数字制造特征信息共享平台的总体框架。数字制造实质上是应用数字制造理论与技术对产品全生命周期中各环节间的关系和活动进行表达、处理、控制和实现。数字制造产品全生命周期包括产品设计、产品制造、产品质量检验、产品营销、产品维护、产品回收、产品管理等环节。但从产品制造过程的角度,该系统构架又可划分为基于 NGGPS 的设计、制造和检验等三个子功能系统,其关系见图 7.7。各数字子系统功能相对独立并协同工作,彼此间有信息传递。下面将从设计、制造和检验等方面阐述基于 NG-GPS 的数字制造特征信息统一与共享的功能需求并提出其相应的工作流程[81]。

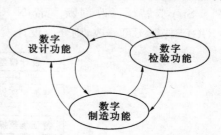

图 7.7 基于 NGGPS 的设计、制造和检验等三个子功能系统关系图

7.2.1 设计过程功能需求与流程

1) 设计过程功能需求

产品设计的基本原则是经济地满足产品功能的要求。应用 NGGPS 设计过程的制造特征信息除产品几何形状及其公差设计信息外,还必须包含制造公差、检验规程等信息。

(1) 应用 NGGPS 设计过程的几何公差设计

应用 NGGPS 设计过程以公称表面模型为基础对相关几何要素进行分离、提取、滤波、拟合、集成、构造和评估等 NGGPS 规范操作,在满足功能要求前提下考虑经济性要求,通过计算、知识推理指导公差设计,求出几何要素的最大偏差,并确定满足设计要求的制造公差和检验规程,相关几何要素应用 NGGPS 标注规范将所确定的制造公差、检验规程信息标注,得到最终规范表面模型。这里必须强调的是:应用 NGGPS 的几何公差设计涉及复杂的计算和知识推理过程,为提高几何公差设计的效率必须改变手工输入的现状,提供 NGGPS 基础功能库及相关推理知识库等支持系统。

(2) 描述应用 NGGPS 设计过程的信息

应用 NGGPS 设计过程的几何公差兼顾与制造和检验的统一,增加了许多非几何信息。可以将非几何信息作为属性或约束,完善几何特征的工程语义信息,从而设计出易表达、可扩展的 NGGPS 规范模型。

2) 设计过程工作流程

图 7.8 为基于 NGGPS 的数字设计子系统工作流程。

Step 1 特征识别提取 读取几何产品的设计模型文件,识别设计模型中涉及制造和检验的产品几何特征,根据 NGGPS 知识库定义的要素特征对该特征进行分类,并提取相关参数信息,形成产品几何要素 NGGPS 特征。

Step 2 特征规范操作 从 Step 1 提取 NGGPS 特征执行 NGGPS 规范操作链,根据 NGGPS 特征要素规范定义的要求,从 NGGPS 知识库中选择并设置制造、检测中必需的参数和信息,形成 NGGPS 规范特征信息。

Step 3 符合功能判断 根据规范特征信息和参数,结合产品设计功能需求目标,判断规范特征是否能达到设计功能要求。

Step 4 规范模型 若规范特征符合功能需求,则生成规范模型,将该规范模型存储,所得产品规范模型传送至数字制造子系统和数字检验子系统;若不符合,继续判断是否修改 NGGPS 特征参数。

Step 5 特征可改判断 若 NGGPS 特征可修改,则修改特征参数并返回 Step 2。若 NGGPS特征不可修改,则修改设计模型并返回 Step 1。

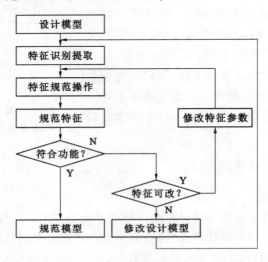

图 7.8 基于 NGGPS 的数字设计子系统工作流程

7.2.2 制造过程功能需求与流程

1)制造过程功能需求

应用 NGGPS 制造过程的主要工作是从设计过程得到产品 NGGPS 规范模型,提取规范模型中与产品制造相关的 NGGPS 规范特征,利用知识推理库协助用户设计,选择合适的制造工艺或设备[82-87];根据 NGGPS 规范特征数据信息和参数,结合加工设备配置文件生成数字加工设备所需的制造程序或特殊数据格式。

2)制造过程工作流程

图 7.9 为基于 NGGPS 的数字制造子系统工作流程。

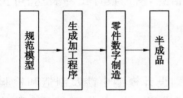

图 7.9 基于 NGGPS 的数字制造
子系统工作流程

Step 1 生成加工程序 数字制造子系统提取规范模型中与产品制造相关的 NGGPS 规范特征;根据规范特征数据信息和参数,结合加工设备配置文件生成数字制造设备所需的加工程序或特殊数据格式。

Step 2 零件数字制造 启动数控设备实现零件的加工。

Step 3 半成品 数控设备运行结束后得到半成品的零件产品,将零件产品送数字检验子系统。

7.2.3 检验过程功能需求与流程

1）检验过程功能需求

基于 NGGPS 的检验过程是国际贸易间产品质量客观评价的关键步骤,应用 NGGPS 将产品检验评定与表示方法统一,所得检验结果在国际相互承认并带来极大的便利。

（1）应用 NGGPS 检验过程的数字检测及认证操作

应用 NGGPS 检验过程从设计过程得到产品 NGGPS 规范模型,提取规范模型中与产品检验相关的 NGGPS 规范特征,确定所需检测的设备;根据 NGGPS 规范特征数据信息和参数,结合检测设备配置文件生成数字检测设备所需的检测程序或特殊数据格式;启动检测设备执行检测程序得到检测模型;通过检测模型得到 NGGPS 认证表面模型,在 NGGPS 规范特征的参数约束下对认证表面模型的几何要素进行分离、提取、滤波、拟合、集成、构造和评估等NGGPS认证操作,计算出实际几何要素公差范围[83-87]。

（2）应用 NGGPS 检验过程的不确定度评价

合理评价可以反映出测量结果的质量、可靠程度,检验过程使用 NGGPS 扩展的不确定度工具计算出评估值,并得出最终是否符合规范要求的判断结果。

2）检验过程工作流程

图 7.10 为基于 NGGPS 的数字检验子系统工作流程。

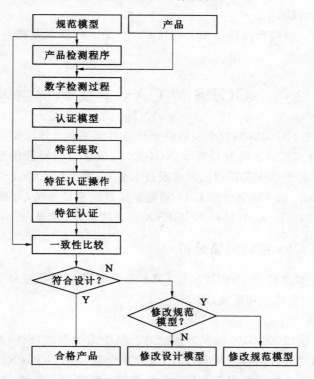

图 7.10　基于 NGGPS 的数字检验子系统工作流程

Step 1 产品检测程序　数字检验子系统接收数字设计子系统发送过来的产品规范模型,提取规范模型中与产品检验相关的 NGGPS 规范特征,结合检测设备配置文件生成数字检测设备所需的检测程序或特殊数据格式。

Step 2 数字检测过程　当检测程序和待检测产品零件皆就绪后,运行检测程序启动数字检测过程。

Step 3 认证模型　数字检测程序执行完毕后,建立产品检测模型,即产品的点云数据或文件。

Step 4 特征提取　从规范模型中识别与产品质量相关的 NGGPS 特征规范信息,根据这些规范信息将检测模型划分提取出不同的点云集合,作为认证操作的数据源。

Step 5 特征认证操作　在规范模型 NGGPS 特征规范信息的控制下执行设定特征认证操作功能,依据 NGGPS 知识库中的知识及算法分析所提取的点云集合,构造特征的认证模型。

Step 6 一致性比较　应用 NGGPS 定义算法将得到的认证模型与对应特征的 NGGPS 规范模型信息进行一致性比较,将得出该认证模型的质量评判指标。

Step 7 符合设计判断　判断一致性比较的指标是否符合产品规范设计的要求。若符合设计要求,则该 NGGPS 认证模型可作为 NGGPS 知识库的数据源进行反馈学习;若不符合设计要求则继续判断规范模型是否可修改。

Step 8 规范模型可改判断　判断 NGGPS 特征是否可通过修改规范模型,使其符合 NGGPS规范设计的功能需求,若规范模型可修改则修改规范模型,否则修改设计模型,修改结果反馈至数字设计子系统。

Step 9 合格产品　当与产品质量相关的所有 NGGPS 特征规范都通过检测后,生成产品合格报告。

7.3　应用 NGGPS 的 CAx 集成协同共享策略

7.1 节采用的基于 NGGPS 的数字制造特征信息共享平台总体框架,指出应用 NGGPS 的 CAx 集成系统策略与实现方法研究是基于 NGGPS 的数字制造特征信息共享平台实现的关键技术与难点之一。基于系统实现功能需求及技术要求,本节对 NGGPS 与 CAx 集成策略进行分析,应用基于 UML 的 NGGPS 与 CAx 功能集成系统建模方法,分析 NGGPS 与 CAx 集成系统关键技术,以 Pro/E 为例,进行 NGGPS 功能二次开发,实现 NGGPS 在 CAx 中集成。

7.3.1　NGGPS 与 CAx 集成策略分析

在现有计算机技术条件下,NGGPS 与 CAx 的集成策略包括整体设计策略、扩展现有 CAx 系统策略(含数据集成和功能集成)等。

1) 整体设计策略

整体设计策略要求以 NGGPS 标准为基础对产品生命周期的设计、制造和检验三个主要制造过程所涉及的功能进行综合分析和设计,设计出全新应用 NGGPS 的数字制造系统。根据制造过程的主要功能及数据的内聚及耦合程度将该系统划分为设计、制造和检验三大模块,图 7.11 所示的一种采用结构化思想设计的方案示意图,为实现应用 NGGPS 的 CAx 集成的数字制造协同共享系统,它依据 NGGPS 标准将 CAx 系统中的信息和功能划分为应用层、表示层、功能层和数据层等不同的逻辑层次。

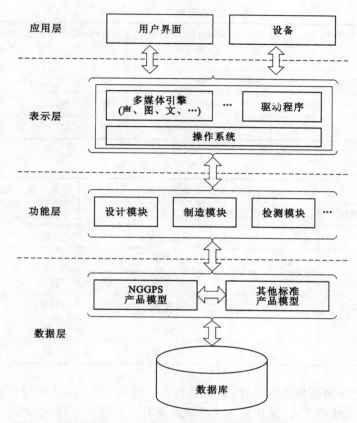

图 7.11 应用 NGGPS 集成的数字制造系统整体设计方案示意图

　　应用层包括用户界面和设备,应用层的用户界面是为便于用户操作而提供的多媒体界面,多媒体交互有利于降低用户学习、掌握和使用集成制造系统的难度从而提高工作效率;应用层的设备分为多媒体交互设备和生产设备。

　　表示层包括运行于操作系统之上的多媒体引擎和设备驱动程序。多媒体引擎实现声音、图形、图像、文字等多媒体数据的运算与处理,并可通过设备驱动程序控制相应的多媒体设备,实现多媒体数据的输入或输出。驱动程序则用于驱动多媒体输入输出设备、加工设备以及检测计量仪器等数字控制设备,是集成系统与设备间命令和数据交换的桥梁,担负着向系统反馈设备状态的监控功能。产品三维模型的图形(图像)输入和输出是当前 CAx 制造系统的核心之一。表 7.1 给出了目前主流操作系统 Unix、Windows、Linux 和 Mac OS 等比较表。Unix 优点突出,但成本较高,适合资源充裕的大型企业采用;Windows 操作界面友好,成本适中,有广泛应用基础,非常适合通用型的中小制造企业采用;Linux 成本低廉,向用户提供全部源代码,但现在可运行于 Linux 的 CAx 系统不多;Mac OS 操作界面友好,多媒体功能突出,适用于三维模型设计。表 7.2 为常用三维引擎 OPENGL、DirectX、ACIS、Parasolid、Open Cas Cade、VRML、J3D 等比较表。OPENGL 应用广泛,但开发支持实体模型功能模块难度较大,一般不选用 OPENGL 作为 CAx 系统开发的三维引擎;实体模型显示是 CAx 系统的重要功能,支持实体模型的三维引擎主要有 ACIS、Parasolid 和 Open Cas Cade,其中 ACIS 较易掌握,广泛应用于验证系统、小型三维模型处理中;VRML 多用于网络三维产品展示。

表 7.1　主流操作系统比较

操作系统	成本	操作界面	可靠性	安全性	移植性	支持硬件	开放性	兼容性	版权	源码	应用
Unix	高	一般	高	高	好	多	良	好	有	—	大型企业
Windows	中	友好	中	一般	一般	中	中	良	有	—	广泛
Linux	—	中	良	中	好	良	好	好	—	有	—
Mac OS	中	友好	良	中	差	少	差	差	有	—	多媒体

表 7.2　常用三维引擎比较

三维引擎	支持模型	支持文件	硬件支持	开发引擎	稳定性	开发难度	运行环境	应用
OPENGL	线框	—	是	系统自带	好	难	本地	广泛
DirectX	—	—	是	系统自带	好	难	本地	游戏
ACIS	实体	是	—	需安装	差	中	本地	验证
Parasolid	实体	是	—	需安装	好	较难	本地	制造
Open Cas Cade	实体	是	—	需安装	良	较难	本地	制造
VRML	—	是	—	需安装		易	网络	展示
J3D	—	—	—	需安装		难	网络	网游

　　功能层包括产品制造相关的设计、制造和检验等功能模块,这些模块通过表示层以图形化、可视化等直观方便的方式,操作各功能模块及查看其处理结果,数据处理结果还可通过数据层进行转换或存储。

　　数据层包括 NGGPS 产品模型、其他标准产品模型及数据库三部分。功能层的三个模块都支持 NGGPS 产品模型数据,其他标准产品模型则是为与现有 CAx 系统进行产品数据交换而提供的辅助功能支持;NGGPS 产品模型与其他标准模型可以相互转换。

　　数据库用于实现产品模型数据存储,充分利用数据库操作特点,可对产品模型数据进行查询、维护及分析。

　　以上分析表明,操作系统、多媒体引擎的选择对开发难度、成本有较大影响,NGGPS 产品模型设计好坏也影响最终实施效果。整体设计的系统是全新的、具有自主知识产权,可以克服各 CAx 子系统之间数据传输失真问题,但存在开发周期长、技术要求高问题。

　　2) 扩展现有 CAx 系统策略

　　扩展现有 CAx 系统策略包含数据集成和功能集成两种情况。

　　(1) NGGPS 与 CAx 数据集成

　　NGGPS 与 CAx 数据集成要求以 NGGPS 标准为基础对产品数据信息进行综合分析,设计出符合 NGGPS 标准信息完备的产品数据模型及可行产品数据交换机制,实现 NGGPS 信息在现有 CAx 系统间的采集、传递及应用。

　　从主流 CAx 系统(如 AutoCAD、Pro/E、Inventor、UG、SolidWorks、CATIA、MAST-CAM、PC-DMIS)常用数据标准格式中,选择某个格式标准进行扩展,可设计出符合 NGGPS 标准的产品数据模型。表 7.3 为 IGES、STEP、VRML、STL、VDA 等常用三维模型数据交换格式比较表。可以看出,主流 CAx 系统大多提供 STEP 标准接口,可选择 STEP 标准作为 NGGPS 与 CAx 数据集成的基础。NGGPS 标准按照 STEP 标准的定义进行融合,将各个 CAx 子系统数据有效地集成进来,以提供产品全生命周期的数据支持。

表 7.3 常用三维模型数据交换格式比较表

标准	CAx	前景	开发难度	产品数据	国标	文件	处理时间	应用
IGES	一般	一般	难	侧重几何	否	大	长	一般
STEP	多	优	难	全面	是	适中	适中	广泛
VRML	中	优	易	侧重几何	是	小	长	—
STL	一般	一般	中	侧重几何	否	大	适中	特定
VDA	一般	一般	中	侧重几何	否	适中	适中	特定

图 7.12 为一种 NGGPS 与 CAx 数据集成方案,其中 STEP/NGGPS 数据融合器、数据适配器解决了 CAx 数据集成策略的关键问题,实现 STEP 标准产品模型中融合 NGGPS 标准内容,以及扩展后 STEP 与 CAx 应用系统建立数据交换通道[67]。

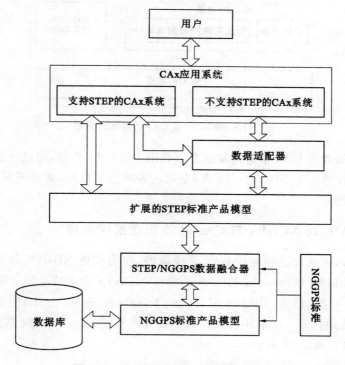

图 7.12 NGGPS 与 CAx 数据集成方案

NGGPS 与 CAx 数据集成中采用 STEP 标准作为 NGGPS 产品数据模型基础,具有通用性强、适用范围广、见效快等优点。既可保持现有 CAx 子系统的独立性,又能保证信息流有效采集、传输与共享,可对产品从设计、制造到检测过程 NGGPS 数据信息进行集成,并实现信息的统一控制与管理。

（2）NGGPS 与 CAx 功能集成

NGGPS 与 CAx 功能集成要求以 NGGPS 标准为基础，对产品全生命周期的设计、制造和检验主要制造过程所涉及的功能进行综合分析、设计，结合现有 CAx 系统设计出应用 NGGPS 可行集成制造系统方案。

图 7.13 表示了一种 NGGPS 与 CAx 功能集成方案。选择主流 CAx 系统以 NGGPS 标准体系为底层库，通过二次开发接口扩展设计、制造和检验等 NGGPS 功能模块，实现 NGGPS 对产品全生命周期的管理与控制。目前主流 CAx 系统都提供二次开发接口，如 AutoCAD 提供的 AutoLISP、VBA、ObjectARX，Pro/E 提供的 Pro/Program、J-link、TOOLKIT 等。

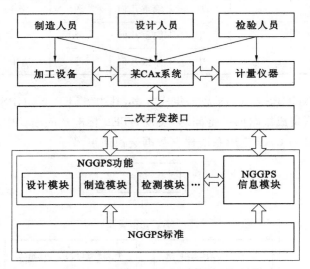

图 7.13　NGGPS 与 CAx 功能集成方案

可以看出，扩展现有 CAx 系统的集成方法利用主流 CAx 软件，通过二次开发接口技术扩展 NGGPS 模块，容易满足 NGGPS 与 CAx 集成的各项技术指标，具有开发周期短、技术要求低、开发风险小等特点。

7.3.2　应用 UML 对 NGGPS 与 CAx 功能集成系统建模

基于以上分析，可选择扩展现有 CAx 系统策略，作为实现 NGGPS 与 CAx 集成方案，采用模型驱动架构（Model Driven Architecture，简称 MDA）开发集成系统。系统建模是非常重要的步骤，由于统一建模语言（Unified Modeling Language，简称 UML）定义良好、易于表达、功能强大且普遍适用性[88]，可采用 UML 对 NGGPS 与 CAx 功能集成系统建模，其主要的 UML 图如图 7.14～图 7.19 所示。

1）集成系统用例图

（1）系统总体用例图

图 7.14 为 NGGPS 与 CAx 集成系统总体用例图，它确定系统整体所包含功能。NGGPS 涉及产品设计、产品加工和产品检验等功能模块，它们通过 NGGPS 对象完成对 NGGPS 信息、功能及知识库系统的访问，实现 NGGPS 在 CAx 中集成。设计人员、制造人员和检验人员通过在 CAx 系统中集成 NGGPS，从而达到应用 NGGPS 的目的。

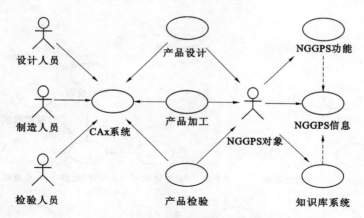

图 7.14　NGGPS 与 CAx 集成系统总体用例图

（2）NGGPS 功能子用例图

NGGPS 在功能上还定义了功能操作链、规范操作链、认证操作链及不确定度等工具，图 7.15 为 NGGPS 功能子用例图。

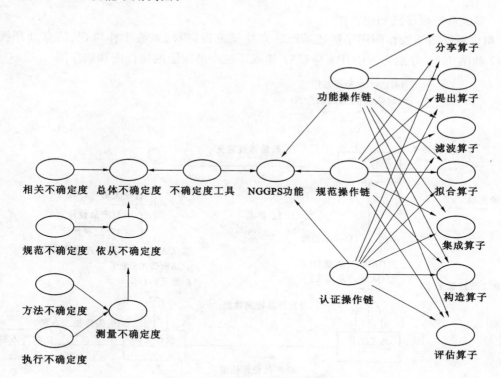

图 7.15　NGGPS 功能子用例图

（3）NGGPS 信息子用例图

NGGPS 信息是 NGGPS 功能操作的基础，图 7.16 为 NGGPS 信息子用例图。图中 NGGPS 知识为用于辅助选择、设置 NGGPS 特征相关知识；NGGPS 特征中的环 1～环 4 需要在合同中确定，环 5～环 7 则在检验环节明确。

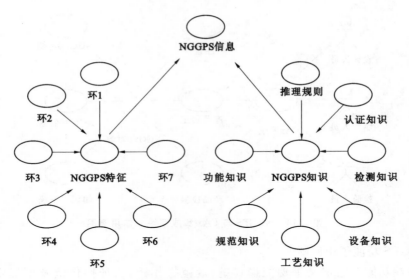

图 7.16 NGGPS 信息子用例图

2) 集成系统顺序图和协作图

UML 顺序图与协作图用于描述系统动态功能流程,明确系统工作流程、信息处理操作。图 7.17 和图 7.18 分别为 NGGPS 与 CAx 集成系统产品制造的协作图和顺序图。

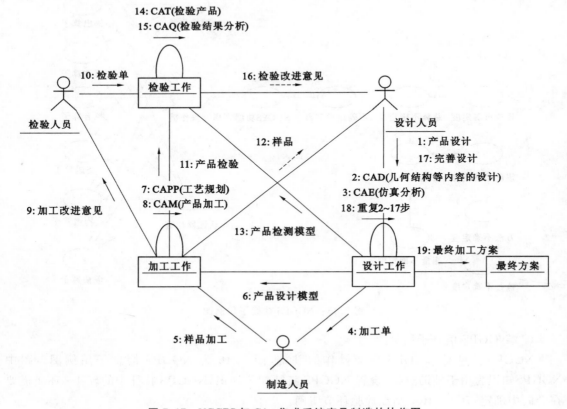

图 7.17 NGGPS 与 CAx 集成系统产品制造的协作图

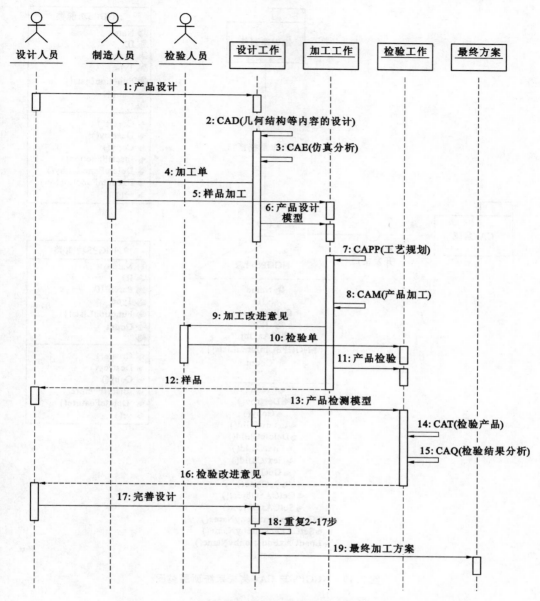

图 7.18 NGGPS 与 CAx 集成系统产品制造的顺序图

3）集成系统类图

系统类图与系统的编码实现密切相关,在系统开发过程中具有重要作用,所设计的 NGGPS 与 CAx 集成系统顶层类图如图 7.19 所示。

从上面可以看出,NGGPS 对象是系统集成的关键,它包含 NGGPS 功能对象类和 NGGPS 信息对象类,使用 CAx 二次开发接口与 CAx 系统建立联系,由知识库系统接口访问知识库系统。

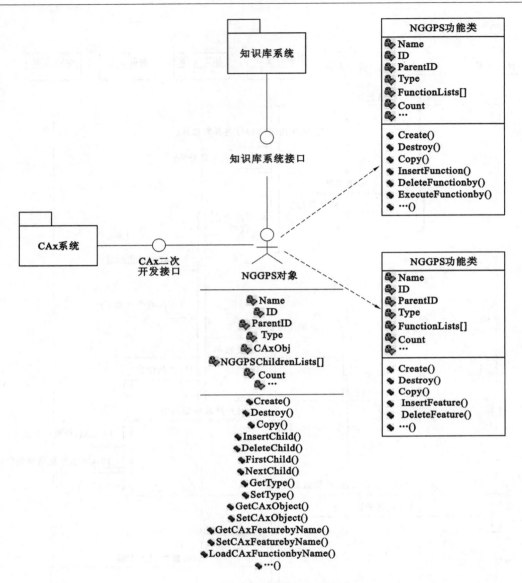

图 7.19 NGGPS 与 CAx 集成系统顶层类图

7.4 基于 SOA 的数字制造信息集成共享管理

7.1 节给出了基于 NGGPS 制造特征信息统一共享平台总体框架,框架包括 3 个主要子系统,其中应用 SOA 数字制造信息子系统完成信息集成、数据共享、功能集成和工作流控制等关键功能,是实现应用 NGGPS 制造特征信息统一的核心。本节首先对应用 SOA 的数字制造信息系统功能结构、信息获取进行分析,研究基于 UML 系统功能建模方法,提出在数字制造信息系统集成中采用面向对象 XML 元数据格式(OOXMF)处理机制,使系统具有良好的移植性、兼容性、扩展性,能大大提高开发效率。最后以 SharePoint 基础,VS. NET 等为开发工具,搭建出应用 SOA 制造信息系统框架。

7.4.1　基于 SOA 系统结构框架与特征信息获取流程图

　　数字制造信息系统应具有自适应、智能化、扩展灵活、适用领域广及兼容性高等特点。B/S是信息系统发展的主流，可选用其结合 SOA 软件架构来实现制造信息系统。

　　选择 SOA 软件架构的原因在于：① SOA 服务是更高层次的抽象，可采用多种开发技术实现，互操作性好，使用灵活；② 基于 SOA 架构以服务为对象构建信息系统，容易满足实际要求以及不断变化的业务需求，扩展灵活；③ SOA 架构通过自描述、纯文本的 XML，实现跨平台或跨系统数据的兼容与共享，适用领域广、兼容性高；④ SOA 架构通过具有独立运行能力、可自我管理与恢复的服务功能实体来提高系统的稳定性，对现存系统可通过封装实现重用，具有自适应、智能化的特点[89,76]。

　　图 7.20 为其对应的应用 SOA 的数字制造信息系统结构框图。系统主要包括协议网关、遗留系统、服务器集群（包括功能登记服务器、数据服务器、应用服务器、遗传服务器、网格服务器、公共服务器等）和互联网。其中，协议网关实现不同子系统之间自适应的数据格式转换，解决信息系统中服务器集群及遗留系统之间的数据交换问题，各子系统通过协议网关获得所需格式的数据实现数据的互联互通；历史已有系统或不符合本框架体系的新开发系统的遗留系统（如 CAD、CAM、CAT 等 CAx 系统及 MRP、ERP 等与数字制造相关系统），通过再封装无缝嵌入到系统中；服务器集群用于实现信息系统的各项具体功能，如功能登记服务器用于系统功能和资源列表的登记，类似于域名转换系统，利用 UDDI（Universal Description, Discovery and Integration，统一描述、发现和集成）技术，提供标准化、透明的 Web 服务描述及简单的 Web 服务调用机制，实现网络环境下 NGGPS 功能的定位和应用；数据服务器提供结构数据和非结构数据的存储及访问，实现数据的统一存储；应用服务器提供具体的服务和逻辑功能运算，实现数据的版本控制、业务工作流控制等功能；网格服务器处理大量仿真和科学计算工作，完成运算量较大的点云数据拟合等；遗传服务器运行数据挖掘、知识发现及神经网络等算法，为应用 NGGPS 制造过程提供智能辅助的帮助信息。

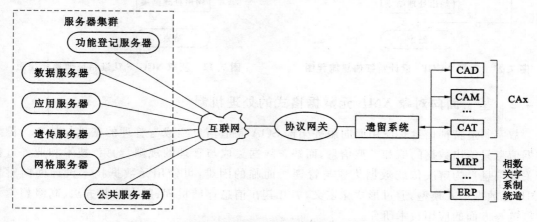

图 7.20　应用 SOA 的数字制造信息系统结构框图

　　获取特征信息与 NGGPS 标准定义相关，所涉及的设计特征信息、认证特征信息是信息共享平台所获取特征信息的重点。

　　NGGPS 设计特征信息可以从 CAD 文件、CAD 系统以及直接输入三种来源获得，使用特征识别、特征选择途径是获取所需的 NGGPS 设计特征信息的重要方法。图 7.21 为获取 NGGPS设计特征信息的流程图,CAD 文件和 CAD 软件系统分别通过合理特征识别方法、特征选择与特征识别综合方法来获取重要特征信息。NGGPS 检验特征信息主要从测试结果文件、CAT 系统获得。图 7.22 为获取 NGGPS 认证特征信息的流程图。在获取认证特征信息过程中,若已知道其对应的 NGGPS 设计特征信息,信息获取效率将大大提高。

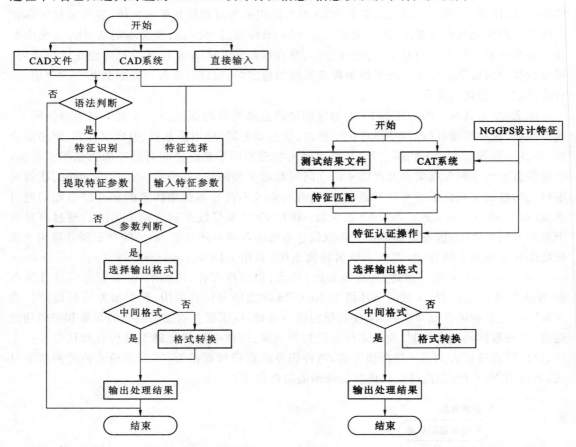

图 7.21　获取 NGGPS 设计特征信息流程图　　　　图 7.22　获取 NGGPS 认证特征信息流程图

7.4.2　基于面向对象 XML 元数据格式的处理机制

　　数字制造特征信息是应用面向服务架构 SOA 制造信息集成与管理的基础与核心。传统数据信息只给出数据的值和类型信息,而缺乏数据集成与管理的规则、约束、技术和业务过程等关键信息。为解决传统数据集成与管理所面临的困难,可使用元数据技术设计面向对象 XML 元数据格式模型,通过形式化定义,展开其在信息存储机理、版本控制方法、高级检索及操作链等方面的应用技术研究。

　　1) 面向对象 XML 元数据格式(OOXMF)模型

　　描述元数据的数据模型有传统模型、对象模型两种。传统模型既明确又详细,只能存储特定的被建模信息,对元数据的增加(或修改)需要对模型进行修改;对象模型包含固定数量的实体,对象信息及关系保存于元模型中,扩展性好,无须修改模型结构。相对于传统模型,对象模型较简单,但应用对象模型的程序较复杂。用于存储各种元数据物理数据库模型的元模型,是对被建模数据更高层次的抽象,面向对象元模型可容易处理尚处于未知状态或以后增加的所有数据元素。在实际系统中,通常结合传统模型、对象模型的特点,分别应用对象模型、传统模型进行建模和处理。借助对象模型中的信息来约束传统模型信息,可保证应用系统中信息的完整性、一致性和兼容性[90]。

考虑到 XML 在元数据的描述上具有平台独立性、生产商中立特性、易用性和低开销等特点[91],并逐渐成为 Web 的元数据标准[如微软的 XIF 和对象管理组织(Object Management Group,简称 OMG)的 XMI],因此选用面向对象的 XML 元数据格式(Object-Oriented XML-Based Metadata Format,简称 OOXMF)模型。

表 7.4 中,针对产品对象,可使用对象 O 描述产品信息,对象 OL 描述信息间的层次关系,对象 OT 描述数据类型、规则、约束、业务过程及其继承关系等信息。

表 7.4　OOXMF 符号定义及结构层次关系表

符号及其定义			说　明
OOXMF= $\{O^+, OT^+, OL^+\}$	O{Object,对象} ={OID,OTID,OD,OM}	OID	Object ID,对象编号
		OTID	Object Type ID,对象类型编号
		OD	Object Description,对象描述
		OM	Object Metadata,对象元数据
	OT{Object Type,对象类型} ={OTID,OTD,POTID,OTM}	OTID	Object Type ID,对象类型编号
		OTD	Object Type Description,对象类型描述
		POTID	Parent Object Type ID,父对象类型编号
		OTM	Object Type Metadata,对象类型元数据
	OL(Object Level,对象层次) ={OID,POID,OLD,OLM}	OID	Object ID,对象编号
		POID	Parent Object ID,父对象类型编号
		OLD	Object Level Description,对象层次描述
		OLM	Object Level Metadata,对象层次元数据

根据以上定义,图 7.23 列出了使用 UML 设计 OOXMF 模型的图解。以下为使用 XML 可视化编辑工具设计 OOXMF 元模型的 XML Schema 文件。文件中关键部分使用"〈! --释--〉"标记进行了注释。

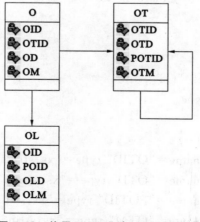

图 7.23　使用 XML 设计 OOXMF 模型

```
〈! --XML 文件头信息--〉
〈? xml version＝"1.0"  encoding＝"utf-8"〉
    〈xs:schema id＝"XML Schema"
targetNamespace＝"http://tempuri.org/XML Schema.xsd"
elementFormDefault＝"qualified"
    xmlns＝"http://tempuri.org/XML Schema.xsd"
xmlns:mstns＝"http://tempuri.org/XML Schema.xsd"
xmlns:xs＝"http://www.w3.org/2001/XML Schema"〉
    〈! --定义 O--〉
    〈xs:element name＝"O"〉
      〈xs:complex Type〉
        〈xs:sequence〉
    〈! --定义 O 的属性--〉
            〈xs:element name＝"OID" type＝"xs:string"/〉
            〈xs:element name＝"OTID" type＝"xs:string"/〉
            〈xs:element name＝"OD" type＝"xs:string"/〉
            〈xs:element name＝"OM" type＝"xs:string"/〉
        〈/xs:sequence〉
      〈/xs:complex Type〉
    〈! --定义 OID 为 O 的关键字--〉
    〈xs:key name＝"OID"〉
        〈xs:selector xpath＝"."/〉
        〈xs:field xpath＝"mstns:OID"/〉
    〈xs:key〉
    〈! --O 中的 OTID 为 OT 中定义的 OTID 的外部引用--〉
        〈xs:keyref name＝"O_xFF0D_OT" refer＝"OTID"〉
            〈xs:selector xpath＝"."/〉
            〈xs:field xpath＝"mstns:OTID"/〉
        〈/xs:keyref〉
    〈/xs:element〉
    〈! --定义 OT--〉
    〈xs:element name＝"OT"〉
      〈xs:complex Type〉
      〈xs:sequence〉
    〈! --定义 OT 的属性--〉
            〈xs:element name＝"OTID" type＝"xs:string"/〉
            〈xs:element name＝"OTD" type＝"xs:string"/〉
            〈xs:element name＝"POTID" type＝"xs:string"/〉
            〈xs:element name＝"OTM" type＝"xs:string"/〉
```

```
                〈/xs:sequence〉
            〈xs:complex Type〉
      〈! --定义 OTID 为 OT 的关键字--〉
        〈xs:key name="OTID"〉
            〈xs:selector xpath="."/〉
            〈xs:field xpath="mstns:OTID"/〉
        〈xs:key〉
      〈! --OT 中的 POTID 为内部引用 OTID--〉
        〈xs:keyref name="OT_xFF0D_OT" refer="OTID"〉
            〈xs:selector xpath="."/〉
            〈xs:field xpath="mstns:POTID"/〉
        〈/xs:keyref〉
      〈/xs:element〉
      〈! --定义 OL--〉
        〈xs:element name="OL"〉
          〈xs:complex Type〉
            〈xs:sequence〉
      〈! --定义 OL 的属性--〉
                〈xs:element name="OID" type="xs:string"/〉
                〈xs:element name="POID" type="xs:string"/〉
                〈xs:element name="OLD" type="xs:string"/〉
                〈xs:element name="OLM" type="xs:string"/〉
            〈/xs:sequence〉
          〈xs:complex Type〉
      〈! --OID 是 O 中定义的 OID 的外部引用--〉
          〈xs:keyref name="O_xFF0D_OT" refer="OID"〉
            〈xs:selector xpath="."/〉
            〈xs:field xpath="mstns:OID"/〉
          〈/xs:keyref〉
        〈/xs:element〉
      〈/xs:schema〉
```

2) NGGPS 元数据信息存储机理

图 7.24 为 CAx 不同文件格式与 OOXMF 之间的关系图,各 CAx 文件可转换为相同的 OOXMF 实现统一存储。可以看出,假设系统有 n 种不同文件格式,如果采用两两之间转换的方式需 $n(n-1)$ 个格式转换接口,而用 OOXMF 后则仅需 $2(n-1)$ 个格式转换接口。若 n 比较大,则能明显减少转换次数。

在表 7.4 基础上,表 7.5 为进一步深化确定的面向对象 OOXMF$_{NGGPS}$ 符号定义及层次关系表。

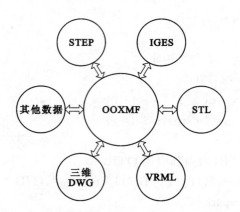

图 7.24　Cax 不同文件格式与 OOXMF 之间的关系图

表 7.5　OOXMF$_{NGGPS}$符号定义及层次关系表

符号及其定义			说　明
OOXMF$_{NGGPS}$ = {PD,PI,AI}	产品描述 PD{Product Description} = {Creator,CreateDate, LastEditDate,LastEditor, POOXMF,PF,Rights,…}	Creator	创建人
		CreateDate	创建时间
		LastEditDate	最后修改时间
		LastEditor	最后修改人
		POOXMF	父 OOXMF 文件指针
		PF	Product Function,产品功能说明
		Rights	权限
		…	其他
	产品信息 PI{Product Information} = {Part*,FOOXMF*, ASM$^{0-1}$,NGGPS$^+$}	Part*	含零件信息,包含 $0,\cdots,n$ 个
		FOOXMF*	Foreign OOXMF,外部 OOXMF 指针,包含 $0,\cdots,n$ 个
		ASM$^{0-1}$	Assembly,装配信息,包含 0 个或 1 个
		NGGPS$^+$	NGGPS 信息节点,包含 $1,\cdots,n$ 个
	附加信息节点集合 AI {Additional Information} = {MA,T,C,Q,VA,A,FB,…}	MA	Materials,材料信息
		T	Time,计划工时
		C	Cost,计划成本
		Q	Quality,质量要求
		VA	Virtual Analysis,虚拟分析
		A	Audit,审核信息
		FB	Feed Back,反馈信息
		…	其他

　　使用以上定义建立 OOXMF 文件,首先在对象 OT 中为定义 OOXMF$_{NGGPS}$创建一新的基本对象类型 OOXMF$_{NGGPS}$,在继承 OOXMF$_{NGGPS}$基础上扩展出 PD、PI、AI 三个新对象类型;在继承 PD 基础上扩展出 Creator、CreateDate、LastEditDate、LastEditor、POOXMF、PF、Rights 等新对象类型;在继承 PI 基础上扩展出 Part、FOOXMF、ASM、NGGPS$^+$ 等;在继承 AI 基础上扩展出 MA、T、C、Q、VA、A、FB 等新对象类型。定义完成后,对象 O 中即可使用这些新数据类型描述 NGGPS 信息,构建统一的 OOXMF 文件。图 7.25 为根据表 7.5 定义给出的几何产品典型的 OOXMF$_{NGGPS}$文件结构图。

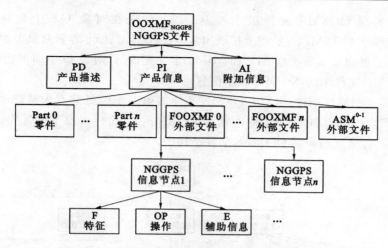

图 7.25　几何产品典型的 OOXMF$_{NGGPS}$ 文件结构图

可以看出，使用 OOXMF$_{NGGPS}$ 元数据信息存储方法具有以下特点：① OOXMF$_{NGGPS}$ 中NGGPS信息、功能以统一信息节点形式保存，并对关联文件、信息来源等附加信息加以描述，信息表达丰富；② 采用面向对象的信息表示与存储方法，具有良好的继承特性；③ 可描述各种原始数据信息（如文字、图像、音频和视频等），并兼容多种文件格式的数据，用户可使用其熟悉的 CAx 系统或工具来编辑或加工，具有使用方便、适用面宽等特点。

3）基于增量备份原理的 NGGPS 信息版本控制方法

几何产品制造是不断反复完善的过程，同一产品可衍生出一系列子产品。为了解产品演化和发展，准确查询实际产品的技术文档资料，需提供完善的版本控制功能来保存这些历史文档。常用的文件版本控制主要有完全备份、增量备份两种。完全备份比较原始、直观，实现简单，但存在大量数据的冗余；增量备份与完全备份不同，仅保存更新版本的不同内容，没有大量数据冗余的问题，但必须设计好关联信息同步更新的实现机制，对因冲突而无法更新的项目给予提示，实现比较复杂。

可见，基于增量备份原理的面向对象 NGGPS 信息版本控制方法应重点考虑。为了表示版本信息及其关联关系，首先对信息版本控制 OOXMF$_{VER}$ 元数据进行符号定义及层次关系描述，见表 7.6。

表 7.6　信息版本控制 OOXMF$_{VER}$ 符号定义及层次关系

符号及其定义		说　明
OOXMF$_{VER}$ = {V,A,SU,LU,Log}	V={MV,MIV}	MV,Main Version,主版本号
		MIV,Minor Version,副版本号
	A	Audit,修改审核信息
	SU={(su$_1$,su$_2$,…,su$_n$) | su$_1$,su$_2$,…,su$_n$ ∈ OOXMF}	Save Update,保存修改信息,其中 su$_1$,su$_2$,…,su$_n$ 是 OOXMF 修改前的有序信息节点
	LU	Link Update,关联修改标记
	Log	Log,日志信息
	…	其他

基于以上实现 OOXMF 文件版本控制定义,首先在对象 OT 中创建新对象类型 OOXMF$_{VER}$,在继承 OOXMF$_{VER}$基础上扩展出 V、A、SU、LU、Log 等新对象类型;在继承 V 对象类型基础上,扩展出新对象类型 MV 和 MIV。定义完成后,对象 O 中即可使用这些新数据类型描述 OOXMF 文件中的 NGGPS 版本信息。

为了方便后面的算法描述,选取 OOXMF 文件的第一个信息节点为被修改节点,并设它有 j 个子信息节点(node)和 $k-1$ 个版本信息 OOXMF$_{VER}$,这样假设不失其代表性。图 7.26 为具有 OOXMF$_{VER}$节点的典型 OOXMF 文件结构图。

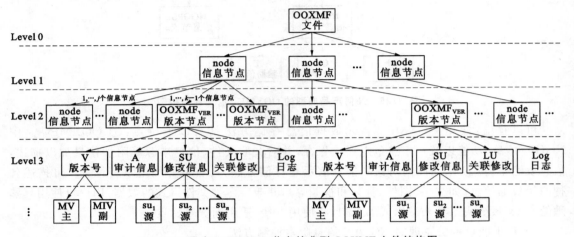

图 7.26　具有 OOXMF$_{VER}$ 节点的典型 OOXMF 文件结构图

实现关联信息的同步更新是增量备份版本控制中的关键,算法 7.1 实现增加新版本的版本控制及同步更新。算法基本步骤如下:新建一个新版本节点 OOXMF$_{VER}$,将更新修改的原始记录保存到版本信息节点,并按版本信息节点内容进行关联更新。若关联更新成功,则将版本信息节点 OOXMF$_{VER}$作为信息节点的子节点加入到 OOXMF 文件中,释放空间并结束算法返回。

算法 7.1　增加新版本 OOXMF$_{VER}$(*.k)算法

//新建版本节点

OOXMF$_{VER}$ = Node. NewNode()　　　　　　　//初始化 OOXMF$_{VER}$节点信息

$(su_1^{*.k-1}, su_2^{*.k-1}, \cdots, su_n^{*.k-1}) \longrightarrow SU^k$　　　　//保存修改前信息节点的原始信息

$V(MV, MIV) \longrightarrow Vk(MV, MIV+1)$　　　　//副版本号+1,记为版本 *. k

$(Vk, Ak, SUk, LUk, Logk) \longrightarrow OOXMF_{VER}$　　//保存版本 *. k 的原始修改记录

//$su_1^{*.k}, su_2^{*.k}, \cdots, su_n^{*.k}$ 为更新信息

//将 r 节点的信息 $su_1^{*.k}, su_2^{*.k}, \cdots, su_n^{*.k}$ 按顺序对应更新(同时进行关联信息的更新)

$Replace(r, k) : Node(r^{*.k-1}) \xrightarrow{Replace(su_1^{*.k}, su_2^{*.k}, \cdots, su_n^{*.k})} Node(r^{*.k})$

//更新成功则将新建版本节点作为 r 的子节点加入

if not Error then Node(r). AddChild(OOXMF$_{VER}$)

Node. Destroy(OOXMF$_{VER}$)　　　　　　　　//释放申请空间

return

相应地，OOXMF$_{VER}$ 信息版本控制下提取历史版本算法、撤销最后历史版本算法见算法 7.2 和算法 7.3。

算法 7.2 信息版本控制下提取历史版本 OOXMF$_{VER}$(*.m)(1≤m≤k−1)算法

//取当前版本 OOXMF

m＝getOOXMF()

//从 *.k−1 到 *.m，提取活动节点 r，并将 *.x→i

For each(r,i)in m. OOXMF$_{VER}$[*.k−1,…,*.m]

$$Replace(r,i):Node(r^{*\cdot r})\xrightarrow{Replace(su_1^{*\cdot i},su_2^{*\cdot i},\cdots,su_n^{*\cdot i})}Node(r^{*\cdot i-1}) //恢复旧版本$$

Next r

Return(m)   //返回 OOXMF$_{VER}$(*.m)

算法 7.3 信息版本控制下撤销最后历史版本 OOXMF$_{VER}$(*.k−1)算法

//取最后更新(*.k−1)的节点

r＝getLastUpdateNode()

//取 OOXMF$_{VER}$(*.k−1)的节点

v＝getLastVERNode()

//用 v. SU 修改 r 节点信息，实现回滚

$$Replace(r,k-1):Node(r^{*\cdot k-1})\xrightarrow{Replace(su_1^{*\cdot k-1},su_2^{*\cdot k-1},\cdots,su_n^{*\cdot k-1})}Node(r^{*\cdot k-2})$$

//r 节点删除 *.k−1 版本的修改节点，最后修改版本为 *.k−2

r. DeleteChild(v)

return

可以看出，基于增量备份原理的面向对象 NGGPS 信息版本控制方法，能详细记录和保存操作过程中产生的所有信息，信息兼容能力强，版本控制及关联信息的同步更新实现容易。

4) NGGPS 信息检索

信息的高效、准确检索是信息系统的重要功能。将 OOXMF 视为普通文档，就可使用文件查询常用的完全匹配、部分匹配方法进行检索；此外，采用 XML 格式描述 OOXMF 还可采用 XML 数据查询方法检索[92-93]，Xpath、Xquery 为 W3C 组织推荐的 XML 数据查询方法。查询算法具有技术成熟、实现容易的特点，但对查询关键字选择正确与否直接影响查询结果。

为了达到降低搜索结果对用户查询条件的敏感度、快速定位到用户所需内容的目标，下面阐述一种基于 OOXMF 实现 NGGPS 功能匹配的新检索方法，如图 7.27 所示。

从图 7.27 可以看出，该方法有两个关键措施：① 引入分词规范化，在 NGGPS 知识库支持下对查询条件规范化，减少用户任意输入的查询条件对检索结果的影响，从而扩大检索范围、提高中间结果集的包容性；② 通过聚类分析提取频度最高的信息，使用户能快速获取所需信息。

（1）查询条件规范化

分词规范化是查询条件规范化的关键步骤，涉及词频分词、相似词扩展、条件组合和手工调整等过程，规范化分词原理图如图 7.28 所示。

词频分词系基于成熟的分词方法将查询条件划分为词组[94-95]，利用其词频特性剔除低频词，从而降低用户不恰当的查询条件对搜索结果的干扰。

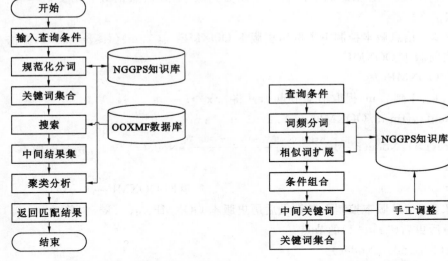

图 7.27　NGGPS 功能匹配检索原理图　　　　图 7.28　规范化分词原理

（2）搜索结果聚类分析

上面的查询条件规范化方法增加搜索所需信息量，搜索结果数量也快速增大，用户须从大量无序信息中确认有用信息，存在用户使用信息的效率较低的问题。为了能从大量搜索结果中快速定位所需信息目标，可采用基于聚类分析的查询结果分析与排序方法，见图 7.29。聚类分析基于产品功能相似、结构相似两方面特点来进行。具体步骤如下：

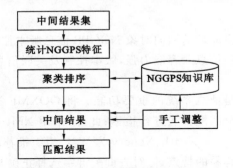

图 7.29　基于聚类分析的查询结果分析与排序方法

① 使用规范化分词进行搜索，设得到 n 个中间结果的 OOXMF 文件，统计各文件中与功能相关的 18 类 NGGPS 特征出现次数，并用矩阵表示，记为：

$$C = \begin{bmatrix} C_{1,1} & C_{1,2} & \cdots & C_{1,18} \\ C_{2,1} & C_{2,2} & \cdots & C_{2,18} \\ \vdots & \vdots & & \vdots \\ C_{n,1} & C_{n,2} & \cdots & C_{n,18} \end{bmatrix}$$

其中，$C_{i,j}$ 表示第 i 个文件第 j 类 NGGPS 特征出现的次数（$i=1,\cdots,n;j=1,\cdots,18$），第 i 个文件的 18 类 NGGPS 特征统计可记为 $C_i = \begin{bmatrix} C_{i,1} & C_{i,2} & \cdots & C_{i,18} \end{bmatrix}$；

② 计算 C 中各列均值向量 $\mu = \begin{bmatrix} \mu_1 & \mu_2 & \cdots & \mu_j & \cdots & \mu_{18} \end{bmatrix}$ 和均方差向量 $\sigma =$

$[\sigma_1 \quad \sigma_2 \quad \cdots \quad \sigma_j \quad \cdots \quad \sigma_{18}]$，其中 $\mu_j = \dfrac{\sum\limits_{i=1}^{n} C_{i,j}}{n}$、$\sigma_j = \sqrt{\dfrac{\sum\limits_{i=1}^{n}(C_{i,j}-\mu_j)^2}{n-1}}$ $(j=1,\cdots,18)$；

③ 计算 $\boldsymbol{C}_i$ 与 $\boldsymbol{\mu}$ 的特征值 d_i，其计算公式为 $d_i = \dfrac{\sqrt{\sum\limits_{j=1}^{18}(C_{i,j}-\mu_j)^2}}{18}$；

④ 若 $n > 30$ 可选择使用公式 $d_i \leqslant \lambda \times \sum\limits_{j=1}^{18}\sigma_j$ 来进行筛选，λ 为相似系数；

⑤ 匹配结果按 d_i（d_i 越小则相似度越高）从小到大排序返回给用户，完成 NGGPS 功能匹配检索。

5）NGGPS 操作链的工作流控制

与工作流[87-90,96-99]相类似，对 NGGPS 特征按设定的顺序执行 NGGPS 功能算子，即可构成 NGGPS 操作链（也称工作流）。图 7.30 为应用 NGGPS 数字制造过程的工作流层次结构图。设计过程→制造过程→检验过程是其主要工作流，设计过程将使用功能操作链及规范操作链，检验过程将使用认证操作链。

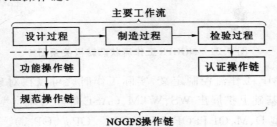

图 7.30　应用 NGGPS 数字制造过程的工作流层次结构图

工作流信息是工作流控制的基础，表 7.7 为数字制造过程工作流 MWF（Main Work Flow）符号定义及层次关系描述表。表中 NGGPS 工作流状态的转换关系见图 7.31，t 为转换条件。

表 7.7　数字制造过程工作流 MWF 符号定义及层次关系

符号及其定义			说　明	
MWF= (WS,WTM, CASE)	WS(Workflow State, 工作流状态)= {D,M,QI,OP}		D	Design 是设计过程
			M	Manufacture 是制造过程
			QI	Quality Inspection 是检验过程
		OP(Operate, NGGPS 功能操作链)	OP_{FL}	功能操作链
			OP_{NL}	规范操作链
			OP_{VL}	认证操作链
			OP_{UN}	不确定度
	WTM=WS×WS			Workflow Transition Matrix, 工作流转换矩阵
	CASE=$\{t_1,t_2,\cdots,t_n\}$			t_i 为转换条件，$i \in [1,\cdots,n]$

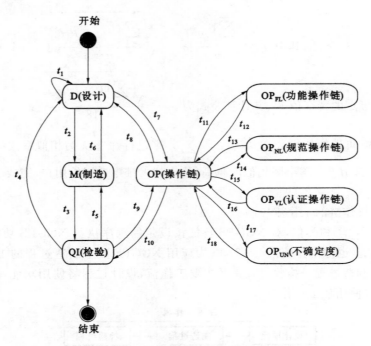

图 7.31　NGGPS 工作流状态转换关系图

　　基于以上实现 OOXMF 工作流控制定义,实际工作时就可以在对象 OT 中创建新对象类型 MWF,在继承 MWF 基础上扩展出 WS、WTM、CASE 等新对象类型,在继承 WS 对象类型基础上扩展出新对象类型 D、M、QI 和 OP(OP_{FL}、OP_{NL}、OP_{VL}、OP_{UN})。以此为基础,在对象 O 中即可使用这些新数据类型来实现 NGGPS 工作流信息的采集与描述,实现用户可视化自定义的工作流控制与管理,从而满足 NGGPS 操作链多样化的需求。

7.4.3　基于 SOA 架构的数字制造信息系统

　　应用 SOA 的数字制造信息系统开发过程中须大量采用现有标准技术(如 WS-*、UDDI、SOAP 和 WSDL),并利用成熟的业务流程和行业数据标准实现服务层模型,如果通过选择现有系统框架进行开发可大大提高开发效率。

　　以上述理论为基础,可设计基于 NGGPS 制造特征信息统一共享平台,此处选择. NET 并采用 SharePoint 为基础搭建应用 SOA 制造信息系统框架,可开发出应用 SOA 的数字制造信息应用系统服务器运行结构,如图 7.32 所示[100];统一平台包含主页(文档中心)、设计工作区、制造工作区、认证工作区、NGGPS 知识中心等主要功能模块,其功能结构见图 7.33。

　　下面给出统一平台信息存储与版本控制、检索及工作流等主要功能的开发步骤:

　　① 通过 SharePoint 管理中心初始化部署新建服务器,使用 SharePoint Web 应用程序管理功能创建 Web 应用程序(基于 NGGPS 制造特征信息统一平台系统)框架。

　　② 打开 Web 应用程序,使用网站创建操作创建文档库、网站和工作区等功能结构框架,统一平台必须创建"工作文档"库、设计工作区、制造工作区、认证工作区、NGGPS 知识中心等应用系统框架,使用 Visual Studio 编辑功能界面并编程实现各功能模块的特殊功能。统一平台工作文档库支持面向对象 XML 元数据 OOXMF 信息的采集与存储,它提供基于 OOXMF

完善的增量版本控制功能；设计、制造和认证工作区支持 NGGPS 功能操作并实现工作流的管理与控制；实现 NGGPS 知识中心信息的高级检索功能；同时统一平台还提供信息共享、工作组讨论、回收站和用户权限管理等其他功能。

③ 最终得到符合设计要求的"基于 NGGPS 制造特征信息统一平台"应用系统，在 DNS 中配置域名 GPS 为服务器 IP 地址，即可得到基于 NGGPS 制造特征信息的统一平台主页。

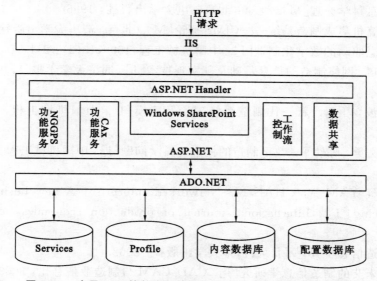

图 7.32　应用 SOA 的数字制造信息应用系统服务器运行结构图

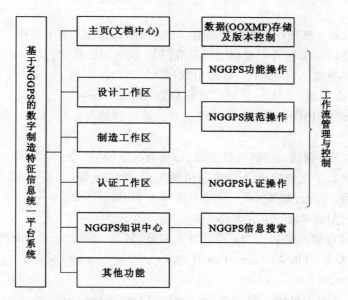

图 7.33　基于 NGGPS 的数字制造特征信息统一平台系统功能结构图

参 考 文 献

[1] 钟义信. 信息科学原理[M]. 北京：北京邮电大学出版社，1996.

[2] 白英彩. 计算机集成制造系统——CIMS 概论[M]. 北京：清华大学出版社，1997.

[3] 张伯鹏. 信息驱动的数字化制造[J]. 中国机械工程，1999，10(2)：211-215.

[4] 赵继政，张曙. 网络制造的信息基础及其实现技术[J]. 同济大学学报，1999，27(5)：571-575.

[5] 熊有伦，吴波，丁汉. 新一代制造系统理论及建模[J]. 中国机械工程，2000，11(2)：49-52.

[6] 周祖德，余文勇，陈幼平. 数字制造的概念与科学问题[J]. 中国机械工程，2001，12(1)：100-104.

[7] CHUNG W, YAM A, CHAN M. Networked enterprise：A new business model for global sourcing [J]. International journal of production economics，2004，87 (3)：267-280.

[8] 张伯鹏. 制造信息学[M]. 北京：清华大学出版社，2003.

[9] 林宋. 方兴未艾的制造信息学研究[J]. CAD/CAM 与制造业信息化，2003(5)：64-66.

[10] 林宋，侯彦丽，吕艳娜. 制造信息学理论的体系框架研究[J]. 计算机集成制造系统——CIMS，2003，9(9)：721-725.

[11] 王宛山，巩亚东，郁培丽. 网络化制造[M]. 沈阳：东北大学出版社，2003.

[12] 张伯鹏. 制造信息学的若干基础问题研究[J]. 数字制造科学，2004，2(1)：1-29.

[13] 周祖德. 数字制造[M]. 北京：科学出版社，2004.

[14] 肖田元，等. 虚拟制造[M]. 北京：清华大学出版社，2004.

[15] 于海斌，朱云龙. 协同制造——e 时代的制造策略与解决方案[M]. 北京：清华大学出版社，2004.

[16] 刘丽兰，蔡红霞，俞涛. 制造网格基础、原理与技术[M]. 上海：上海大学出版社，2008.

[17] 周济. 制造业数字化智能化[J]. 中国机械工程，2012，23(20)：2395-2400.

[18] 李伯虎，张霖，等. 云制造[M]. 北京：清华大学出版社，2015.

[19] 国务院. 中国制造 2025[R]. 2015-5-8.

[20] 国家制造强国建设战略咨询委员会. 智能制造[M]. 北京：电子工业出版社，2016.

[21] SHANNON C E. The Mathematical Theory of Communication[M]. Urbana：The University of Illinois Press，1949.

[22] WIENER N. Cybernetics[M]. New York：The Technology Press，1948.

[23] BRILLOUIN L. Science and Information Theory [M]. New York：Academic Press，1956.

[24] 王寿仁. 信息论的数学理论[M]. 北京：科学出版社，1957.

[25] HAUTLY R V L. Transmission of Information[J]. BSTJ，1928，7(8)：535-563.

[26] 林宋. 信息化制造中的信息理论与集成方法研究[D]. 武汉:华中科技大学,2005.

[27] PRESS S J. 贝叶斯统计学原理、模型及应用[M]. 廖文,陈安贵,等译,北京:中国统计出版社,1992.

[28] 厉海涛,金光,周经伦,等. 贝叶斯网络推理算法综述[J]. 系统工程与电子技术,2008,30(5):935-939.

[29] 张尧庭,陈汉峰. 贝叶斯统计推断[M]. 北京:科学出版社,1991.

[30] SAVCHUK V P,MARTZ H F. Bayes reliability estimation using multiple sources of prior information:binomial sampling[J]. IEEETrans. Reliability,1994,43:138-144.

[31] 张尧庭. 信息与决策[M]. 北京:科学出版社,2000.

[32] 刘善存,邱菀华. 熵用于信息评价的进一步探讨[J]. 系统工程理论与实践,1999(11):8-12.

[33] 邱菀华,杨敏. 信息——决策分析法的改进[J]. 控制与决策,1997,12(4):343-356.

[34] 邱菀华. 复熵及其在 Bayes 决策中的应用[J]. 控制与决策,1991,6(4):251-259.

[35] 王珊,萨师煊. 数据库系统概论[M]. 4 版. 北京:高等教育出版社,2010.

[36] SILBERSCHATZ A. Database System Concept[M]. 北京:机械工业出版社,2008.

[37] BOOCH G,MAKSIMCHUK R A,et al. 面向对象分析与设计[M]. 3 版. 王海鹏,潘加宇,译. 北京:电子工业出版社,2016.

[38] 万常选,刘喜平. XML 数据库技术[M]. 2 版. 北京:清华大学出版社,2008.

[39] SCHOTTNER J. 制造企业的产品数据管理[M]. 北京:机械工业出版社,2000.

[40] SKARKA W. Contemporary problems connected with including Standard for the Exchange of Product Model Data (ISO 10303-STEP) in designing ontology using UML and XML[J]. IL Nuovo Cimento B,2005,108 (2):205-215.

[41] 夏南强. 信息采集学[M]. 北京:清华大学出版社,2012.

[42] 范生万,张磊. 网络信息采集与编辑[M]. 合肥:中国科学技术大学出版社,2014.

[43] 吴建平. 传感器原理及应用[M]. 3 版. 北京:机械工业出版社,2016.

[44] 许毅,陈建军. RFID 原理与应用[M]. 北京:清华大学出版社,2013.

[45] 谢金龙. 条码技术及应用[M]. 2 版. 北京:电子工业出版社,2014.

[46] 邓自立. 信息融合滤波理论及其应用[M]. 哈尔滨:哈尔滨工业大学出版社,2007.

[47] 顾学迈,等. 信息与编码理论[M]. 哈尔滨:哈尔滨工业大学出版社,2014.

[48] 刘晓强. 信息系统与数据库技术[M]. 2 版. 北京:机械工业出版社,2012.

[49] SOMASUNDARAM G,SHRIVASTAVA A. 信息存储与管理:数字信息的存储、管理和保护[M]. 2 版. 北京:人民邮电出版社,2013.

[50] 严蔚敏,李冬梅,吴伟民. 数据结构(C 语言版)[M]. 2 版. 北京:人民邮电出版社,2016.

[51] 王永华. 现场总线技术及应用教程[M]. 2 版. 北京:机械工业出版社,2012.

[52] 陈月婷,何芳. PROFIBUS 现场总线技术及发展分析[J]. 济南大学学报:自然科学版,2007,21(3):226-230.

[53] 韩成浩,高晓红. CAN 总线技术及其应用[J]. 制造业自动化,2010,32(2):146-149.

[54] 卫星，张建军，张利，等. 电动汽车 CAN 网络应用层协议研究[J]. 电子测量与仪器学报，2011，25(9)：799-804.

[55] XIA J，ZHANG C，Bai R，et al. Real-time and reliability analysis of time-triggered CAN-bus[J]. Chinese Journal of Aeronautics，2013，26(1)：171-178.

[56] AGRAWAL D P，ZENG Q A. 无线移动通信系统[M]. 4 版. 北京：电子工业出版社，2016.

[57] 郑相全. 无线自组网技术实用教程[M]. 北京：清华大学出版社，2004.

[58] 卡雷尔. TCP/IP 协议原理与应用[M]. 4 版. 金名，等译. 北京：清华大学出版社，2014.

[59] GERD K. Fiber optic communications(5th Edition)[M]. Pearson Education Inc，2004.

[60] 朱立东，等. 卫星通信导论[M]. 4 版. 北京：电子工业出版社，2015.

[61] GOU L. Research on the key technology in the integration of product information based on XML[J]. Journal of computer aided design & computer graphics，2002，14(2)：105-110.

[62] 刘科研，万丽荣，曾庆良，范文慧. 基于 XML 的信息集成系统的研究与实现[J]. 计算机应用研究，2005(4)：149-152.

[63] 齐建军，刘爱军，雷毅，等. 基于 XML 模式的制造信息集成规范的研究[J]. 计算机集成制造系统——CIMS，2005，11(4)：565-571.

[64] CUMMINS F A. 企业集成[M]. 杨旭，等译. 北京：机械工业出版社，2003.

[65] 李鹏. 基于 Web Service 的 EAI 框架研究[D]. 南京：东南大学，2004.

[66] 袁琳，许林英，陈珊. 中间件集成企业应用[J]. 计算机工程，2005，31(7)：82-84.

[67] 石为人，冯朝刚，张星. 基于中间件的企业应用集成[J]. 重庆大学学报，2003，26(12)：103-106.

[68] GROVER V，KETTINGER W. Business process change：Reengineering concepts，methods and technologies[J]. Long range planning，1996，29(4)：593-594.

[69] 范玉顺. 工作流管理技术基础——实现企业业务过程重组、过程管理与过程自动化的核心技术[M]. 北京：清华大学出版社，2001.

[70] 赵月红，王韶锋，温浩，等. 过程集成研究进展[J]. 过程工程学报，2005，5(1)：107-112.

[71] 郑荣茂. 基于 NGGPS 制造特征信息统一机理与实现方法[D]. 广州：华南理工大学，2012.

[72] LU W L，LIU X J，JIANG X Q，et al. Sixth International Symposium on Instrumentation and Control Technology[C]. Beijing，2006.

[73] MA L，JIANG X，WANG J，et al. Study on the expression specifications of geometrical products for function，design，manufacture and verification based on the improved GPS language[J]. The International journal of advanced manufacturing technology，2007，32(9)：990-998.

[74] ISO SS-EN-ISO-25178-2. Geometrical Product Specifications（GPS）Surface Texture：Areal Part 2：Terms，Definitions and Surface Texture Parameters[S]. Geneva：International Organization for Standardization，2012.

[75] 郑一飞，郑荣茂，徐静，等. 新一代产品几何技术规范操作技术在逆向工程曲面重构中的应用[J]. 现代制造工程，2008，10：38-40，86.

[76] 刘桂雄，郑一飞，郑荣茂. 新一代 GPS 测量不确定度与管理分析[J]. 现代制造工程，2007，11：99-102.

[77] 吴文峰. 新一代 GPS 用于 CAD 特征建模的理论及应用研究[D]. 长沙：湖南大学，2005.

[78] 倪益华，杨将新，顾新建，等. 基于知识的 CAx 集成的系统框架研究[J]. 计算机集成制造系统，2003，(3)：175-178.

[79] GAO J，ZHENG D T，Gindy N. Mathematical representation of feature conversion for CAD/CAM system integration [J]. Robotics and Computer——Integrated Manufacturing，2004(10)：457-467.

[80] LU W L，LIU X J，JIANG X Q，et al. 3rd International Symposium on Precision Mechanical Measurements[C]. Urumqi，2006.

[81] 刘桂雄，郑荣茂，张于贤，等. 一种基于 GPS 的几何产品设计制造及检测的数字信息统一方法：中国，CN101465007[P]. 2009-06.

[82] FILIPPI S，CRISTOFOLINI I. The Design Guidelines(DGLs)，a knowledge-based system for industrial design developed accordingly to ISO-GPS (Geometrical Product Specifications) concepts[J]. Research in Engineering Design，2007，1(18)：1-19.

[83] QING K，ZHANG L，ZHENG P，et al. Sixth International Symposium on Instrumentation and Control Technology[C]. Beijing，2006.

[84] 张琳娜，郑玉花，庆科维，等. 基于 GPS 的圆度、圆柱度误差数字化计量方法研究[J]. 机械强度，2007，29(5)：811-815.

[85] 张琳娜，郑玉花，郑鹏. 基于 GPS 的提取操作模型及其应用规范研究[J]. 机械强度，2007，29(4)：632-636.

[86] ZHANG W D，ZHANG L N. Suggestions on verifying methods for horizontal deviation of collimating line in level verification devices[J]. Acta Metrologica Sinica，2008，29：48-51.

[87] ZHENG P，GUO H W，Zhang L N. ICEM 2008：International Conference on Experimental Mechanics[C]. Nanjing，2008.

[88] YANG X M，GU P，DAI H. Mapping approach for model transformation of MDA based on XMI/XML platform[C]// First International Workshop on Education Technology and Computer Science. IEEE Computer Society，2009：1016-1019.

[89] YAU S S，AN H G. Adaptive resource allocation for service-based systems[C]// Asia-Pacific Symposium on Internetware. ACM，2009：3.

[90] 郑荣茂，刘桂雄，罗永顺. 面向对象元数据技术的产品质量信息描述[J]. 现代制造工程，2009，06：18-22.

[91] 郑荣茂，刘桂雄，洪晓斌. 基于.NET的网络化测控平台的设计开发 [J]. 制造业自动化，2007，9：12-15.

[92] 吉聪睿，邓志鸿，唐世渭. 基于 Nearest Pair 的 XML 关键词检索算法[J]. 软件学报. 2009(4)：910-917.

[93] 张博，耿志华，傲英. 一种支持高效 XML 路径查询的自适应结构索引[J]. 软件学报. 2009(7)：1812-1824.

[94] 中文分词技术总结[EB/OL]. http：//www. sofoo. com/Website/index. php? Channel ID=56& News ID= 5634. 2006/04/10.

[95] Winter. 中文搜索引擎技术揭密：中文分词[EB/OL]. http：//www. e800. com. cn/articles/98/10917881 86451. html. 2004/04/19.

[96] 段会宁，陈德运，裴树军. SOA 的工作流管理系统的研究与设计[J]. 哈尔滨理工大学学报，2009，14(5)：72-75，79.

[97] 胡春华，吴敏，刘国平，等. 一种基于业务生成图的 Web 服务工作流构造方法[J]. 软件学报. 2007，18(8)：1870-1882.

[98] KROGSTIE J，VERES C，SINDRE G. Integrating semantic web technology，web services，and workflow modeling：Achieving system and business interoperability[J]. International journal of enterprise information systems，2007，3(1)：22-41.

[99] MOTTAGHI F J，AZGOMI M A. SWML：A workflow modeling language based on stochastic activity networks[M]. 2009.

[100] QIAO Y，LIU G P，ZHENG G. Design and implementation of a service-oriented web-based control laboratory[C] // IEEE International Conference on Systems，Man and Cybernetics. IEEE，2009：4645-4650.